제 2 판

건강과 영양의 이해

홍순명 · 유리나 · 최석영 지음

UUP

건강과 영양의 이해

■

- 2017년 8월 03일 2판 1쇄 인쇄
- 2017년 8월 07일 2판 1쇄 발행
- 2015년 9월 3일 초판 2쇄 발행
- 2013년 9월 9일 초판 1쇄 발행
- 지은이 홍순명 유리나 최석영
- 펴낸이 오연천
- 펴낸곳 UUP(울산대학교출판부) 680-749 울산광역시 남구 대학로 93(무거동) 울산대학교 출판부
- 전화 (052)259-2488 팩스 (052)277-3011 ▪ 홈페이지 http://uup.ulsan.ac.kr
- 출판등록 제370-1996-000001호(1996.3.13)
- ₩ 15,000

■

ISBN 978.89.7868.319.7 (03590)

머 리 말

사람은 누구나 생명과 건강을 유지하기 위해 음식섭취를 통한 외부로 부터의 영양공급을 필요로 한다. 음식을 먹는 것은 단순한 습관적 행위가 아니라 생존을 위해 필연적으로 해야만 하는 물리적인 호흡과도 같은 것이다. 음식은 생존의 필수요소이자 독특한 모양, 색깔, 향기, 맛 등으로 인해 인간의 삶에 즐거움을 주기도 한다.

과학의 급속한 발전과 더불어 영양학 분야의 연구도 눈부시게 발전되어 새로운 지식들이 쏟아져 나와 축적되고 있고 건강지식에 대한 사람들의 관심 및 지식도 이에 병행하여 증대되고 있다. 그러나 다른 한편으로는 식품과 관련된 국민건강에 문제점들이 도처에서 나타나고 있다. 잘못된 건강지식으로 인한 편중된 영양 섭취의 문제, 바쁜 현대인의 생활에 기인한 간편식 섭취 증가 및 고지방식품 선호의 문제, 산업화 과정에서 비롯된 환경오염문제와 그로인한 식량자원의 오염 및 고갈문제, 식생활에서 기인한 다양한 생활습관병 등의 질환의 증가 등이 그것이다.

본서는 울산대학교 식품영양학과 교수들이 공동으로 건강과 관련된 일련의 지식을 향상시키고자 하는 목적으로 집필하였으며 내용으로는 다음과 같은 내용을 담고 있다. 식습관과 영양의 중요성, 인체의 생리와 영양소의 특성 및 체내 기능과 중요성에 대한 설명을 통해 식품 내에 들어있는 영양소 전반에 대한 이해를 돕고자 하였고 영양상태의 판정법, 건강체중 및 비만관리, 소화기질환과 생활습관병 등 질병시의 식사요법 등 그리고 알러지과 식품위생 등 식품안전에 대한 학습을 통해 개인의 정확한 영양 상태판정과 식인성 질환의 예방 및 치료에 관한 실제적인 지식을 향상시키고자 하였다.

그리고 최근의 2015년 국민건강영양조사, 2015 한국인 영양소 섭취기준 결과와 인터넷을 활용한 식단의 영양분석, 외식의 영양분석 자료 등 실생활에서 활용할 수 있는 실용적인 영양정보들을 소개하여 식생활과 건강 증진에 관심이 있는 현대인을 위한 필독서로 활용하고자 한다. 본서는 일반인은 물론 질병이 있는 경우에도 건강을 향상시키는 데

유용한 내용으로 집필하였으므로 영양관리를 통한 건강증진을 하여 모두가 행복한 삶을 누리기를 바라는 마음으로 집필하였다.

끝으로 본 서가 나오기까지 힘써주신 교수님들과 제자들, 그리고 울산대학교 출판부 직원들께도 깊은 감사를 드립니다.

2017년 8월 저자일동

목 차

5장 지 방 / 91

6장 무기질과 물 / 103

7장 비타민 / 117

8장 영양상태 판정 / 129

9장 한국인 영양소 섭취기준과 식단작성 / 157

10장 건강체중과 비만관리 / 197

11장 소화기 및 간장 질환 식사요법 / 213

12장 생활습관병 식사요법 / 241

13장 식품안전 / 273

1장

건강의 기본 영양

1. 식습관과 건강
2. 현대인의 영양문제
3. 대학생의 식생활의 문제

1. 식습관과 건강

식습관은 건강을 좌우한다고 할 수 있다. 생활습관병이라는 말이 의미하는 것은 식습관 등 평소의 생활습관이 누적되어서 건강에 영향을 준다는 것을 표현하고 있다.

건강을 유지하는데 있어서 영양관리는 필수적이다. 세계적으로 영양과 관련된 질병들이 여러 연구결과 계속 밝혀지면서 영양의 중요성이 더욱 강조되고 있다. 영양관련 질병이 발생되면 유전적인 소인을 가지며 다음 세대에까지 영향을 미치므로 각 개인의 영양관리는 매우 중요한 의미를 가지고 있다. 예를 들면 비만인 가족력이 있는 경우 2-3대를 지나면서 고도 비만자가 나타나는 현상이 일어나고 있다. 그러므로 질병의 예방차원에서도 영양관리는 매우 중요하다.

최근에 많은 사람들이 매일 섭취하는 음식의 우리 몸에 대한 중요한 역할을 인식하게 된 것은 매우 의미 있고 중요한 현상이다. 영양학은 이러한 인식의 변화와 의학, 과학, 분석기술 등의 첨단화와 함께 급격하게 발달하였으며 그 중요성이 대두된 것은 다행스러운 일이다.

"You are what you eat."

즉 사람이 무엇을 먹느냐에 따라 그 사람의 건강이 좌우되므로 좋은 음식을 먹고 좋은 식습관을 갖는 것은 매우 중요하다. 좋은 음식을 먹고 좋은 식습관을 갖도록 올바른 영양지식을 배우고 실생활에 적용하도록 지속적인 노력이 필요하다. 건강과 영양을 생각하면서 음식을 선택하기 보다는 그 시대, 그 지역에서 구입 가능한 식품으로 가능한 조리방법에 의해 음식을 섭취하였으며, 음식은 영양적인 면 이외에도 사회 문화적인 기능을 가지고 있다. 음식이 충분하면 안정을 느끼고, 음식을 나누며 교제를 하며, 행사에 따라 특별한 음식을 장만하기도 하고, 섭취하는 음식에 따라 사회적인 신분을 나타내기도 한다. 각 시대나 지역에 따라 식습관, 식문화가 다른 양상을 보이며 건강에도 직접적인 영향을

끼침이 밝혀지게 되었다

사회·경제적인 발전과 가족구성의 변화와 함께 식품산업의 발달, 단체급식과 외식의 증가, 외국과의 활발한 교류 등으로 우리의 식생활은 크게 변화하고 있다. 과거에 비해 동물성 식품, 패스트푸드, 가공식품의 소비가 증가하고 있으며, 밥과 김치, 식물성 식품 위주의 전통적인 한국식사는 점차 간편하게 먹을 수 있는 빵이나 면, 육류 위주의 서구식 식사로 대체되고 있다. 이러한 식생활의 변화는 열량과 지방 섭취의 증가와 비타민, 무기질, 섬유소의 섭취 감소를 초래하여 비만, 당뇨병, 암 등 여러 가지 만성질환의 발병과도 관련될 수 있다.

게다가 다양한 새로운 식품들이 판매되고 있으며, 한식 뿐만 아니라 외국음식 등의 외식의 증가로 음식이 다양해지고 음식의 내용도 알 수 없게 되었으며, 영양지식의 부족으로 불균형된 식사를 하기 쉽다. 각 식품은 고유의 영양소를 함유하고 있으므로 어느 식품이 완전하다고 할 수 없으며, 각 개인의 건강상태에 따라 여러 식품을 골고루 적정량 섭취하는 것이 바람직하다.

전 세계적으로 보더라도 영양 불균형이 두드러지며, 아직도 기아와 영양실조로 고통을 받고 있는 사람도 많은 반면 과잉 섭취 혹은 특정 영양소의 결핍과 과잉으로 인한 고통도 공존하는 실정이다. 그러므로 각 영양소의 중요성을 인식하고 어떤 음식을 얼마만큼 섭취해야 하는가를 아는 것은 매우 중요하며, 이를 확실히 인식하게 되면 자유로운 영양관리로 바람직한 건강을 유지하여 본인 뿐 만 아니라 세계 인류의 행복에 기여할 수 있으리라 생각된다.

WHO(World Health Organization, 세계보건기구)의 정의에 의하면 건강이란 "신체적, 정신적 그리고 사회적으로 완전하게 양호한 상태이고 단지 질병이 없거나 허약하지 않다는 것만은 아니다"("Health has been defined as a state of complete physical, mental and social well-being, and not merely the absence of disease or infirmity")라고 명시되어 있다. 즉 육체적 건강 뿐만 아니라 정신적 건강이 중요하며 정신 상태는 체내의 신경계통, 호르몬의 분비 등에 영향을 미쳐 결국 영양소의 흡수, 대사, 배설 등의 변화를 초래하게 된다.

영양(nutrition)이란 과학의 한 분야로 식품, 즉 섭취하는 음식, 영양소와 다른 화학적 물질에 입각한 기능, 상호관계, 그리고 건강을 유지하고 질병을 예방하기 위한 영양관리로써 음식을 섭취하여 소화, 흡수하고, 대사하는 전체적인 과정을 총괄적으로 취급하는 것이다. 더 나아가서 영양이란 반드시 사회, 문화, 경제 그리고 음식을 섭취할 때의 환경, 심리작용 등 여기에 관여되는 여러 가지 복잡한 문제를 고려하여야 한다.

식사내용이나 기호, 식사시간 등 식습관이 사람마다, 가정마다, 지역마다 다르다. 그러므로 식습관에 따라 섭취하는 음식이 다르며, 영양상태가 좌우되고 건강상태를 결정하게 된다. 식습관은 여러 환경적 요인에 따라 이루어지므로 영양생태학이라는 개념이 대두되었다.

식습관을 형성하게 되는 첫 번째로 중요한 요인은 그 지역에서 공급받을 수 있는 식품에 달려있다. 그러나 최근에는 식품의 가공 유통의 발달로 겨울에도 여름에 나는 식품을 구입할 수 있어 식품의 공급형태가 많이 달라졌다. 두 번째로는 경제 상태이며, 이는 식품 구입과 구매력에 직접적인 영향을 미쳐 영양 상태를 좌우하게 된다. 그러나 최근에는 경제상태가 좋더라도 생활 방식의 변화로 음식 섭취에 지장을 주고 있다. 예를 들면 식사를 준비하는 여성들이 직장을 갖거나, 혼자 살게 되면서 식사를 불규칙적으로 하거나 거르기도 하며, 간편식이나 한 가지 식품으로 때우는 경우도 많기 때문이다.

또한 식습관은 문화에 따라서도 좌우된다. 우리나라에서는 밥, 김치, 된장, 고추장 등을 많이 먹는데 이는 우리의 지리적, 풍토적, 혹은 경제적 요인 때문이다. 그러나 사회적 변화에 따라 어린 세대에서는 김치나 고추장을 못 먹는 경우가 많고 국제화 시대가 되면서 양식에 익숙해지며 점차 고유의 식습관을 잃어가고 있다. 또한 불교에서 채식을 한다거나 인도 사람들이 쇠고기를 먹지 않거나 또는 돼지고기에 대한 경계 등 종교의 영향을 받기도 한다.

개인적인 문제로는 어떤 음식을 선택하는 데는 그 맛에서 오는 독특한 경험 혹은 감정이 많이 개입되어 있다. 맛에 대한 감각은 어린 시절에 형성되므로 어릴 때의 식습관은 매우 중요하다. 어릴 때부터 다양한 음식을 먹도록 하며, 편식을 없애고 규칙적인 식사습관, 적정량을 먹는 습관을 들이도록 한다. 또한 어린이에게도 영양의 중요성을 교육시켜 균형이 잡힌 음식을 잘 먹을 수 있는 식습관을 기르도록 한다. 식욕은 본능적으로 신체에 필요한 영양소를 섭취시키려는 충동이다. 그러나 식욕은 정신적 갈등, 불안, 우울, 평안, 기쁨 등에 의해서도 크게 좌우하므로 정신적 안정이 필요하며, 질병의 치료에 따른 식사요법도 중요하다.

건강에 관심이 높아지고 식품과 영양에 대한 지식의 보급이 늘면서, 책, 잡지, 광고 및 라디오, 텔레비젼, 신문 등을 통한 영양지식의 보급의 효과가 커지고 있다. 그러나 허위 영양학자나 식품학자 등의 식품허위보도자(food fads)는 어떤 특정한 음식이나 식품의 영양학적 우수성을 과학적 근거가 희박한 과장된 선전이나 광고로 잘못된 식습관이나 지식을 전달하기도 한다. 이들의 잘못된 정보는 특정한 음식만을 과량 먹게 함으로써 인체에 필요한 각종 영양소를 골고루 흡수할 수 있는 다른 음식의 섭취를 제한한다. 물론 그 식품자체의 영양적 유리함도 있지만, 우리 몸은 한 두가지 영양소로만 이루어진 것도 아니고 신체내의 대사도 여러 영양소가 존재할 때 원활하게 이루어질 수 있으므로, 편식하게 되면 결국 건강을 해치게 된다. 최근에는 바쁜 생활이나 요리의 번거로움으로 채소나 과일의 섭취가 소홀하기 쉬우며 이로 인해 심각한 영양문제가 일어나고 있다.

예전에는 우리나라에서는 곡류 위주, 짠 음식, 급한 식사 등으로 단백질 부족, 빈혈, 위장질환 계통의 발병이 많았으나 최근에는 비만, 당뇨병, 고지혈증, 심장질환 등의 발병률이 높아지고 있다.

우리나라에서는 영양문제와 함께 음식쓰레기 문제가 심각한 사회문제로 대두되고 있다. 음식은 영양적 기능뿐 아니라 단체 야외 나들이, 행사로 인한 대접, 사교 등의 역할을 하게 되며, 이에 따른 문제로 인하여 음식의 낭비와 음식 쓰레기가 많이 발생하고 있는 실정이다.

우리나라의 식단은 반찬수가 많고 양이 많아야 정성껏 차린 것 같이 인식되어 왔다. 이러한 식습관은 음식의 조리 단계부터 정확히 계량하여 조리하는 습관이 생활화되어 있지 않고, 상차림이 실제 섭취량보다 너무 많게 된다. 필요이상의 식품 구매 여건, 소비자의 무계획적인 혹은 계획이 잘못된 식품구매, 넉넉한 음식장만 습관, 체면 치레의 과도한 상차림, 음식을 소홀히 여겨 쉽게 버리는 습관 그리고 남은 음식의 보관상의 문제 등으로 아까운 음식의 낭비가 많은 편이다. 이로 인해 음식 쓰레기 발생량이 많고 생활쓰레기의 약 30%를 차지하고 있다. 이러한 음식의 낭비는 식량자원의 부족은 물론 시간적, 경제적 손실이 막대하며, 환경오염 문제까지도 일으키고 있다.

이제 우리는 다시 한번 음식에 대한 올바른 의식의 변화를 해야 할 시기이다. 낭비없는 식생활을 영위하기 위해서는 음식을 소중히 여기는 의식구조, 계획적인 식단작성, 합리적인 식품구매, 계량화된 조리법, 적절한 상차림 등이 이루어져야 할 것이다. 식사준비 중에 생긴 음식 쓰레기나 버려진 음식은 가축용 사료나 퇴비 등으로 사용하여 음식의 재활용도를 높이고 음식을 남기지 않도록 해야 할 것이다.

마지막으로 우리 주위에는 음식이 부족하여 우리가 나누어야 하는 음식을 필요로 하는 사람들도 있다는 것을 알아야 한다. 이제 우리는 주위를 한 번 돌아보는 성숙함으로 낭비없는 식생활을 실천하여 꼭 필요한 음식만 준비하고 섭취하는 지혜를 가져야 할 것이다.

2. 현대인의 영양문제

최근에는 다이어트가 많은 사람의 관심사가 되었다. 현대인에게서 괴혈병, 구루병, 각기병, 펠라그라나 영양결핍 증세가 아직도 공존하고 있으며, 영양결핍으로 인한 빈혈이나 폐결핵 등도 아직도 많이 발견되고 있다. 또한 영양과잉으로 인해 비만, 당뇨병, 심혈관질환, 암 등도 공존하고 있다. 우리나라의 경우 아동비만이 급격하게 증가하고 있고, 특히 아동비만은 성인비만으로 발전될 가능성이 많으므로 아동을 위한 영양교육이 시급하다. 사회계층과 지역적으로 영양부족, 과잉 등의 영양의 문제가 대두되고 있으며 특히 임산부, 어린이, 노인 등 영양섭취에 영향을 많이 받는 사람들의 영양문제는 심각하다. 그리고 직업, 노동, 운동 등의 특별한 조건에서의 영양문제도 중요하다.

최근의 연구는 무기질의 규명과 비타민, 무기질과 다량 영양소와의 상호작용을 연구하며 영양지식을 일반 대중에게 어떻게 전달하여 식사를 통해 건강한 삶을 영위하도록 할 것인가가 중요한 과제이다.

또한 영양과 유전과의 상호관계 그리고 두뇌발달 행동, 그리고 감염, 스트레스, 환경오염과 같은 환경요소, 약품 등에 있어서 영양의 효과가 새로운 연구문제로 받아들여지고 있다.

그리고 특별한 식품이나 영양소가 질병을 예방, 치료한다는 미숙한 자료, 정보들로 인한 오도된 지식을 바로잡는 문제에도 관심을 기울이고 있다. 국제적으로 WHO, FAO 등에서 영양문제를 다루고 있으며 국가적으로도 국가의 정책시 영양이 반영되고 있으며 일반 대중 및 개인적인 차원에서도 여러 영양정책이 이루어지고 있다.

보건복지부(질병관리본부)에서는 국민건강영양조사를 실시하여 「2015 국민건강통계」 자료를 발간하고 있다.「2015 국민건강통계」는 국민건강영양조사 제6기 3차년도(2015) 자료를 바탕으로 보건복지부(질병관리본부)가 발간하는 통계집이다. 2015년 1월부터 12월까지 실시된 제6기 3차년도(2015) 국민건강영양조사 자료를 분석하여 건강행태, 영양, 만성질환, 삶의 질 등의 현황과 추이를 500여개의 지표로 정리하여 제시하고 있다. 제6기 3차년도(2015) 조사는 전국 약 3,153가구, 만1세 이상 가구원 전체를 조사대상으로 2015년 1월부터 12월까지 실시하였다. 건강설문조사와 검진조사는 이동검진센터에서 실시하였으며 영양조사는 대상 가구를 직접 방문하여 실시하였다. 건강설문조사의 교육 및 경제

활동, 이환, 의료이용 항목, 영양조사의 전체 항목은 면접방법으로 조사하였으며, 건강설문조사 항목 중 흡연, 음주 등 건강행태영역은 자기기입식으로 조사하였다. 검진조사는 직접 계측, 관찰, 검체분석 등의 방법으로 수행하였으며 결과는 다음과 같다(국민건강영양조사 홈페이지(http://knhanes.cdc.go.kr/ 참조).

1) 신체활동

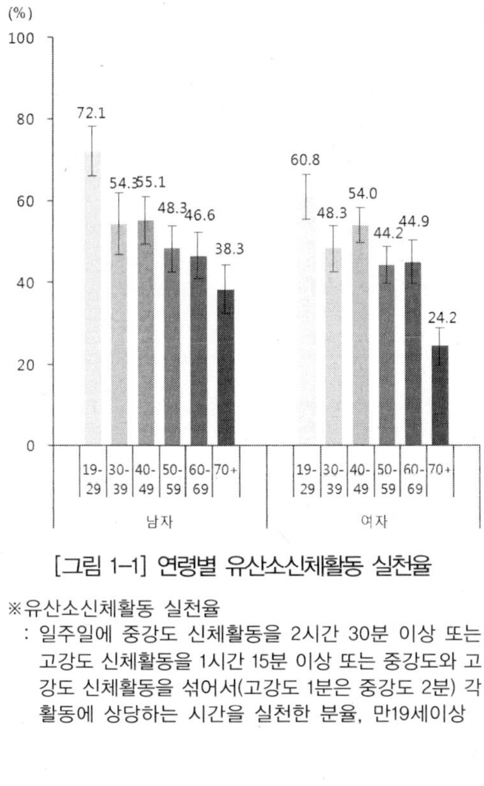

[그림 1-1] 연령별 유산소신체활동 실천율

※유산소신체활동 실천율
: 일주일에 중강도 신체활동을 2시간 30분 이상 또는 고강도 신체활동을 1시간 15분 이상 또는 중강도와 고강도 신체활동을 섞어서(고강도 1분은 중강도 2분) 각 활동에 상당하는 시간을 실천한 분율, 만19세이상

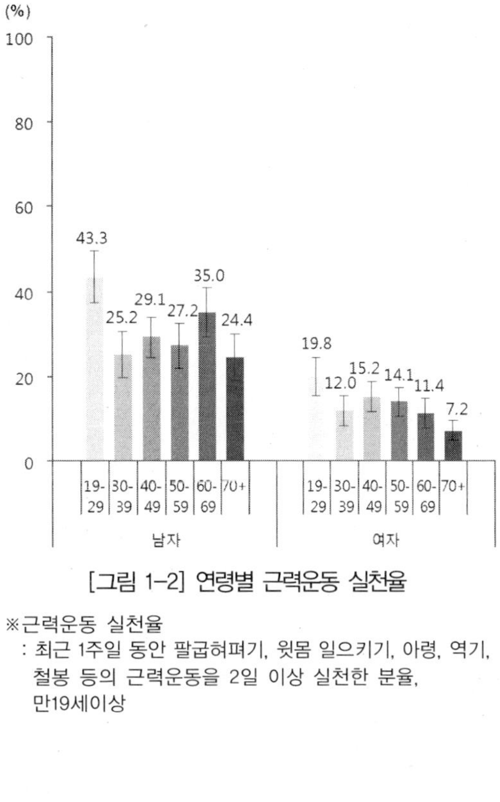

[그림 1-2] 연령별 근력운동 실천율

※근력운동 실천율
: 최근 1주일 동안 팔굽혀펴기, 윗몸 일으키기, 아령, 역기, 철봉 등의 근력운동을 2일 이상 실천한 분율, 만19세이상

유산소 신체활동 실천율(만19세이상)은 2015년 남자 54.7%로 여자 47.5%보다 높으며, 연령이 낮을수록, 읍면지역보다 동지역이 높았다[그림1-1].

근력운동실천율(만19세이상)은 2015년 남자 31.2%로 여자 13.8%보다 2배 이상 높았다[그림1-2]. 연령별로는 남녀 모두 20대에서 가장 높았고(남자 43.3%, 여자 19.8%), 70세 이상에서 가장 낮았다(남자 24.4%, 여자 7.2%).

유산소 신체활동과 근력운동을 모두 실천한 성인(만19세이상)은 남자 23.3%, 여자 9.6%

에 불과하였다.

걷기실천율(만19세이상, 표준화)은 2015년 40.6%로 2014년과 비슷한 수준이었다. 연령별로는 남녀 모두 20대에서 가장 높았다(남자 55.3%, 여자 45.8%). 지역별로는 동지역이 읍면지역보다 9.6%p 높았다.

앉아서 보내는 하루 평균 시간(만19세이상)은 2015년 남자 8.0시간, 여자 7.8시간이었으며, 연령별로는 남녀 모두 20대에서 가장 길었다[그림1-4]. 읍면지역보다 동지역에서, 소득수준이 높을수록 앉아서 보내는 시간이 길었다.

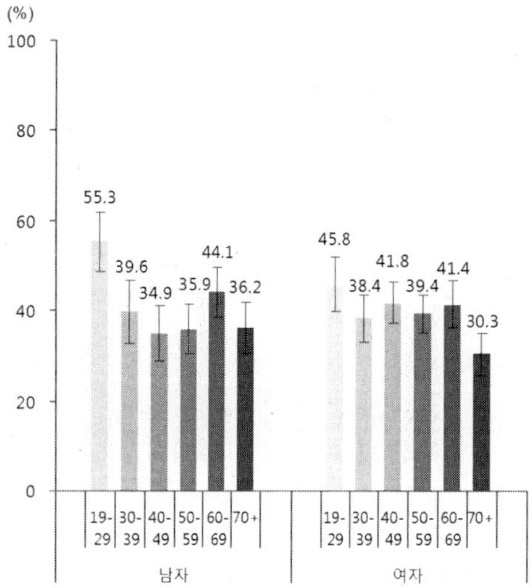

[그림 1-3] 연령별 걷기실천율

※걷기실천율
: 최근 1주일 동안 걷기를 1회 10분 이상, 1일 총 30분 이상 주 5일 이상 실천한 분율, 만19세 이상

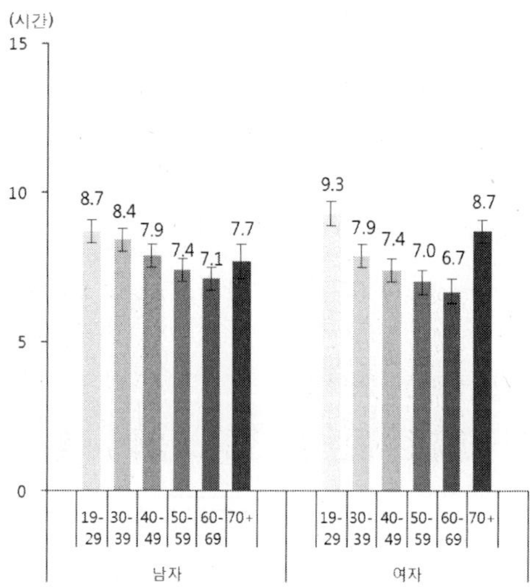

[그림 1-4] 연령별 앉아서 보내는 시간

※앉아서 보내는 시간
: 자는 시간을 제외하고 평소 하루에 앉아 있거나 누워 있는 평균 시간, 만19세이상

2) 음주

월간음주율(만19세이상, 표준화)은 2015년 남자 75.2%, 여자 46.5%로 2014년과 비슷한 수준이었다. 연령별로는 남자는 30대(80.0%), 40대(79.3%), 20대(76.9%) 순으로 높았고, 여자는 20대(56.6%)에서 가장 높았다[그림1-5]. 남녀 모두 소득수준이 높을수록 높았다. 고위험음주율(만19세이상, 표준화)은 2015년 남자 20.8%, 여자 5.8%로 2014년과 비슷한 수

준이었다[그림1-6]. 연령별로는 남자는 30대(25.1%), 40대(27.6%), 여자는 20대(10.6%)에서 높았다. 월간폭음률(만19세이상, 표준화)은 2015년 남자 54.1%, 여자 23.2%이었으며, 연령별로는 남자는 30대(64.1%), 여자는 20대(37.0%)에서 가장 높았다.

연간음주자의 폭음빈도는 남자는 '주1회'(28.4%)가 가장 많았고, 여자는 '전혀없다'(43.9%), '월 1회 미만'(25.0%) 순으로 많았다. '거의 매일' 폭음하는 남자는 11.3%, 여자는 2.6%이었다.

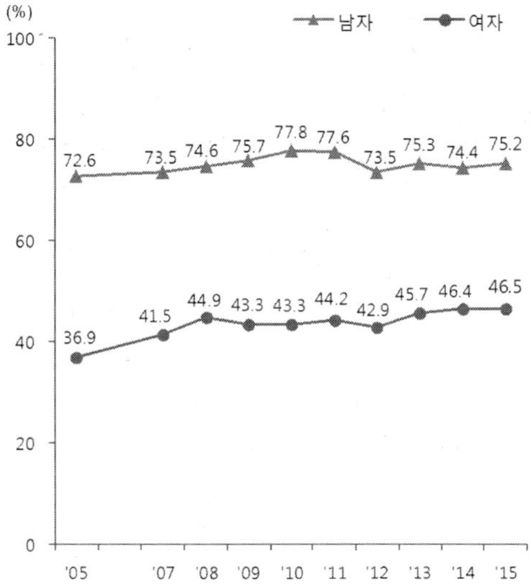

[그림 1-5] 월간음주율 추이

※월간음주율

: 최근 1년 동안 한달에 1회 이상 음주한 분율, 만19세 이상

※2005년 추계인구로 연령표준화

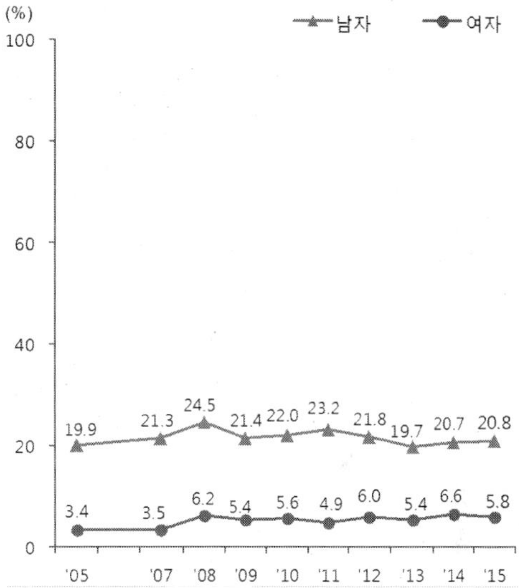

[그림 1-6] 고위험음주율 추이

※고위험음주율

: 1회 평균 음주량이 7잔(여자 5잔) 이상이며 주 2회 이상 음주하는 분율, 만19세이상

※2005년 추계인구로 연령표준화

3) 식품 섭취

제6기 3차년도(2015) 결과, 1일 총 식품섭취량은 1,610g으로, 남자(1,827g)가 여자(1,394g) 보다 433g 더 많이 섭취하였다[표 1-1]. 남자의 총 식품섭취량(표준화)은 1998년 1,395g에서 2015년 1,820g으로 증가하였고, 여자도 1998년 1,167g에 비해 2015년 1,396g으로 상당량 증가한 것으로 보이지만, 이러한 총 식품섭취량 변화는 두 가지 측면에서의 검토가 필요하다. 첫째는 주류, 음료류, 우유류 등 액상 식품 섭취 증가에 따른 영향이며, 두 번째는 식품성분표 제8개정판(국립농업과학원, 2011)에 멸치육수, 다시마육수 등 육수

식품이 포함되면서 식품섭취량에 영향을 미친 부분이다. 액체 식품이 추가됨에 따라 이전 자료와의 비교를 고려하여 해당 식품군 전체의 섭취량과 육수를 제외한 나머지 섭취량, 육수 섭취량을 나눠 결과표에 제시하였다[표 1-1]. 액상 식품은 영양소 섭취량에 크게 기여하지 않더라도 섭취 중량에는 영향이 크므로 식품군별 중량 섭취량 추이와 함께 식품군별 에너지 섭취량 추이(표준화)도 함께 제시하였다.

[표 1-1] 식품군별 1일 섭취량 : 성별, 만1세이상, 2015

(단위 : g)

구 분	전체 (n=6,628)	남자 (n=2,942)	여자 (n=3,686)
	평균(표준오차)	평균(표준오차)	평균(표준오차)
곡류	300.0 (3.2)	339.1 (4.5)	260.9 (3.5)
감자·전분류	37.4 (1.7)	35.9 (2.2)	38.9 (2.2)
당류	12.3 (0.4)	13.1 (0.6)	11.5 (0.5)
두류	34.8 (1.2)	40.2 (1.9)	29.5 (1.2)
종실류	7.6 (0.6)	7.3 (0.8)	7.9 (0.9)
채소류	296.8 (4.1)	332.9 (5.7)	260.7 (4.4)
채소류(육수외)[1)]	294.2 (4.1)	330.5 (5.7)	257.9 (4.3)
채소류 육수	2.6 (0.5)	2.4 (0.5)	2.8 (0.6)
버섯류	5.8 (0.3)	5.6 (0.4)	6.0 (0.5)
과일류	198.3 (6.0)	180.7 (7.1)	216.0 (7.6)
해조류	27.5 (2.0)	26.7 (2.1)	28.3 (2.4)
해조류(육수외)	4.0 (0.3)	4.1 (0.3)	3.9 (0.3)
해조류 육수	23.5 (1.9)	22.6 (2.1)	24.3 (2.4)
음료류	179.9 (6.6)	209.7 (9.4)	150.1 (7.2)
주류	124.7 (7.3)	197.1 (12.9)	52.3 (5.1)
양념류	39.0 (1.1)	47.1 (1.9)	31.0 (0.8)
육류	109.6 (2.8)	136.3 (4.3)	82.8 (2.7)
육류(육수외)	102.4 (2.8)	129.1 (4.2)	75.6 (2.6)
육류 육수	7.2 (0.9)	7.2 (1.0)	7.2 (1.1)
난류	28.9 (0.8)	31.2 (1.2)	26.6 (0.8)
어패류	96.3 (3.8)	109.8 (5.7)	82.9 (3.5)
어패류(육수외)	52.3 (2.5)	64.0 (4.4)	40.6 (1.6)
어패류 육수	44.0 (2.7)	45.8 (3.3)	42.3 (3.0)
우유류	101.6 (3.0)	102.7 (4.5)	100.6 (3.4)
유지류	8.8 (0.2)	10.3 (0.4)	7.3 (0.2)
기타	0.9 (0.2)	1.3 (0.5)*	0.5 (0.1)
총계	1,610.2 (17.9)	1,827.0 (25.6)	1,393.7 (18.0)

[1)] 2013년부터 채소류 등에 육수 식품이 다수 포함됨에 따라 이전 결과와의 비교를 위해 해당 식품군의 육수 외, 육수 섭취량을 추가로 산출

* : 변동계수(coefficient of variation) 25–50%

상대적으로 섭취량이 높은 식품군은 곡류(300.0g), 채소류(육수 제외 294.2g), 과일류(198.3g)로 주로 식물성 식품군이며[표 1-1], 동물성 식품군 중에서는 육류(육수 제외) 섭취량이 102.4g으로 가장 높았고, 우유류가 101.6g, 어패류(육수 제외)가 52.3g으로, 그 다음이었다.

성별에 따라 차이가 많이 나는 식품군도 있는데, 주류 섭취량은 남자가 197.1g, 여자가 52.3g으로 남자의 섭취량이 여자의 약 4배였고, 남자의 육류(육수 제외) 섭취량은 129.1g으로 여자(75.6g)의 1.7배였다. 대부분의 식품군은 남자 섭취량이 여자 섭취량보다 높지만 과일류는 여자가 216.0g을 섭취하여 남자 180.7g에 비해 더 많이 섭취하는 것으로 조사되었다. 과일류 섭취량은 연령별로도 차이를 보여, 50~64세 섭취량이 다른 연령군에 비해 상대적으로 높았으며, 우유류는 연령이 증가할수록 적게 섭취하였다. 종실류 섭취량은 50~64세 여자의 섭취량이 16.4g으로, 1세이상 남녀 평균 섭취량인 7.6g에 비해 독보적으로 높았다. 소득수준이 높을수록 대부분의 식품군별 섭취량도 높았다. 특히 소득수준이 가장 높은 군은 가장 낮은 군에 비해 과일류는 1.5배, 우유류는 1.3배, 육류는 1.2배의 양을 섭취하는 것으로 나타났다.

식품군별 1일 섭취량(표준화)은 곡류가 1998년 337.2g에서 2015년 299.8g으로 11% 가량 감소한 반면, 음료류, 주류 섭취량은 각각 45.3g, 48.9g에서 192.4g, 122.7g으로, 우유류 섭취량 또한 79.7g에서 111.5g으로 크게 증가하였다. 종실류 섭취량은 2015년 6.9g으로 1998년 3.0g의 2.3배 수준이었으며, 2015년 육류(육수 제외) 섭취량은 109.3g으로 1998년 67.8g의 1.6배였다. 당류 섭취량은 1998년 7.3g에서 2015년 12.8g으로 증가하여 1998년 이후 조사된 결과 중 가장 높았다. 당류 식품군은 설탕, 물엿, 사탕, 초콜렛 등을 묶어놓은 것으로, 과일류, 음료류 등과 함께 유리당 공급에 기여도가 높은 식품군이라는 점에서 섭취량 변화에 주목할 필요가 있지만, 식품 중 유리당 섭취량을 의미하는 것이 아니라는 점에서 결과 이용 시 주의해야 한다. 커피 섭취 내용이 커피가루나 커피믹스 등 고형의 식품뿐 아니라 점차 커피여과액으로 조사되는 자료수가 증가하고 있고, 차류도 우려낸 침출액으로 처리하면서 음료류 전체 섭취량 증가에 영향이 있었다. 음료류는 1998년에 비해 최근 섭취량이 거의 4배 수준일 뿐 아니라, 음료로 인한 에너지 섭취량도 2배 이상으로 증가하여 자료처리방법과 독립적으로 전반적인 음료류 섭취가 증가한 것으로 볼 수 있다. 주류 섭취량도 크게 증가했는데 특히 알코올 도수가 상대적으로 낮은 맥주, 막걸리, 포도주 등의 섭취가 크게 증가했다. 주류로부터 섭취하는 에너지도 1998년에 비해 약 2배로 증가

[표 1-2] 다소비식품[1)] : 성별, 만1세이상, 2015

구분 / 순위	전체 (n=6,628)					남자 (n=2,942)					여자 (n=3,686)				
	식품명	섭취량 (g)	표준오차	섭취분율 (%)	누적분율 (%)	식품명	섭취량 (g)	표준오차	섭취분율 (%)	누적분율 (%)	식품명	섭취량 (g)	표준오차	섭취분율 (%)	누적분율 (%)
1	백미	154.5	2.2	10.2	10.2	백미	182.2	3.1	10.5	10.5	백미	126.9	2.1	9.9	9.9
2	김치,배추김치	66.5	1.6	4.4	14.6	맥주	100.1	9.2	5.8	16.3	우유	64.1	2.8	5.0	14.8
3	맥주	66.5	5.3	4.4	19.0	김치,배추김치	82.5	2.4	4.8	21.0	사과	61.1	4.1	4.7	19.6
4	우유	66.4	2.4	4.4	23.4	우유	68.6	3.6	4.0	25.0	김치,배추김치	50.5	1.6	3.9	23.5
5	사과	53.9	3.3	3.6	27.0	소주	64.4	4.7	3.7	28.7	맥주	32.9	3.9	2.6	26.1
6	돼지고기	40.7	1.7	2.7	29.7	돼지고기	51.2	2.7	3.0	31.7	돼지고기	30.2	1.4	2.3	28.4
7	소주	37.8	2.5	2.5	32.2	콜라	47.2	4.2	2.7	34.4	귤	27.4	2.9	2.1	30.5
8	콜라	33.5	2.5	2.2	34.4	사과	46.6	3.9	2.7	37.1	달걀	27.4	0.9	2.1	32.7
9	달걀	30.0	0.9	2.0	36.4	닭고기	39.0	3.3	2.2	39.3	감	24.2	3.4	1.9	34.5
10	닭고기	28.8	2.0	1.9	38.3	고추	33.5	1.3	1.9	41.3	고추	22.6	0.8	1.8	36.3
11	고추	28.1	0.8	1.9	40.2	달걀	32.6	1.3	1.9	43.2	양파	21.9	0.7	1.7	38.0
12	양파	26.8	0.7	1.8	41.9	양파	31.8	1.0	1.8	45.0	떡	21.8	1.5	1.7	39.7
13	귤	24.7	2.4	1.6	43.6	막걸리	29.0	4.7	1.7	46.7	무	21.0	1.1	1.6	41.3
14	무	24.2	1.1	1.6	45.2	무	27.3	1.6	1.6	48.2	포도	20.5	2.7	1.6	42.9
15	감자	21.5	1.4	1.4	46.6	감자	25.3	2.2	1.5	49.7	콜라	19.7	2.2	1.5	44.4
16	소고기	21.2	1.1	1.4	48.0	두부	24.8	1.5	1.4	51.1	토마토	19.5	2.1	1.5	46.0
17	두부	20.4	1.0	1.4	49.4	소고기	24.6	1.6	1.4	52.5	고구마	18.8	1.9	1.5	47.4
18	감	20.1	2.7	1.3	50.7	수박	22.4	4.3	1.3	53.8	닭고기	18.7	1.5	1.5	48.9
19	빵	20.1	1.0	1.3	52.0	귤	22.0	2.3	1.3	55.1	빵	18.5	1.1	1.4	50.3
20	포도	19.8	2.4	1.3	53.3	빵	21.6	1.5	1.2	56.3	소고기	17.8	1.1	1.4	51.7
21	떡	19.5	1.3	1.3	54.6	라면	19.9	1.3	1.1	57.5	감자	17.7	1.3	1.4	53.1
22	수박	18.6	3.1	1.2	55.8	과일음료	19.7	2.3	1.1	58.6	요구르트,호상	16.6	1.4	1.3	54.4
23	막걸리	17.6	2.5	1.2	57.0	포도	19.1	2.6	1.1	59.7	두부	16.0	1.0	1.2	55.6
24	토마토	17.4	1.8	1.2	58.2	사이다	18.3	2.0	1.1	60.8	오이	15.6	1.1	1.2	56.8
25	과일음료	16.6	1.4	1.1	59.3	떡	17.3	1.7	1.0	61.8	수박	14.7	2.3	1.1	58.0
26	오이	16.4	1.1	1.1	60.3	오이	17.2	1.7	1.0	62.8	과일음료	13.5	1.3	1.1	59.0
27	요구르트,호상	16.2	1.1	1.1	61.4	감	16.1	2.6	0.9	63.7	복숭아	13.4	2.2	1.0	60.1
28	사이다	15.5	1.6	1.0	62.5	요구르트,호상	15.9	1.6	0.9	64.6	배	12.9	1.7	1.0	61.1
29	라면	14.9	0.8	1.0	63.4	토마토	15.3	2.1	0.9	65.5	사이다	12.7	2.6	1.0	62.0
30	고구마	14.7	1.3	1.0	64.4	파	14.4	0.5	0.8	66.3	참외	12.1	1.9	0.9	63.0

1) 다소비식품 : 중량을 기준으로 1일 평균 섭취량이 높은 식품
육수, 침출액 등은 에너지 및 영양소 섭취량에 미치는 영향이 적어 다소비 식품 순위 산출 대상에서 제외

하여 총 알코올 섭취량이 증가한 것으로 볼 수 있다.

다소비 식품에서는 식품별 평균 섭취량이 가장 높은 식품은 백미였으며(1일 평균 섭취량 154.5g), 배추김치, 맥주, 우유가 2~4위로 이들 식품의 섭취량 간에는 차이가 거의 없었다[표 1-2].

상위 30위의 다소비 식품 목록은 이전 결과와 유사하였으나 전년대비 콜라, 귤, 포도, 떡, 라면 등의 순위가 올라갔고, 고구마, 빵, 토마토 등은 섭취량이 줄어 순위가 낮아졌다. 남자는 주류 섭취량이 높아 맥주, 소주, 막걸리가 모두 다소비식품 30위 안에 등장하였으나, 여자는 맥주만 포함되었다. 여자는 남자에 비해 다양한 종류의 과일을 섭취하고 떡, 고구마 등 식품 순위가 높았으며, 남자는 여자에 비해 콜라, 두부, 라면 등 식품의 순위가 높았다.

4) 에너지 및 영양소 섭취

[표 1-3] 영양소별 1일 섭취량 : 성별, 만1세이상, 2015

구 분		전체 (n=6,628) 평균(표준오차)	남자 (n=2,942) 평균(표준오차)	여자 (n=3,686) 평균(표준오차)
에너지(kcal)		2,085.6 (18.3)	2,424.4 (28.2)	1,747.2 (16.9)
단백질(g)		73.2 (1.0)	86.2 (1.5)	60.2 (0.8)
지방(g)		48.9 (0.8)	57.3 (1.1)	40.5 (0.7)
콜레스테롤(mg)		273.1 (5.5)	316.8 (8.5)	229.5 (5.1)
탄수화물(g)		312.1 (2.5)	348.5 (3.6)	275.7 (2.4)
식이섬유(g)		22.7 (0.3)	24.5 (0.4)	20.9 (0.3)
칼슘(mg)		497.5 (5.7)	555.5 (8.5)	439.6 (5.4)
인(mg)		1,092.7 (11.4)	1,250.9 (17.6)	934.7 (9.7)
나트륨(mg)		3,889.6 (62.1)	4,619.7 (102.2)	3,160.2 (48.5)
칼륨(mg)		2,973.5 (33.0)	3,268.3 (46.0)	2,678.9 (33.1)
철(mg)		16.9 (0.2)	19.1 (0.3)	14.7 (0.2)
비타민 A(μgRE)		720.1 (15.6)	800.9 (21.3)	639.4 (17.1)
티아민(mg)		2.0 (0.0)	2.3 (0.0)	1.7 (0.0)
리보플라빈(mg)		1.4 (0.0)	1.6 (0.0)	1.2 (0.0)
나이아신(mg)		16.6 (0.2)	19.2 (0.4)	13.9 (0.2)
비타민 C(mg)		97.2 (3.0)	93.6 (3.2)	100.7 (3.5)
급원별 에너지섭취분율(%)[1)]	단백질	14.5 (0.1)	14.9 (0.1)	14.0 (0.1)
	지방	20.9 (0.2)	21.6 (0.2)	20.2 (0.2)
	탄수화물	64.7 (0.2)	63.5 (0.3)	65.8 (0.3)

1) 단백질급원 에너지섭취분율 : {(단백질 섭취량)×4}의 {(단백질 섭취량)×4+(지방 섭취량)×9+(탄수화물 섭취량)×4}에 대한 분율
지방 및 탄수화물급원 에너지섭취분율 : 단백질급원 에너지섭취분율과 같은 정의에 의해 산출

[표 1-4] 영양소별 영양소 섭취기준[1)]에 대한 섭취비율 : 성별, 만1세이상, 1998-2015

(단위 : %)

구 분	'98		'01		'05		'07		'08		'09		'10		'11		'12		'13		'14		'15	
	비율	(표준오차)	비율	(표준오차)	비율	(표준오차)	비율	(표준오차)	비율	(표준오차)	비율	(표준오차)	비율	(표준오차)	비율	(표준오차)	비율	(표준오차)	비율	(표준오차)	비율	(표준오차)	비율	(표준오차)
전체	(n=10,400)		(n=9,968)		(n=8,930)		(n=4,091)		(n=8,631)		(n=9,391)		(n=8,019)		(n=7,704)		(n=7,208)		(n=7,242)		(n=6,801)		(n=6,628)	
에너지	91.9	(0.9)	90.2	(0.8)	96.5	(0.7)	88.5	(1.0)	90.5	(0.6)	91.1	(0.6)	99.8	(0.7)	98.2	(0.7)	96.5	(0.8)	99.9	(0.7)	99.8	(0.6)	101.2	(0.8)
단백질	115.6	(1.5)	123.8	(1.3)	166.9	(1.6)	144.2	(2.1)	146.0	(1.3)	146.7	(1.2)	160.6	(1.4)	159.1	(1.7)	155.7	(1.6)	154.3	(1.6)	154.7	(1.5)	157.6	(1.9)
칼슘	71.4	(1.1)	70.3	(0.9)	75.8	(1.0)	64.0	(1.2)	66.7	(0.8)	67.1	(0.7)	73.3	(0.8)	71.9	(0.8)	70.0	(1.1)	69.3	(0.9)	68.3	(0.7)	69.7	(0.8)
인	149.5	(1.6)	159.9	(1.4)	172.1	(1.5)	151.0	(1.9)	156.3	(1.3)	157.2	(1.2)	169.1	(1.4)	166.0	(1.4)	162.5	(1.7)	151.9	(1.6)	152.4	(1.2)	154.0	(1.6)
나트륨	-	-[2)]	-	-	374.4	(3.9)	317.1	(4.5)	330.1	(3.4)	331.4	(3.2)	342.3	(3.9)	339.2	(4.2)	325.4	(4.7)	275.0	(3.1)	267.3	(2.9)	277.4	(4.3)
칼륨	-	-	-	-	60.7	(0.5)	59.0	(0.9)	61.9	(0.6)	61.9	(0.5)	87.9	(0.9)	86.1	(0.9)	85.4	(1.1)	85.3	(0.8)	87.1	(0.8)	87.1	(0.9)
철	90.7	(1.2)	94.7	(1.3)	127.6	(1.6)	121.7	(2.3)	124.0	(1.7)	125.4	(1.7)	142.9	(2.2)	142.5	(2.3)	142.4	(2.7)	170.0	(3.6)	171.7	(5.4)	168.2	(2.2)
비타민 A	92.9	(1.8)	94.5	(1.7)	121.6	(1.9)	112.3	(2.9)	119.0	(2.6)	118.1	(2.3)	122.4	(3.0)	124.6	(3.1)	132.4	(4.8)	109.6	(2.3)	118.7	(3.2)	111.6	(2.6)
티아민	125.3	(1.5)	118.2	(1.6)	122.9	(1.2)	114.8	(2.0)	114.7	(1.2)	115.9	(1.1)	127.6	(1.2)	124.7	(1.3)	123.6	(1.4)	183.7	(1.6)	183.4	(1.7)	183.2	(1.8)
리보플라빈	85.8	(1.2)	90.6	(1.0)	96.8	(1.0)	84.0	(1.4)	91.0	(1.0)	93.2	(0.9)	101.0	(0.9)	100.2	(1.2)	100.1	(1.3)	106.4	(1.1)	107.7	(1.1)	109.1	(1.3)
나이아신	108.6	(1.4)	117.2	(1.3)	120.6	(1.2)	103.1	(1.5)	106.0	(1.1)	107.8	(0.9)	118.9	(1.1)	118.5	(1.3)	116.8	(1.3)	109.9	(1.2)	113.9	(1.2)	114.9	(1.5)
비타민 C	233.0	(4.5)	196.9	(3.5)	107.7	(1.8)	99.8	(3.2)	107.5	(2.1)	107.4	(2.0)	112.6	(2.2)	110.8	(2.0)	112.0	(2.6)	97.2	(2.6)	105.6	(2.8)	103.4	(3.2)

1) 영양소 섭취기준
- 제1기(1998) : 한국인 영양권장량 제6차 개정(한국영양학회, 1995)
- 제2기(2001) : 한국인 영양권장량 제7차 개정(한국영양학회, 2000)
- 제3, 4기(2005, 2007-2009) : 한국인 영양소 섭취기준(한국영양학회, 2005)
- 제5, 6기(2010-2015) : 2010 한국인 영양소 섭취기준 개정판(한국영양학회, 2010)
- 에너지, 필요추정량(또는 영양권장량); 나트륨, 칼륨, 충분섭취량; 그 외 영양소, 권장섭취량(또는 영양권장량)

2) '-' : 한국인 영양권장량 제6차 및 제7차 개정에는 나트륨과 칼륨에 대한 영양권장량 미비

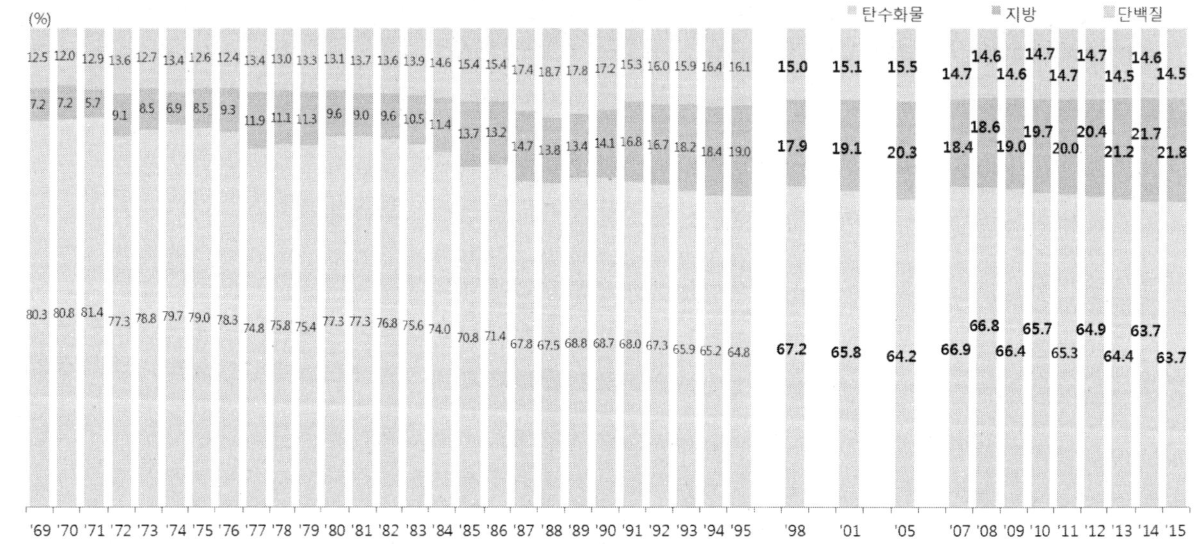

[그림 1-7] 영양소별 에너지섭취분율 추이

※단백질급원 에너지섭취분율 : {(단백질 섭취량)×4}의 {(단백질 섭취량)×4+(지방 섭취량)×9+(탄수화물 섭취량)×4}에 대한 분율, 만1세이상
※지방 및 탄수화물급원 에너지섭취분율 : 단백질급원 에너지섭취분율과 같은 정의에 의해 산출
※1969~1995년, 원시자료 확보가 불가하여 각 영양소 섭취량의 평균값을 이용하여 계산; 1998~2015년, 2005년 추계인구로 연령표준화

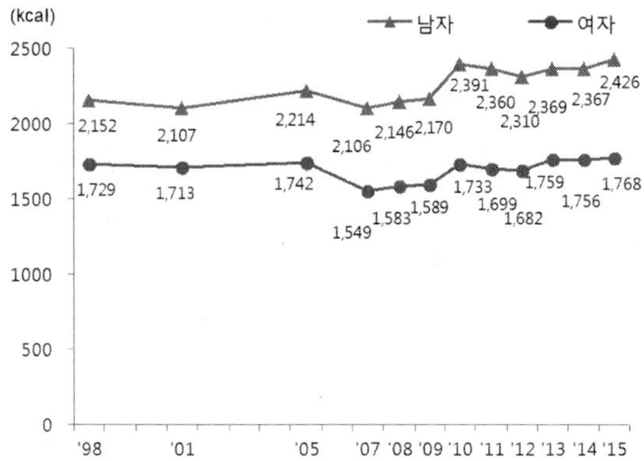

※2005년 추계인구로 연령표준화, 만1세이상

[그림 1-8] 에너지 섭취량 추이

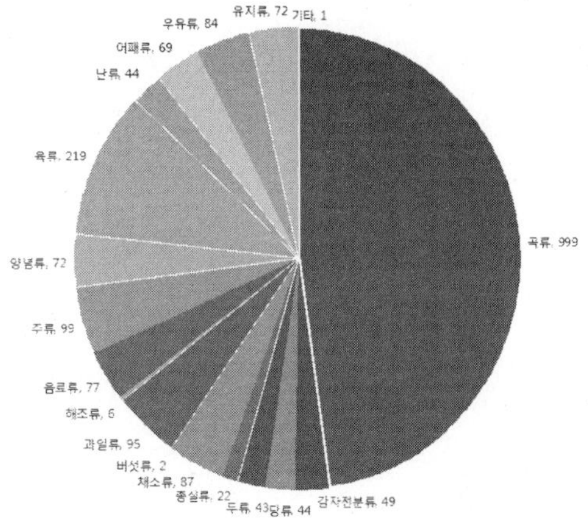

※단위 : kcal
※만1세이상

[그림 1-9] 에너지 주요 급원식품군

에너지 섭취량은 증가하는 경향이며 여자보다는 남자의 증가 경향이 더 뚜렷하였다[그림1-8]. 지방 섭취량(표준화) 또한 1998년에 비해 11g 증가했고(1998년 40.1g, 2015년 51.1g), 에너지 섭취량에 대한 지방 급원 비율도 1998년 17.9%에서 2015년 21.8%로 증가했다.

(1) 식품군별 에너지 및 영양소 섭취량

에너지 섭취량에 가장 기여가 큰 식품군은 곡류(999.1kcal, 전체의 47.9%)이고, 육류(219.4kcal)와 주류(99.1kcal)가 그 다음이었다[그림1-9]. 식품 단위로 살펴보면 에너지는 백미로 섭취하는 양이 전체 섭취량의 27%로 절대적으로 높고, 돼지고기, 라면, 빵, 소주 등이 그 다음이었다. 단백질은 곡류(20.4g)와 육류(20.0g)를 통해 전체 섭취량의 55%를 섭취하였고, 지방은 육류, 곡류, 유지류가 주요 급원식품군이었다. 지방과 포화지방산 섭취량에 가장 크게 기여하는 급원식품은 돼지고기였으며, 콜레스테롤은 달걀로 전체 섭취량의 43.5%를 섭취하였다. 식이섬유 섭취량의 주요 급원식품은 고추, 배추김치, 대두, 두부 등이었다.

칼슘은 주요 급원식품군인 채소류, 우유류, 어패류로부터의 섭취량이 전체 섭취량의 약 60%를 차지하는 것으로 나타났고, 우유, 배추김치, 멸치 등이 주요급원식품이었다. 나트륨의 주요 급원식품군은 양념류(전체 섭취량의 약 50%), 채소류, 곡류이고, 주요 급원식품은 소금, 배추김치, 간장, 된장, 라면 등이었다. 인은 곡류, 육류, 어패류로 섭취하는 양이 많았고, 칼륨과 철은 채소류와 곡류가 주요 급원식품군이었다.

비타민 A의 주요 급원식품군은 채소류, 양념류, 해조류이고, 주요 급원식품은 당근, 고추, 김, 무청이었다. 티아민은 주로 곡류, 육류 및 채소류로 섭취하는 것으로 조사되었고, 리보플라빈은 난류, 곡류, 육류, 채소류가 주요 급원식품군이었다. 나이아신의 주요 급원 식품군은 곡류, 육류, 어패류였고, 비타민 C는 과일류와 채소류인 것으로 나타났다.

(2) 영양소 섭취기준에 대한 섭취비율

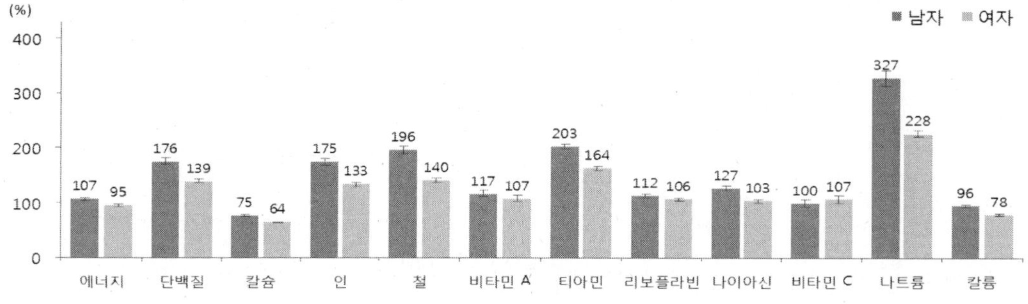

[그림 1-10] 영양소 섭취기준에 대한 섭취비율

※영양소 섭취기준에 대한 섭취비율 : 영양소 섭취기준에 대한 개인별 영양소 섭취량 백분율의 평균값, 만1세이상
※영양소 섭취기준 : 2010 한국인 영양섭취기준 개정판(한국영양학회, 2010); 에너지, 필요추정량; 나트륨, 칼륨, 충분섭취량; 기타, 권장섭취량

영양소 섭취기준에 대한 섭취비율(표준화)은 전년도 결과와 유사하였고, 필요추정량 대비 에너지 섭취비율이 상승하는 경향을 보였다. 필요추정량 대비 에너지 섭취비율은 101.2%였으며, 남자는 107.0%, 여자는 95.5%로 조사되었다[그림1-10].

권장섭취량 대비 섭취비율은 단백질(157.6%), 인(154.0%), 철(168.2%), 티아민(183.2%)의 경우 150% 이상이었고, 비타민 A, 리보플라빈, 나이아신, 비타민 C 섭취량은 권장섭취량의 100~115% 범위였으나, 칼슘 섭취량은 권장섭취량의 69.7%로 낮았다. 칼슘은 전 연령대에서 섭취가 부족했고, 12~18세와 65세이상의 권장섭취량에 대한 섭취비율은 60% 미만으로 특히 낮았다. 나트륨은 충분섭취량의 약 3배를 섭취하였고, 목표섭취량과 비교할 때는 약 2배를 섭취하는 것으로 나타났다. 나트륨은 연령, 소득, 거주지역과 상관없이 모든 군에서 충분섭취량뿐 아니라 목표섭취량 기준을 초과하는 양을 섭취하는 것으로 조사되었다. 만65세이상은 에너지, 칼슘, 칼륨, 리보플라빈, 나이아신 섭취가 부족했음에도 불구하고, 나트륨은 목표섭취량의 약 1.5배를 섭취했다.

영양소 섭취기준 미만 섭취자 분율(표준화)은 전년대비 유사하였다. 칼슘 평균필요량 미만 섭취자 분율은 70.3%로 여자(74.9%)가 남자(65.7%)에 비해 9.2%p 더 높았고, 12~18세(84.3%)와 65세 이상(81.4%)에서 특히 높았다. 소득수준이 낮을수록 칼슘 평균필요량 미만 섭취자가 더 많았으나, 연령, 소득수준, 거주지역과 상관없이 모든 군에서 50% 이상이 칼슘을 부족하게 섭취하는 것으로 나타났다. 칼슘 외에도 비타민 C (57.6%), 비타민 A (45.3%), 리보플라빈(40.9%)의 평균필요량 미만 섭취자 분율이 상대적으로 높았다. 여자는 남자 보다 에너지와 비타민 C를 제외한 모든 영양소에 대해 부족하게 섭취하는 분율이 높았다. 특히, 65세이상은 남녀 모두 지방, 칼슘, 비타민 A, 리보플라빈, 나이아신, 비타민 C의 영양소 섭취기준 미만 섭취자 분율이 50% 이상으로, 전반적인 영양섭취가 부족하였다.

나트륨 목표섭취량 이상 섭취자 분율(만9세이상)은 79.7%였고, 30~49세에서 가장 높게 나타났다. 에너지 섭취량이 필요추정량의 125% 이상인 에너지과잉섭취자 분율은 23.3%였으며, 남자가 여자의 1.4배 이상으로 높았다.

에너지와 주요 영양소(칼슘, 철, 비타민 A, 리보플라빈) 섭취 수준이 모두 낮은 영양섭취부족자 분율은 여자가 11.5%로 남자 5.5%의 2배 수준이었고, 12~18세, 19~29세의 분율이 특히 높았다(각각 16.7%, 13.1%). 에너지/지방과잉섭취자 분율은 9.7%였고, 19~29세가 16.8%로 가장 높았다. 만19~29세는 영양 섭취 부족과 과잉 분율이 모두 높은 경향을 보였다.

5) 비만

비만 유병률(만19세이상, 표준화)은 1998년 26.0%에서 2007년 31.7%로 증가한 후 최근 8년간 약 31~33% 수준을 유지하고 있다. 남자는 2005년부터 2011년까지는 약 35% 수준이었으나 2012년부터 점차 증가하여 2015년 39.7%이었다. 여자는 1998년부터 2015년까지 약 23~27% 수준을 유지하고 있다[그림1-11].

소아청소년 비만 유병률(만6-18세)은 남자 2001년 10.3%에서 제4기(2007-2009) 13.4%, 제6기(2013-2015) 13.7%로 증가하는 경향을 보였다. 여자는 2001년 7.6%에서 제5기(2010-2012) 이후로 9.5% 수준을 유지하고 있다[그림1-13].

비만 유병률(만19세이상)은 남자 39.6%, 여자 28.8%로 남자가 여자보다 10.8%p 높았다. 20-50대는 남자의 비만 유병률이 여자보다 높으나, 60대이상에서는 여자의 유병률이 더 높았다[그림1-12]. 여자의 경우 소득수준(표준화) 상위 20.4%, 하위 32.9%로 소득수준이

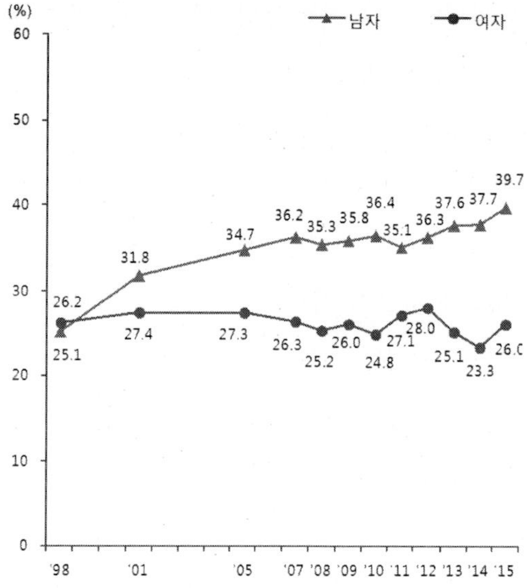

[그림 1-11] 비만 유병률 추이(체질량지수 기준)

※비만 유병률 : 체질량지수 25kg/m2 이상인 분율, 만19세이상
※2005년 추계인구로 연령표준화

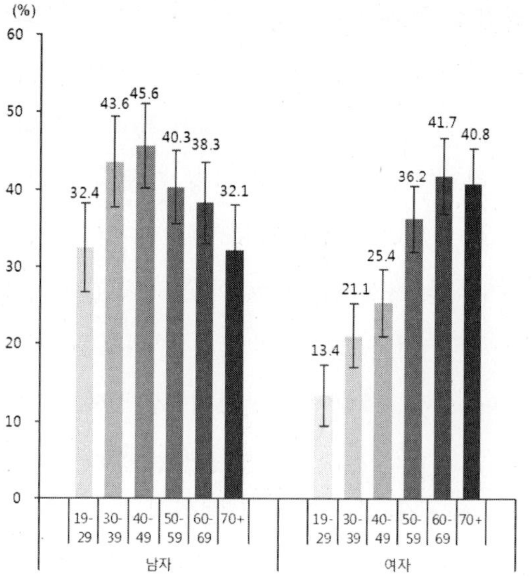

[그림 1-12] 연령별 비만 유병률

※비만 유병률 : 체질량지수 25kg/m2 이상인 분율, 만19세이상

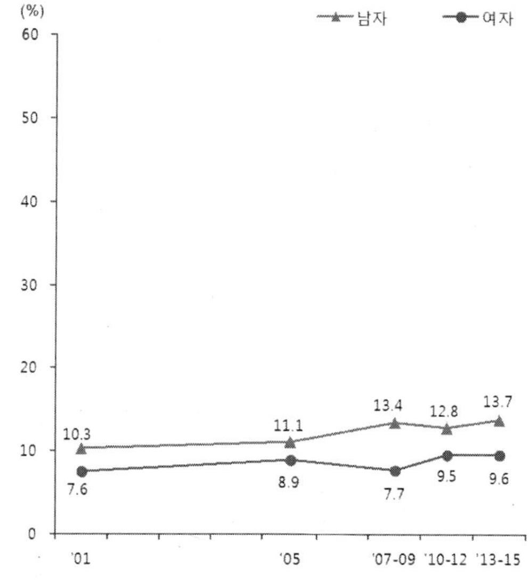

[그림 1-13] 소아청소년 비만 유병률 추이

※ 소아 · 청소년 비만 유병률 : 「2007년 소아청소년 성장도표」 연령별 체질량지수 기준 95백분위수 이상 또는 체질량지수 25kg/m2 이상인 분율, 만6-18세

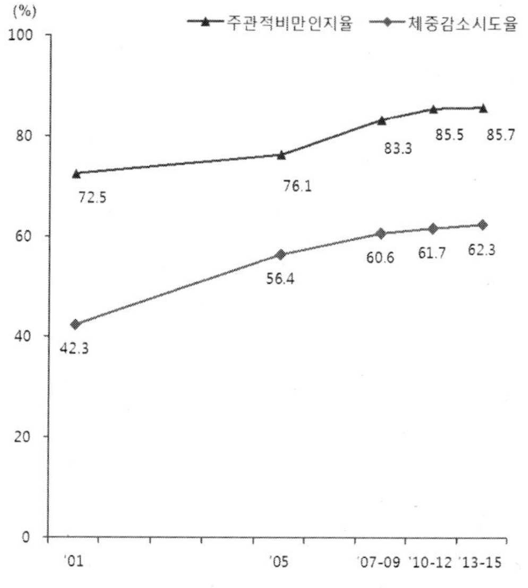

[그림 1-14] 비만 관리수준 추이

※ 주관적 비만인지율 : 체질량지수 25kg/m2 이상인 사람 중 본인의 체형이 "약간비만" 또는 "매우비만" 이라고 생각하는 분율, 만19세이상
※ 체중감소 시도율 : 체질량지수 25kg/m2 이상인 사람 중 최근 1년간 본인의지로 체중을 감소하려고 노력했던 분율, 만19세이상
※2007-2009년, 2010-2012년, 2013-2015년 통합산출

높을수록 낮았다.

허리둘레기준 비만 유병률(만19세이상)은 남자 31.7%, 여자 27.2%로 남자가 여자보다 4.5%p 높았다. 체질량지수 기준 비만 유병률과 유사하게 20~50대는 남자가 여자보다 높았으나, 60대이상에서는 여자가 더 높은 경향을 보였다.

소아청소년(만6-18세) 비만 유병률은 남자 15.1%, 여자 12.4%로 남자가 여자보다 2.7%p 높았다. 6-11세의 경우 남자 8.3%, 여자 7.4%로 성별에 따른 차이가 크지 않았으나, 12-18세의 경우 남자 19.9%, 여자 15.9%로 남자가 여자보다 4.0%p 높았다.

주관적 비만인지율(만19세이상, 표준화)은 제2기(2001) 72.5%에서 제4기(2007-2009) 83.3%로 10.8%p 증가한 후 약 85% 수준을 유지하고 있다. 동기간 남자는 64.7%에서 79.5%로 14.8%p 증가한 후 약 82% 수준, 여자는 80.2%에서 89.5%로 9.3%p 증가한 후 약 91% 수준을 유지하고 있으며, 남녀 모두 연령이 낮을수록 인지율이 높았다[그림1-14].

체중감소 시도율(만19세이상, 표준화)은 제2기(2001년) 42.3%에서 제3기(2005년) 56.4%로 14.1%p 증가한 후 약 62% 수준을 유지하고 있다. 동기간 남자는 37.2%에서 52.5%로 15.3%p 증가한 후 약 58% 수준, 여자는 48.0%에서 62.5%로 14.5%p 증가한 후 약 70% 수준을 유지하고 있으며, 남자보다 여자에서 시도율이 높으나 60대 이후는 성별에 따른 차이가 없었다[그림1-14].

6) 고혈압

고혈압 유병률(만30세이상, 표준화)은 2007년 24.6%에서 2012년 29.0%로 증가한 이후 2014년 27.9%로 감소하였다. 남자는 2007년 26.9%에서 2012년 32.2%로 증가한 이후 32% 수준을 유지하고 있으며, 여자는 2007년 21.8%에서 2012년 25.4%로 증가하였고 2013년 이후에는 21~23% 수준을 유지하고 있다[그림1-15].

고혈압 유병률(만30세이상)은 남자 35.1%, 여자 29.1%로 남자가 여자보다 6.0%p 높았다. 30~60대는 남자의 고혈압 유병률이 여자보다 높으나, 70대이상에서는 여자의 유병률이 더 높았다. 남녀 모두 연령이 높을수록 유병률이 높았다[그림1-16].

고혈압 전단계 유병률(만30세이상)은 남자 30.5%, 여자 18.0%로 남자가 여자보다 12.5%p 높았고, 남자의 경우 40대(34.2%), 여자는 50대(24.2%)에서 가장 높았다.

고혈압 인지율(만30세이상)은 제1기(1998) 23.5%, 제2기(2001) 34.1%, 제3기(2005)

57.1%, 제4기(2007-2009) 66.3%로 증가하였고, 이후 제5기(2010-2012)와 제6기(2013-2015)에는 큰 변화없이 약 66~67% 수준이었다.

고혈압 치료율(만30세이상)은 제1기(1998) 이후 지속적으로 증가 경향을 보이다가 제5기(2010-2012) 60.7%, 제6기(2013-2015) 63.6%로 증가폭이 둔화되었다.

고혈압 유병자 기준 조절률(만30세이상)은 제1기(1998) 4.9%에서 제4기(2007-2009) 42.1%로 약 37%p 증가한 이후 비슷한 수준을 유지하다가 제6기(2013-2015) 46.2%로 4.1%p 증가하였다.

고혈압 치료자 기준 조절률(만30세이상)은 제1기(1998) 23.8%에서 제4기(2007-2009) 69.3%로 약 45%p 증가한 이후 약 70% 수준을 유지하고 있다.

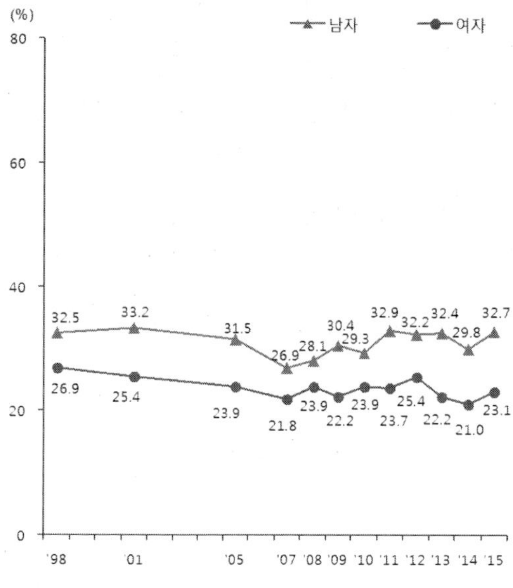

[그림 1-15] 고혈압 유병률 추이

※ 고혈압 유병률 : 수축기혈압이 140mmHg 이상이거나 이완기혈압이 90mmHg 이상 또는 고혈압 약물을 복용한 분율, 만30세이상

※ 2011년 남자 팔높이 83cm, 여자 팔높이 81cm 기준으로 AHA (1967)에 근거하여 2008년 7월 – 2010년 측정치 보정 산출

※ 2005년 추계인구로 연령표준화

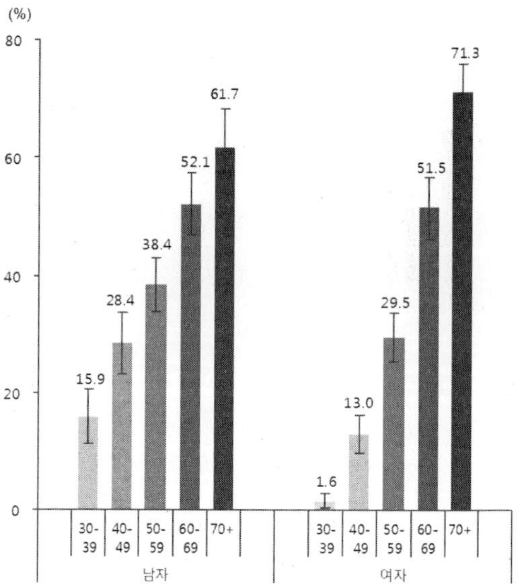

[그림 1-16] 연령별 고혈압 유병률

※ 고혈압 유병률 : 수축기혈압이 140mmHg 이상이거나 이완기혈압이 90mmHg 이상 또는 고혈압 약물을 복용한 분율, 만30세이상

7) 당뇨병

당뇨병 유병률(만30세이상, 표준화)은 2005년부터 최근 10년간 약 9% 수준을 유지하고 있다. 동기간 남자는 약 11~12% 수준을, 여자는 약 7~9% 수준을 유지하고 있다[그림1-17].

당뇨병 유병률(만30세이상)은 남자 12.0%, 여자 9.4%로 남자가 2.6%p 높았고, 남녀 모두 연령이 높을수록 증가하여 남자는 60세이상에서, 여자는 70세이상에서 20% 이상의 유병률을 보였다[그림1-18].

당화혈색소(HbA1c 6.5% 이상)를 당뇨병 진단기준에 포함할 경우 당뇨병 유병률(만30세이상)은 남자 15.4%, 여자 10.7%로 기존 당뇨병 진단기준에 비해 약 2%p 높았다.

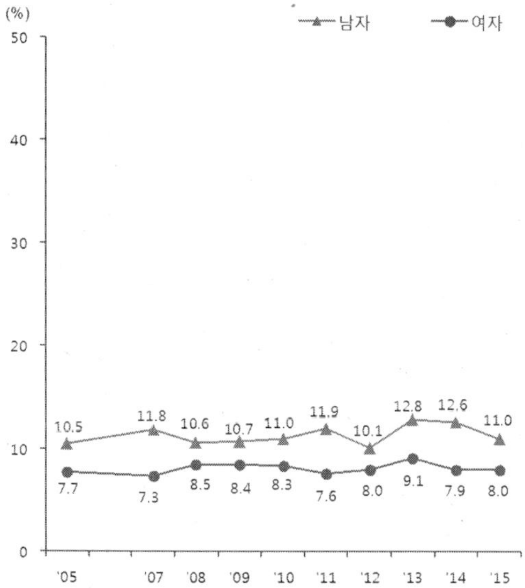

[그림 1-17] 당뇨병 유병률 추이

※ 당뇨병 유병률 : 공복혈당이 126mg/dL 이상이거나 의사진단을 받았거나 혈당강하제복용 또는 인슐린 주사를 투여받고 있는 분율, 만30세이상

※ 2005년 추계인구로 연령표준화

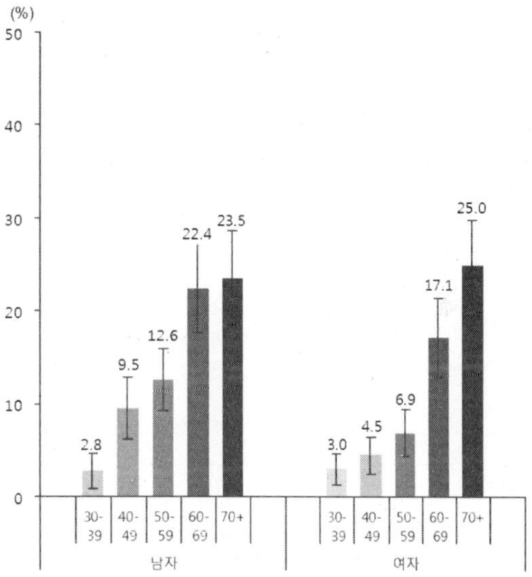

[그림 1-18] 연령별 당뇨병 유병률

※ 당뇨병 유병률 : 공복혈당이 126mg/dL 이상이거나 의사진단을 받았거나 혈당강하제복용 또는 인슐린 주사를 투여받고 있는 분율, 만30세이상

공복혈당장애 유병률(만30세이상)은 남자 12.5%, 여자 10.4%이며, 남녀 모두 연령이 높을수록 증가하여 남자는 60세이상에서, 여자는 70세이상에서 25% 이상의 유병률을 보였다.

당뇨병 인지율(만30세이상)은 제3기(2005)부터 큰 변화없이 약 70% 수준이며, 남자에 비해 여자 인지율이 더 높았고, 남녀 모두 연령이 높을수록 증가하였다.

당뇨병 치료율(만30세이상)은 제3기(2005) 49.0%, 제4기(2007-2009) 57.5%, 제5기(2010-2012) 63.9%, 제6기(2013-2015) 63.3%로 5기 이후 약 60% 수준을 유지하고 있다. 여자에 비해 남자가, 연령이 낮을수록 치료율은 낮았다.

당뇨병 유병자의 조절률(만30세이상)은 제3기(2005) 23.0%에서 제4기(2007-2009) 29.4%로 6.4%p 증가한 이후 큰 변화가 없었고, 여자 유병자의 조절률이 남자보다 낮았다.

8) 이상지혈증

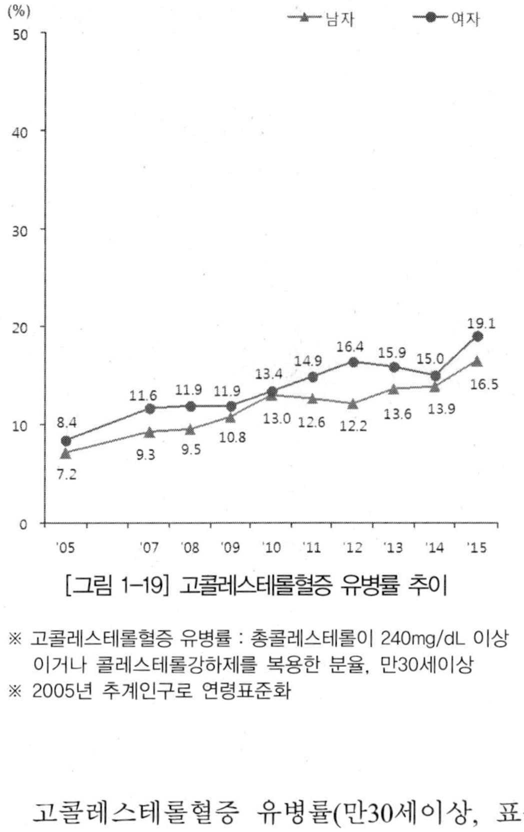

[그림 1-19] 고콜레스테롤혈증 유병률 추이

※ 고콜레스테롤혈증 유병률 : 총콜레스테롤이 240mg/dL 이상이거나 콜레스테롤강하제를 복용한 분율, 만30세이상
※ 2005년 추계인구로 연령표준화

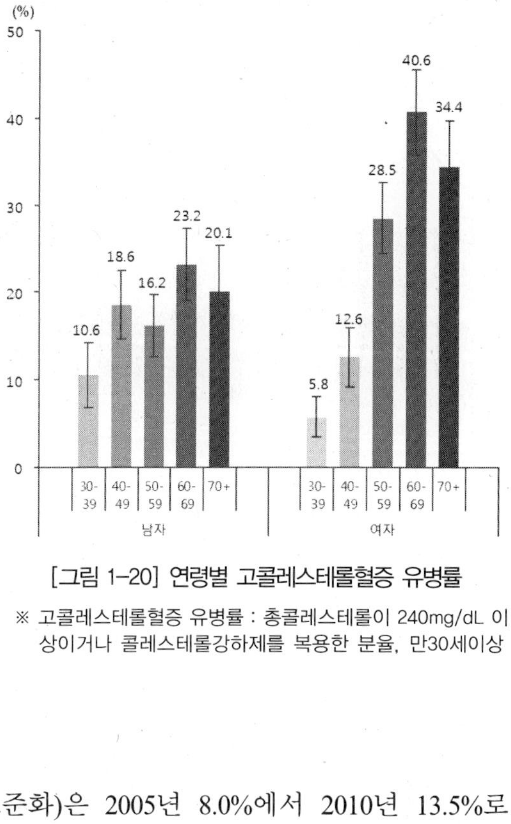

[그림 1-20] 연령별 고콜레스테롤혈증 유병률

※ 고콜레스테롤혈증 유병률 : 총콜레스테롤이 240mg/dL 이상이거나 콜레스테롤강하제를 복용한 분율, 만30세이상

고콜레스테롤혈증 유병률(만30세이상, 표준화)은 2005년 8.0%에서 2010년 13.5%로 5.5%p 증가한 이후 5년간 13~14% 수준을 유지하다가 2015년 17.9%로 전년대비 3.3%p 증가하였다. 동기간 남자는 2005년 7.2%에서 2010년 13.0%로 5.8%p 증가한 이후 5년간 약 13% 수준을 유지하다가 2015년 16.5%로 전년대비 2.6%p 증가하였고, 여자는 2005년 8.4%에서 2010년 13.4%로 5.0%p 증가한 이후 5년간 15~16% 수준을 유지하다가 2015년 19.1%로 전년대비 4.1%p 증가하였다[그림1-19].

고콜레스테롤혈증 유병률(만30세이상)은 남자 16.9%, 여자 22.1%로 남자에 비해 여자가 5.2%p 높았다. 30~40대에서는 남자의 유병률이 여자보다 높았으나, 50대이상에서는 여자가 남자보다 더 높았다[그림1-20].

9) 빈혈

빈혈 유병률(만10세이상, 표준화)은 남자의 경우 1998년 4.8%에서 2007년 2.6%로 감소한 이후, 2% 수준을 유지하였다. 여자는 최근 4년간 10% 수준을 유지하였다[그림1-21].

빈혈 유병률(만10세이상)은 남자 3.2%, 여자 10.4%로 여자가 남자보다 약 3배 높았다. 남자는 연령이 높을수록 유병률이 높은 수준을 보였고, 70대이상(17.7%)에서 가장 높았다. 여자는 40대(16.1%), 70대이상(13.8%), 30대(12.6%) 순으로 높았다[그림1-22]. 남녀 모두 읍면지역이 높았고, 여자는 소득수준이 낮을수록 높았다.

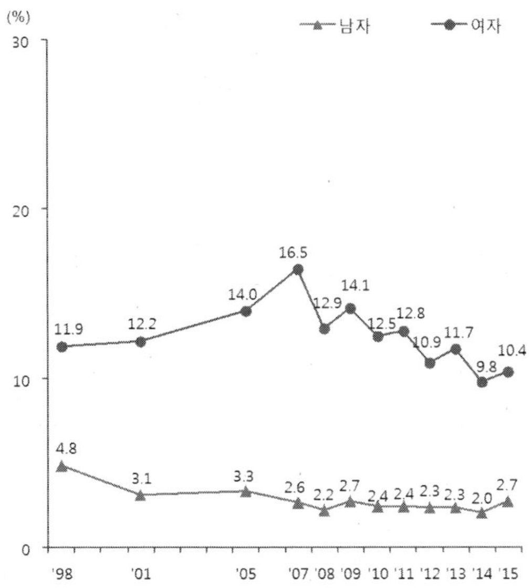

[그림 1-21] 빈혈 유병률 추이

※ 빈혈 유병률: 현재 빈혈(헤모글로빈 기준)을 가지고 있는 분율, 만10세이상
- 헤모글로빈(g/dL) : 10-11세 11.5미만, 12-14세 12미만, 15세 이상 비임신여성 12미만, 임신여성 11미만, 남성 13미만

※ 2005년 추계인구로 연령표준화

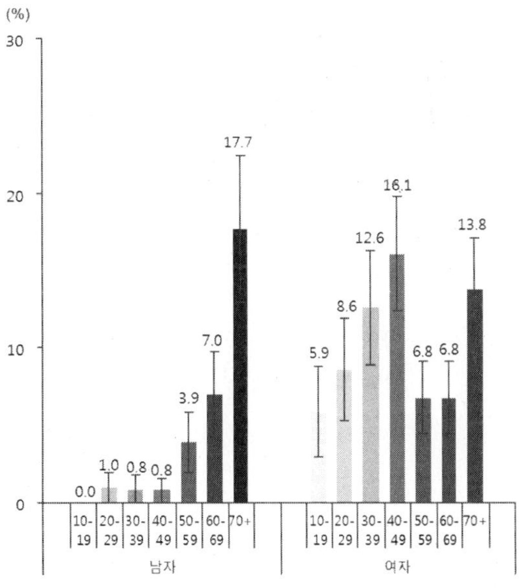

[그림 1-22] 연령별 빈혈 유병률

※ 빈혈 유병률: 현재 빈혈(헤모글로빈 기준)을 가지고 있는 분율, 만10세이상
- 헤모글로빈(g/dL) : 10-11세 11.5미만, 12-14세 12미만, 15세이상 비임신여성 12미만, 임신여성 11미만, 남성 13미만

10) 골다공증

제5기 1차년도(2010) 결과 골다공증 유병률(만50세이상)은 여자 34.9%, 남자 7.8%로 50세 이상 여자 3명 중 1명은 골다공증을 앓고 있는 것으로 나타났다. 부위별 유병률 비교시 요추의 골다공증 유병률(만50세이상 여자기준)이 28.8%로 가장 높았고 대퇴경부 21.3%, 대퇴골 6.5%의 순이었다.

미국(NHANES 2005-2008, 만50세이상 여자)의 요추 골다공증 유병률 및 대퇴경부 골다공증 유병률과 비교시 우리나라의 요추 및 대퇴경부 골다공증 유병률이 3배가량 높은 수준이며(9.9% vs 28.8%, 7.7% vs 21.3%) 대퇴골 골다공증 유병률은 미국(NHANES 2005-2006, 만50세이상 여자)과 유사한 수준이었다.

골밀도는 부위별로 차이가 있어 요추, 대퇴경부, 대퇴골 골밀도 중 대퇴경부 골밀도 수준이 가장 낮았다. 요추, 대퇴경부, 대퇴골 골밀도는 남녀 모든 연령에서 미국보다는 낮았고, 일본(여자만 포함)과는 큰 차이가 없었다.

남자의 골밀도는 요추, 대퇴경부, 대퇴골 모두 20대에서 가장 높았고, 여자의 경우 대퇴경부는 20대, 요추는 30대, 대퇴골은 40대에서 골밀도가 가장 높았으며, 남녀 모두 50대부터는 골밀도가 급격히 감소되는 양상을 보였다[그림1-27], [그림1-28].

소득수준별 골다공증 유병률(만50세이상, 표준화)은 요추의 경우 소득수준이 가장 낮은 군(하위 25%)에서 30.4%, 가장 높은 군(상위 25%)에서 20.8%로 소득수준이 낮은 군에서 10%p정도 유병률이 높았으나, 대퇴경부와 대퇴골에서는 소득수준에 따른 차이가 뚜렷하지 않았다.

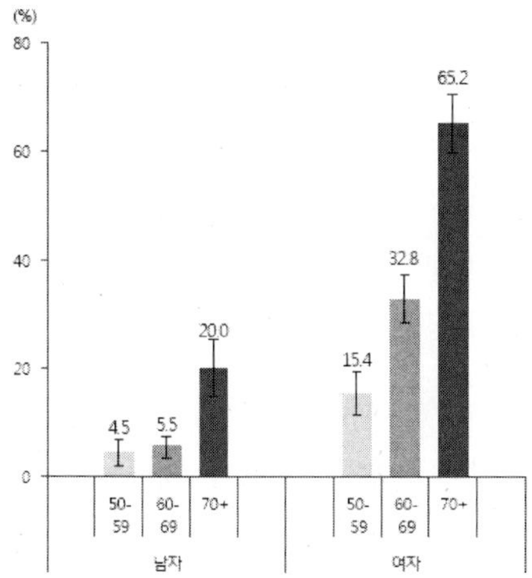

[그림 1-25 연령별 골다공증 유병률]

※골다공증 유병률 : 폐경 후 여자, 50세이상 남자에서 대퇴경부, 대퇴골, 요추 골밀도 검사결과 가장 낮은 T-score가 -2.5 이하인 분율, 만50세이상

※T-score= (대상자골밀도-최대골밀도)/최대표준편차 최대골밀도 Asia(일본기준, g/cm2): 대퇴경부 남자 0.846 여자 0.803, 대퇴 남자 0.940, 여자 0.851, 요추 남자 1.024, 여자 1.006

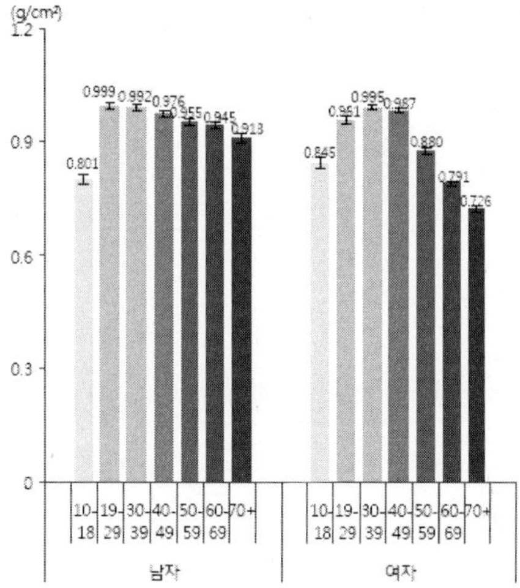

[그림 1-26] 연령별 요추 골밀도

※만10세이상

※2008-2010년 통합 산출

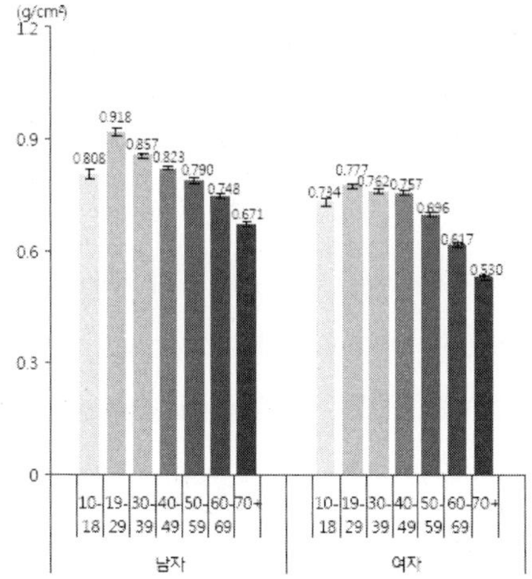

[그림 1-27] 연령별 대퇴경부 골밀도

※만10세이상

※2008-2010년 통합 산출

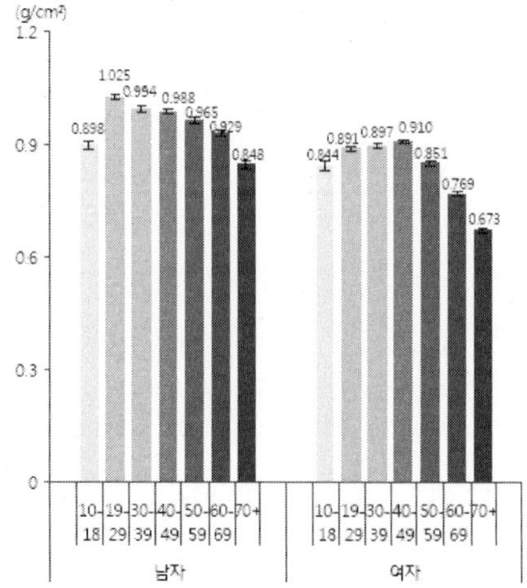

[그림 1-28] 연령별 대퇴골 골밀도

※만10세이상

※2008-2010년 통합 산출

3. 대학생의 식생활 문제

대학생 시기는 청소년기에서 성인기로 전환되는 연령대로 성인으로서의 식습관이 확립되는 시기이다. 대학생은 학업에 열중하고 다양한 대학생활을 활기있게 하기 위하여는 균형된 영양섭취가 필수적이다. 또한 앞으로 직장생활과 결혼 등 다음 세대의 부모로서 한 가정과 사회의 구성원으로 식생활 관리에 중요한 역할을 하게 된다. 따라서 이 시기에는 식사를 통한 영양 섭취의 중요성을 인식하고 중년기, 노년기를 건강하게 맞이할 수 있도록 올바른 식생활을 하는 것이 중요하다. 대학생이 되면서 학업과 다양한 활동으로 필요한 영양관리가 중요한다. 대학생들은 부모와 함께 생활하면서 대학생을 하는 경우도 있지만 부모를 떠나 자취, 하숙, 기숙사 등 거주 형태가 변화하고, 학업 이외에 다양한 활동을 자유롭게 하게 되므로 불규칙한 생활을 하기 쉽다. 이와 함께 잦은 외식과 음주 등으로 좋지 않은 식습관을 갖게 되어, 영양섭취 면에서도 문제가 매우 많이 발생하고 있다. 그러므로 대학생은 좋은 식습관을 형성하여 학업뿐 만 아니라 미래의 생활에도 준비를 해야 한다.

대학생의 식습관에 대한 문제점으로는 불규칙한 식사, 결식, 과식, 편식, 야식, 잦은 외식, 편의식품과 가공식품의 과잉 섭취 등이 있으며, 건강상의 문제점으로는 비만 또는 저체중, 빈혈, 소화기계 질병 및 변비 등이 있다고 보고되었다.대학생들의 불규칙한 식사 원인으로는 아침 식사 시간의 부족과 다이어트가 주된 원인으로 나타났다.

우선 아침 식사 시간 부족으로는 정해진 등교시간에 맞추어 늦지 않게 학교에 도착하려면 아침 시간은 바쁠 수밖에 없다. 그래서 주로 빵이나 계란 후라이, 우유, 씨리얼 등으로 아침식사를 때운다. 그리고 특히 여대생들은 다이어트에 관심이 높다. 다이어트는 균형된 식사와 운동을 적절히 병행하여야 하는데, 지나친 저칼로리 식단을 시도하는 경우가 많아 문제가 된다. 또한 다이어트에 대한 그릇된 상식으로 저녁을 굶다가 밤늦게 배고픔을 이기지 못해 피자나 햄버거를 먹는 학생도 많다.

그 외에 습관적인 이유로 아침식사가 입맛도 없고 소화가 잘되지 않아 아침을 거르게 하는 악순환을 이루게 된다고 한다.

또한 대학생은 학점과 취업 등으로 스트레스를 받는데 해소법으로 술, 고기 등 기름진 음식, 초콜릿 등 단 음식 등을 선호하게 된다. 특히 여학생의 경우 스트레스를 많이 받으면 선호하는 음식을 과다 섭취하는 패턴을 보인다. 이런 경우 특정 영양소가 과잉 혹은 결핍되어 영양 불균형을 초래한다. 대학생들은 값이 저렴하면서도 빨리 나올 수 있는 음식을 선호한다. 그래서 라면 등 먹기 편한 즉석 식품을 먹게 되어 불균형적인 영양상태를 초래할 수 있다. 지난 10년 동안 보고된 일부 대학생을 대상으로 영양섭취 실태를 조사한 연구 결과를 살펴보면 대부분의 연구에서 에너지 섭취량이 권장섭취량 또는 에너지 필요추정량 미만이었으며, 비타민 A, 비타민 C, 비타민 B2, 칼슘의 섭취량은 권장섭취량 미만이었다. 또한 비타민 B1, 니아신, 엽산, 아연 등도 권장섭취량 보다 부족했으며 여학생의 경우에는 철도 권장섭취량 보다 부족하였다.

우리나라 대학생의 음주율은 성인의 음주율 보다 높은 것으로 나타났는데, 2010년 성인의 년간 음주율은 79%인데 반해 대학생의 년간 음주율은 94.4%이었으며, 성인의 월간 음주율은 60.4%이었으나 대학생의 월간 음주율이 85.4%로 우리나라 대학생의 음주 실태는 매우 심각한 수준이다. 대학생의 음주는 신체 건강상의 문제, 학업의 수행이나 정신건강, 일상생활 부적응과 같은 문제 뿐 아니라 폭력 등 무절제한 행동 양상을 나타내며, 교통사고와 자살과 같은 사망사건 등 사회적인 문제로 이어지므로 대학생의 음주로 인한 문제를 예방하기 위한 대책이 절실히 필요하다.

[그림 1-29]는 국민건강영양조사 홈페이지인데 국민건강영양조사 자료로 건강행태, 영양섭취 및 만성질환에 관한 통계자료를 찾아 볼수 있다. 그리고 [그림 1-30]은 농촌진흥청의 식단관리(메뉴젠, MenuGen)에서는 식단작성, 식단진단, 음식정보, 식단검색 및 식생활정보(한국인 영양소 섭취기준, 생애주기별 영양정보, 식품안전용어사전) 등의 정보를 활용할 수 있다.

[그림 1-29] 국민건강영양조사 홈페이지 (https://knhanes.cdc.go.kr/knhanes/main.do)

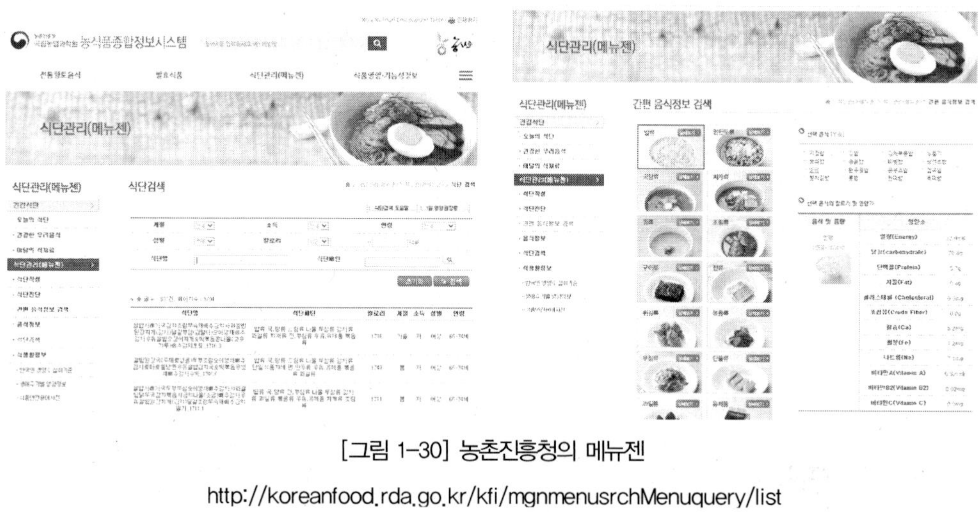

[그림 1-30] 농촌진흥청의 메뉴젠

http://koreanfood.rda.go.kr/kfi/mgnmenusrchMenuquery/list

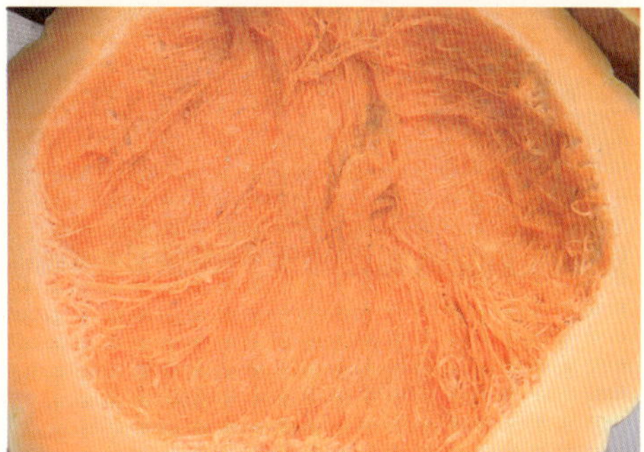

2장 인체의 생리

우리가 건강과 영양을 유지하기 위해서는 기본적인 인체의 구성과 기능에 관한 지식을 가져야 한다. 인체의 구성 다루는 학문을 인체해부학이라 하고, 신체 기관의 기능을 다루는 학문을 인체생리학이라고 한다. 모든 생명체는 성장·유지·증식하는데 구성물질과 에너지가 필요하다. 따라서 우리는 신체 구성에 필요한 물질을 식품으로 섭취하여야 하며, 또한 식품으로부터 생명 활동에 필요한 에너지를 획득하게 된다. 열역학 제 2법칙에 따르면 모든 폐쇄계는 자발적으로는 무질서도가 커지는 방향으로 일어난다. 그러므로 하나의 폐쇄계인 생명체가 매우 조직화된 상태를 유지하고 기능을 유지하기 위해서는 계속적인 에너지의 유입이 있어야만 한다. 생명체에서 에너지는 여러 가지 일 (물질합성, 자극전달, 근육수축 등)을 수행하는데 필요하고, 살아있는 상태를 유지하는데 필요하다.

1. 인체의 구성

인체는 여러 단계로 조직화되어 있다. 가장 작은 기능적 단위는 세포(cell)인데 성인은 약 6×10^{13}개의 세포로 구성되어 있고, 신생아는 2×10^{12}개로 구성되어 있다. [그림 2-1] 은 전자현미경으로 볼 수 있는 전형적인 세포의 모식도이다. 이것은 세포의 기본적인 기능을 수행하는데 필요한 구조물을 모두 갖고 있는 이론적인 세포일 뿐이고 실제로는 모식도의 세포와 똑같은 세포는 없다. 사람에는 약 210가지의 세포가 있는데 세포마다 자신의 특수한 기능과 관련된 특수한 구조를 하고 있다(예, 신경세포, 근육세포). 세포의 크기는 천차만별이지만, 대개는 매우 작아서 평균 크기는 약 10㎛(즉, 10^{-5}m) 정도이다.

같은 기능을 하는 세포들이 무리를 이루어 조직(組織)을 이루고, 다음 단계로 조직들이 모여 기관(器官)을 구성하는데 기관별로 저마다 독특한 기능을 수행한다. 즉, 심장은 혈액을 펌프 하는 기관이다.

여러 기관들이 모여 더욱 광범위한 기능을 하는데 이를 총체적으로 기관계(器官系)라 고 한다. 예를 들면, 심장은 혈관과 그리고 혈액과 함께 순환계를 구성하는데, 이 순환계는 인체 내의 물질수송체계 역할을 담당한다.

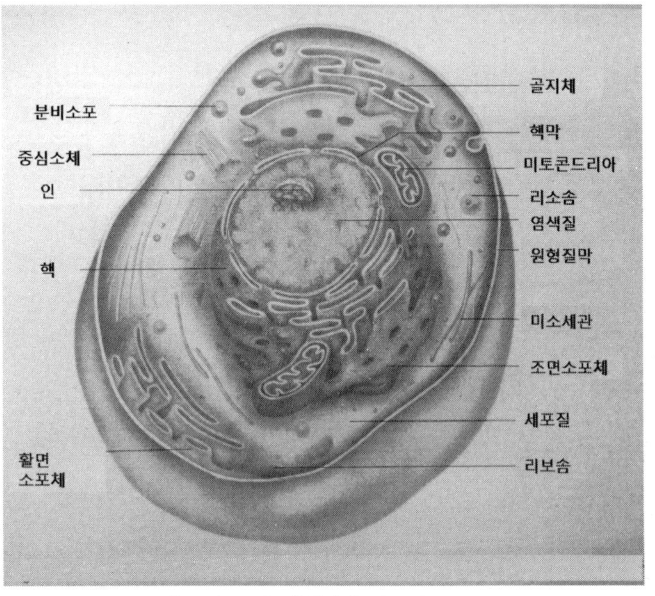

[그림 2-1] 전형적인 세포의 구조

1) 세포의 구조와 기능

세포의 화학적 구성은 지방, 단백질, 탄수화물, 핵산 등으로 되어 있다. 또 이들은 더 작은 분자인 지방산, 글리세롤, 아미노산, 단순당, 뉴클레오티드 등이 중합되어 구성되어 있다.

전형적인 세포는 막으로 싸여 있고, 내부에 핵을 가지고 있다. 핵을 제외한 나머지 부분을 세포질이라고 하는데 반고형의 기저물질로 되어 있고 세포소기관들이 들어 있다.

(1) 세포막

세포를 둘러싸고 있는 것으로 인지방질과 단백질 등으로 구성되어 있으며, 세포의 모든 물질의 출입은 세포막을 통해 일어난다. 세포막은 반투과성 막으로, 통과시켜야 할 것들에 대하여 선택적이어서 세포가 외부 환경과 다른 자신의 조성을 유지하도록 해준다.

(2) 핵 - 세포 기능의 유전적 조절

핵은 세포 안에서 가장 큰 구조물로서 대개 하나만이 있다. 핵은 이중막으로 된 핵막으로 싸여 있는데, 핵막에는 핵과 세포질의 통로 역할을 하는 핵막공이 있다. 핵 안에는 인이라 하는 작고 둥그런 구조물이 있고, 나머지 부분을 염색질이라고 한다.

염색질은 세포분열 시 굵고 짧은 형태로 응축되어 현미경으로도 보이게 되는데 이를 염색체라고 하며, 분열하고 있는 세포에서만 보이는데 생물에 따라 특정한 수의 염색체를 갖는다. 인체 세포에는 23쌍(46개)의 염색체가 있는데, 난자와 정자에는 각 쌍의 한쪽(23개)만이 있다.

염색체에는 DNA가 들어 있는데, 이 DNA 분자는 두 가지 기본적인 기능을 한다. 첫째는 다음 세대에 전달하기 위한 DNA의 복제 기능으로, 생식세포(정자 및 난자)에는 다음 세대를 위한 유전적 청사진이 들어간다. 둘째는 DNA 유전정보는 세포 자신의 생활을 통제·조절하는 데에도 사용되는 것이다. 즉, DNA에 들어있는 정보를 세포가 이용 가능하도록 하는 것으로 mRNA의 유전암호를 이용하여 단백질을 합성하게 함으로써 이루어진다. 세포에서 만들어지는 효소 등의 단백질 합성을 조절함으로써 DNA는 세포 활성을 간접적으로 조절한다.

(3) 미토콘드리아 - 세포의 에너지 생산체계

미토콘드리아는 세포질 내에 작은 타원형의 입자들로 활발하게 생활하는 세포에는 수백 개 이상 들어 있다. 미토콘드리아는 외막과 내막의 이중막으로 되어 있으며, 내막은 주름이 잡혀 있다[그림 2-2].

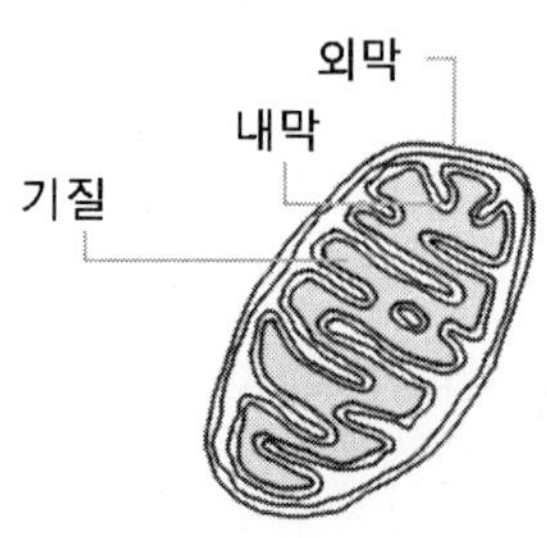

[그림 2-2] 미토콘드리아

미토콘드리아는 세포의 에너지 주 생산체계를 구성하고 있어 세포 내 발전소라고 말한다. 미토콘드리아는 포도당과 같은 영양소가 분자 내에 가지고 있는 화학에너지를 ATP(adenosine triphosphate)라고 하는 또 다른 화학에너지 형태로 바꾸는 에너지 변환기 역할을 한다. ATP를 생산하기 위하여 영양소가 여러 단계에 걸쳐 산화되어야 하는데, 여기에 관여하는 효소들이 미토콘드리아 안에 있어 산화반응을 순서대로 일어나게 한다. 단백질 합성이나 근육 수축 등 에너지를 필요로 할 때 세포는 에너지원으로 ATP만을 이용할 수가 있다. 그러므로 영양소를 원유, ATP를 전기라고 비유할 수 있다.

(4) 리소솜 - 세포의 소화기관

리소솜은 크기가 미토콘드리아와 비슷한데, 미토콘드리아와는 달리 복잡한 내부구조가 없고, 소화관에서 발견되는 소화효소와 비슷한 효소들로 채워진 단순한 주머니이다.

리소솜은 세포에 침입한 세균 등의 외래물질들을 소화한다. 그래서 리소솜은 신체 방어작용을 하는 백혈구에 특히 많다. 리소솜은 또한 세포의 불필요한 것들(노후한 미토콘드리아 등)을 파괴한다. 인체 내의 세포가 죽으면 리소솜의 효소가 유리되어 죽은 세포를 소화하여 세포의 재생을 돕는다. 이러한 작용은 임신 후 자궁내막 또는 수유기 말기에 유선의 감소 등 조직 퇴행 현상 시에 특히 활발하다.

(5) 리보솜(ribosome)

전자현미경으로 세포질에 조그만 입자들이 보이는데, 이것이 리보솜으로서 단백질이 합성되는 곳이다. 리보솜은 세포질에 흩어져 있기도 하고 소포체에 부착되어 있기도 한다.

(6) 막성 구조물

세포질에는 소포체라고 하는 관상의 막이 가로지르고 있다. 이들은 통로시스템 역할을 하고 세포질을 구획화 한다. 리보솜이 부착되어 있는 소포체를 조면소포체라고 하는데 단백질 합성이 일어난다. 합성된 단백질은 소포체 통로로 대개는 세포 밖으로 분비된다. 흩어져 있는 리보솜은 세포 안에서 사용할 단백질을 합성한다. 리보솜이 부착되지 않은 소포체를 활면소포체라고 하는데, 지방과 탄수화물 대사, 콜레스테롤 합성, 그리고 이물질 대사에 관여한다.

골지체는 막으로 된 소포와 소관의 집합체로 편평하게 포개진 형태로 보이기도 한다.

특히 분비기능이 활발한 분비선에서 현저하게 발달되어 있다. 골지체는 세포 안에서 합성된 물질들을 농축시키고 포장해서 분비하는 작용을 한다.

2) 조직

앞에서 약술한 세포의 구조와 기능은 모든 인체 세포에 공통적인 특징이다. 그러나 비슷한 기능을 하는 세포들이 무리를 이루어 조직[그림 2-3]을 형성한다.

(1) 상피조직

인체의 체표면과 내장기관의 내벽을 이루고 있으며, 세포들은 밀착결합되어 있어 틈이 없다. 외부의 충격, 수분 증발, 병원균으로부터의 보호작용을 하고, 영양물질을 흡수하거나 소화효소의 분비작용 등을 한다.

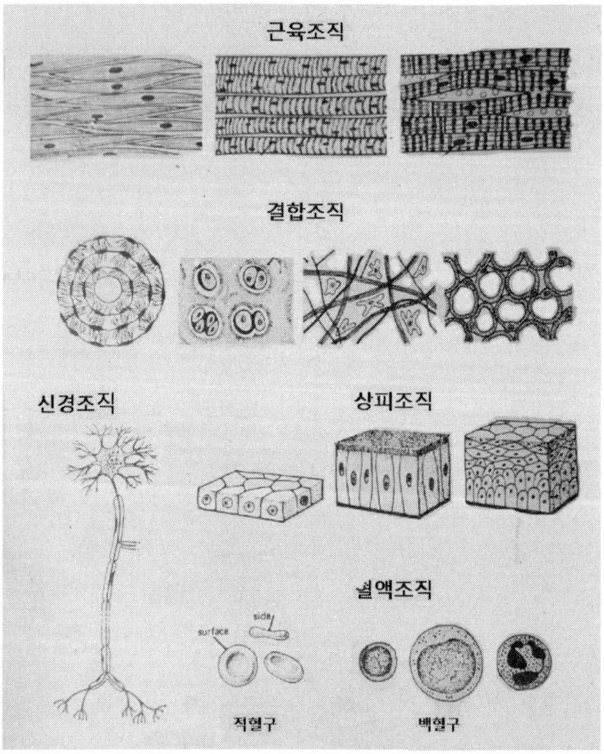

[그림 2-3] 인체의 조직.

(2) 결합조직

신체를 지지하고 구조물들을 서로 결합하는 기능을 한다. 결합조직의 특징은 자신 주위의 세포로 하여금 강화물질(기질)을 분비하게 하는 것이다. 대표적인 기질로는 콜라겐, 엘라스틴 등이 있다. 기질은 뼈조직에서는 단단하고, 연골에서는 유연성이 있으며, 고유결합성 조직에서는 섬유로 채워진다. 지방조직은 변형된 결합조직으로 지방으로 차 있다.

(3) 근육조직

장력을 만들고 수축하기에 적합하도록 되어 있다. 근육세포에는 특수한 단백질로 만들어진 수축성 섬유들이 있다.

(4) 신경조직

자극을 전달할 수 있도록 특성화되어 있다. 신경조직은 신경세포와 지지세포로 구성되어 있는데, 신경세포는 핵이 있는 세포체와 다른 세포에 자극을 전달하기 위한 긴 돌기(축삭돌기)로 되어 있다.

(5) 혈액조직

유일한 액체성 조직으로 림프와 혈액으로 구성되어 있는데 물질의 수송을 담당한다.

3)기관계

인체는 9개의 기관계로 구성되어 있다. 각각 그 구조와 특성에 알맞은 생리적 기능을 수행하고 있지만 완전히 독립된 기관으로서의 역할을 하고 있는 것이 아니라 각 기관계가 서로 밀접한 상호협동과 통일된 수행을 함으로써만, 고등한 생명체로서의 개체를 구성할 수 있다.

(1) 골격계

골격계는 몸의 골격과 결합조직을 구성하며, 주된 기능은 신체의 지지, 보호, 운동을 하게 한다.

(2) 근육계

근육계는 횡문근(예, 이두박근)과 평활근(예, 위장의 근육)으로 구성되어 있다. 주된 기능은 수축에 의해서 움직임을 일으키며, 정지 상태의 뼈와, 자세를 지지 유지해 준다.

(3) 신경계

신경계는 중추신경계와 말초신경계로 나누며, 중추신경계는 뇌(대뇌, 간뇌, 중뇌, 뇌교, 연수, 소뇌)와 척수로 구성되며, 말초신경계는 뇌에서 분지 되는 12쌍의 뇌신경과 31쌍의 척수신경 그리고 특히 신체 내부에 분포되어 있는 자율신경계(교감신경 및 부교감신경)로 되어 있다. 중추신경계에서도 가장 중심이 되는 대뇌에는 감각중추와 운동중추 그리고 연합중추가 있어 사고, 추리, 판단, 기억 등을 통괄할 뿐 아니라 희, 로, 애, 락을 느끼며, 지, 정, 의와 같은 고등한 정신작용이 부단히 일어나고 있다.

대뇌의 밑에 있는 간뇌는 내장근에 분포되어 있는 자율신경계를 총지배하고 있으며, 체온조절 등 중요한 생리적 기능을 담당한다. 특히 양서류와 어류에서는 안구운동과 관계가 있는 중뇌의 발달이 현저하지만, 인체에서는 현저하지 않다. 중추신경계 중에서 생명과 직결되는 부위는 뇌교와 연수를 포함하는 곳으로 심장 박동과 호흡운동을 총괄하고 있다.

(4) 순환계

순환계는 심장, 혈관(동맥, 정맥), 혈액 그리고 림프관과 림프액으로 구성되어 있다. 심장은 혈액을 온몸으로 순환시켜 주는 원동력이 되는 기관으로 특히 인체에서는 2심방 2심실로, 모든 동물 중 가장 발달되어 있고, 횡격막 위 종격 내에 위치하고 있다. 동맥과 정맥 사이에는 모세혈관이 있고, 이곳을 통하여 혈장이 계속하여 스며나와 조직 속을 적셔주면서 영양물질과 산소 등을 공급하고, 노폐물과 이산화탄소를 혈액까지 운반해주는 역할을 하며 체액의 항상성을 유지시켜, 완충작용을 한다.

(5) 내분비계

뇌하수체를 비롯하여 갑상선, 부갑상선, 췌장, 부신, 생식소(정소, 난소) 등으로 구성되며, 거의 모든 내분비선은 뇌하수체의 지배를 받는다. 뇌하수체를 어려서 제거하면 생식선을 위시해서 대부분의 내분비선이 위축되면서 퇴화한다. 특히 내분비계는 신경계를 도와서 몸의 생리적 통일성을 유지한다.

(6) 호흡기계

호흡기계는 코, 인두, 후두, 기관, 기관지, 폐로 구성되어 있으며, 산소를 폐포에까지 운반하고 이산화탄소를 체외로 배출하는 일을 한다.

(7) 소화기계

소화관과 소화선으로 구성되어 있다. 소화관은 입, 식도, 위장, 소장, 대장, 직장, 항문으로 연결되며, 소화선으로는 타액선, 위선, 췌장선 등이 있어 고분자의 음식물을 소장의 미세융모에서 흡수할 수 있는 작은 분자로 분해한다.

(8) 배설기계

비뇨기계, 피부, 호흡기 등이 있으며, 비뇨기계는 신장, 수뇨관, 방광, 요도로 나누며, 신장에서는 혈액 속의 노폐물을 여과, 재흡수, 재분비 등에 의하여 체외로 배설하고 체액의 항상성을 유지시켜 준다.

(9) 생식기계

생식기계는 태아 발생 시에는 남녀가 거의 같은 구조를 가지고 출발하지만 점차 분화 발달하여 남녀 생식 기관의 구조적 차이가 형성된다. 즉, 남성은 고환, 부고환, 수정관, 정낭, 사정관, 전립선, 구요도선, 음경 등으로 구성되며, 간질조직에서 남성호르몬이 분비된다. 또한 여성 생식기관은 난소, 수란관, 자궁, 질, 음핵, 소음순, 대음순 등으로 구성되어 있고, 난소에서는 난자가 성숙되어 배란되며, 배란된 자리에서 황체호르몬이 분비된다. 여포호르몬은 여성의 제 2차 성질을 나타내며, 황체호르몬은 배란을 억제하면서 임신을 지속시키는 일을 한다.

2. 인체의 주요 기관계

위에서 언급한 바와 같이 인체는 9개의 기관계로 구성되어 있으나, 여기서는 영양과 관계가 깊은 소화기계, 순환계, 배설계에 대해서 좀 더 깊게 살펴본다.

1) 소화기계

우리가 섭취하는 영양소는 대부분이 고분자물질이어서 그대로는 소화관 벽에서 흡수되지 않는다. 이와 같은 고분자물질을 저분자물질로 분해하는 것이 소화이다.

(1) 소화기관과 소화(digestion)

사람의 소화기관은 입에서 시작하여 항문에서 끝나는 긴 소화관과 여기에 부속된 분비선들로 이루어져 있다[그림 2-4]. 우리가 먹은 음식물은 이들 소화관을 지나면서 소화 흡수되고 찌꺼기는 대변이 되어 체외로 배설된다.

① 입에서의 소화

음식물이 입 안에 들어가면 이로 잘게 부수고 타액 속의 아밀라아제가 전분을 덱스트린과 맥아당 등의 간단한 당류로 분해한다. 타액선은 이하선(귀밑샘), 설하선(혀밑샘), 악하선(턱밑샘)의 3쌍이 있으며 침을 분비한다. 타액은 하루 1~1.5ℓ 분비되며 pH 5.4~6.0의 약산성이다.

② 위장에서의 소화

입 안에서 타액과 섞인 음식물이 식도를 지나 위장에 도달하면, 위장의 수축운동으로 위액과 고루 섞여 본격적인 소화가 일어난다.

- 위장의 구조

  위장은 불룩한 주머니 모양이며, 위벽에는 많은 주름이 있고 이곳에 위액을 분비하는 위선이 발달해 있다. 위선은 주세포, 벽세포, 경세포 등으로 이루어져 있다. 주세포에서는 소화 효소인 펩시노겐을 분비하고, 벽세포에서는 주로 염산(HCl)을 분비하며, 경세포에서는 점액소를 분비한다. 위장은 식도와 십이지장과 연결되며, 식도에 연결된 입구를 분문, 십이지장에 이어지는 부분을 유문이라고 한다.

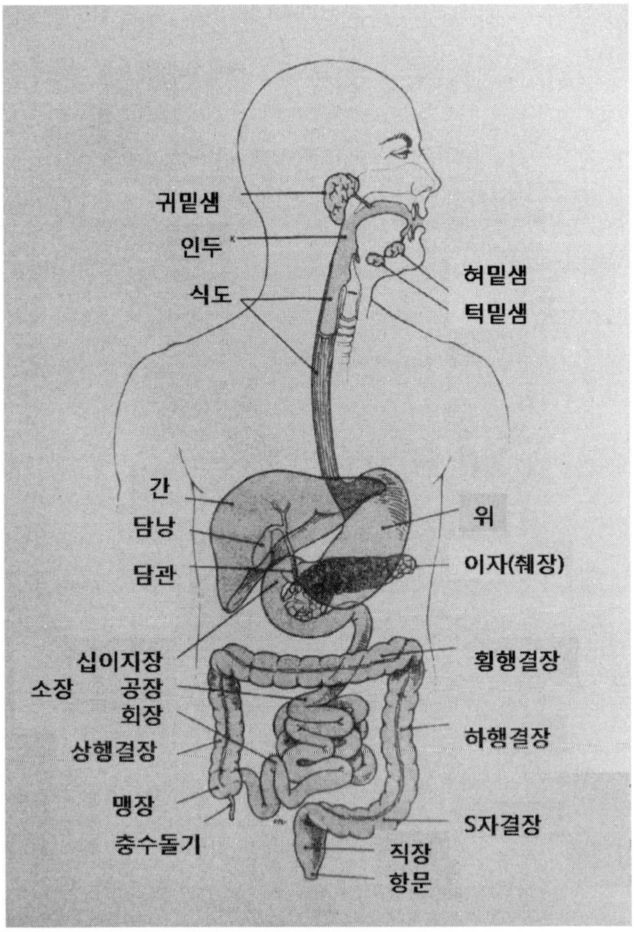

[그림 2-4] 인체의 소화기관

• 위액의 소화작용

위선에서 분비된 펩시노겐은 염산에 의해 펩신으로 활성화된다. 펩신의 최적 pH는 1~2인데, 염산에 의해 이러한 강산성이 유지된다. 펩신은 단백질을 펩티드로 가수분해한다.

• 위액의 분비

위액의 분비는 호르몬 가스트린에 의해서 조절된다. 음식물이 위장으로 들어와 위벽을 자극하면 가스트린이 분비된다. 또한 시각이나 청각 등의 조건반사에 의해서도 약간의 위액이 분비된다.

③ 소장에서의 소화

소장에서는 위에서 넘어온 음식물을 췌장액과 장액에 의해서 완전히 소화시킨다.

• 소장의 구조

소장은 길이 6~7 m, 직경 2.5 cm의 관 모양인데, 위장으로부터 약 30 cm를 십이지장이라 하고, 그 다음 약 2 m의 부분을 공장, 나머지 부분을 회장이라고 한다. 소장의 안쪽 벽은 많은 주름이 잡혀 있고 여기에 융모가 있고 또 이 융모에는 미세융모가 무수히 나 있다[그림 2-5]. 소장 안벽의 이와 같은 구조는 소화산물의 확산 면적을 넓힘으로써 그 흡수를 빨리 할 수 있게 한다.

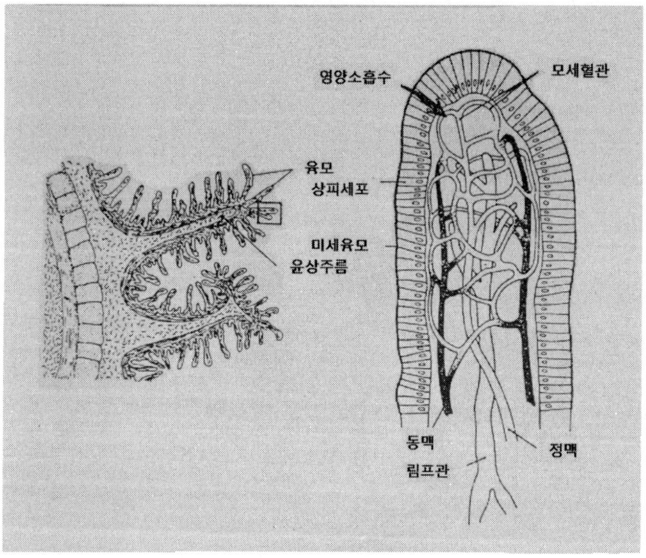

[그림 2–5] 소장의 융모

• 췌장액의 소화 작용

췌장액에는 많은 소화효소가 있어 탄수화물, 단백질, 지방을 소화한다. 췌장액의 분비는 세크레틴이라는 호르몬에 의해서 일어난다. 이 호르몬은 위에서 내려온 산성 음식물의 자극으로 십이지장에서 분비되는데, 이것이 혈액에 섞여 심장을 거쳐 췌장에 도달해서 췌장액의 분비를 촉진한다.

- 아밀라아제: 전분을 맥아당으로 분해한다.
- 말타아제: 맥아당을 포도당으로 분해한다.
- 트립신: 트립신은 트립시노겐의 형태로 분비되지만, 십이지장액에 있는 엔테로키나아제에 의해 트립신으로 활성화되어, 단백질을 펩티드로 분해시킨다.
- 리파아제: 지방을 지방산과 글리세롤로 분해한다.
- 키모트립신: 키모트립시노겐의 형태로 분비되어 트립신에 의해 활성화되며 단백질을 펩티드로 분해한다.
- 카르복시펩티다아제: 폴리펩티드의 카르복시 말단부를 가수분해한다.

• 장액의 소화작용

장액은 융모 사이의 점막에 있는 장선에서 하루 3ℓ 정도 분비된다. 장액에 있는 효소는 장관 내에서가 아니라 장 점막의 상피세포에 붙어서 작용한다. 또한 브루너선(brunner's gland)에서는 점액과 중탄산 이온(HCO_3^-)이 많은 장액을 분비하여, 강한 산성으로 십이지장으로 넘어 온 내용물을 알칼리화 한다.

- 수크라아제: 설탕을 포도당과 과당으로 분해한다.
- 락타아제: 유당(젖당)을 포도당과 갈락토오스로 분해한다.
- 펩티다아제: 펩티드를 아미노산으로 분해한다.
- 뉴클레오티다아제: 뉴클레오티드를 분해한다.

• 담즙(bile)의 작용

담즙은 간에서 만들어져 담낭(쓸개)에 저장되었다가 십이지장으로 방출된다. 담즙에는 소화효소는 없으나, 담즙산의 유화작용으로 지방산의 표면장력을 감소시켜 물에 잘 풀리도록 해서 리파아제의 가수분해작용을 돕는다.

④ 대장에서의 소화

대장에서는 소화효소가 분비되지 않는다. 소화는 소장에서 거의 완전히 이루어지며 또 소화산물의 흡수도 소장에서 거의 끝나므로 대장에 도달한 내용물은 비소화성인 찌꺼기의 혼합액이다. 대장의 기능은 바로 이 혼합액 중의 수분을 흡수하는 일이다. 소장에서는 소화를 위해서 막대한 양의 장액을 분비하는데 대장에서 이러한 수분을 모두 흡수한다. 만일 대장에 이상이 생겨 수분을 흡수하지 못하면 설사를 하게 되고 곧 탈수 현상에 빠지게 된다. 대장에는 많은 대장균들이 살고 있는데 이들은 음식물 속의 셀룰로오스의 일부를 분해한다. 또 이들 세균은 몇 가지 비타민을 합성하기도 하는데 이 비타민은 대장에서 흡수된다.

소장에서 완전히 소화·흡수되지 못한 단백질들은 대장에서 대장균에 의해 분해되어 인돌, 스카톨 따위의 악취 나는 가스를 발생하는데, 대변의 독특한 냄새는 이런 물질들의 냄새이다. 사람의 대장에는 수많은 대장균이 살고 있지만 몸에는 해롭지 않다.

(2) 영양소의 흡수

소화의 궁극적인 목적은 흡수이다. 소화의 결과 생성된 포도당, 아미노산, 지방산 및 글리세롤과 비타민, 물, 무기질은 소화관의 점막을 통해 혈액이나 림프로 흡수된다. 흡수는 농도 차이에 의한 확산과 같은 수동적인 방법과 에너지를 소모하는 능동수송 방법에 의해 이루어지며, 흡수능은 소화관의 부위별로 차이가 있다. 위에서는 알코올 이외에는 흡수되는 것이 없으며, 소장의 상반부(십이지장, 공장 ½)에서 모든 물질들이 흡수되고, 대장에서는 수분과 전해질이 흡수된다. 따라서 영양물질의 흡수는 거의가 소장에서 이루어진다고 할 수 있다. 소장 점막은 특히 장의 길이가 길고, 윤상 주름이 있으며 그 위에 많은 융모가 있고, 융모는 또 수많은 미세융모로 이루어져 있어 점막의 표면적은 장막의 표면적에 비해 수백 배 크다. 소장 점막의 표면적(약 200 m^2)은 소화된 물질을 흡수하는데 필요한 면적보다 훨씬 크므로 십이지장을 제외한 소장의 상당 부분을 제거하여도 흡수에는 지장이 없다.

① 수분의 흡수

수분의 흡수는 삼투현상에 의해 이루어진다. 위에서도 수분이 흡수되지만 소장을 통한 수분 흡수의 1/5~1/10 밖에 되지 않는다. 하루에 소장으로 들어오는 수분의 양은 음식물, 마신 수분량 및 소화액(타액, 위액, 췌액, 답즙 및 장액)을 합쳐 약 5~10ℓ가 되지만 거의 대부분이 소장(특히 소장 상부)에서 흡수되고, 약 500mℓ만이 대장으로 들어가서 그중 350$m\ell$가 흡수되고 150$m\ell$의 수분이 대변으로 배설된다.

② 당의 흡수

탄수화물은 단당류로 가수분해된 후 주로 소장에서 흡수되는데 능동 및 수동적 방법에 의해 이동된다. 소장에서 형성되는 단당류 중 포도당이 80%로 가장 많으며 흡수 속도는 갈락토오스가 가장 빠르다.

③ 아미노산의 흡수

단백질은 아미노산으로 가수분해된 후 능동 및 수동적 방법에 의해 장 점막을 통해 흡수된다. 극히 적은 양의 디펩티드나 단백질이 흡수되기도 한다.

④ 지방산 및 글리세롤의 흡수

지방은 소장 내에서 지방산, 글리세롤 및 모노글리세리드로 가수분해 된다. 글리세롤과 탄소수 10개 이하의 짧은 지방산은 소장 점막을 통해 직접 문맥으로 수동적으로 흡수될 수 있다.

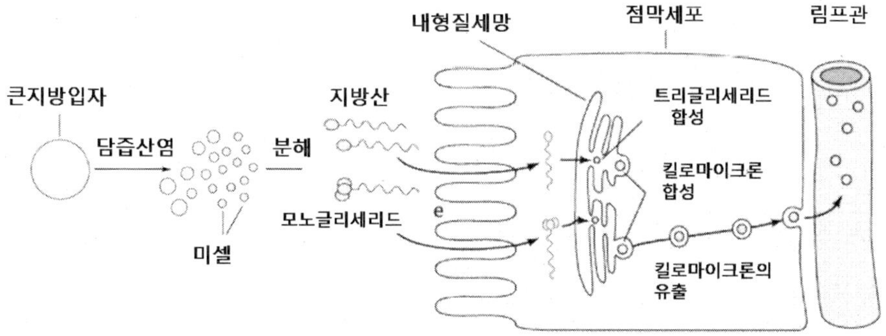

[그림 2-6] 지방의 흡수와 운반

그러나 탄소수가 많은 지방은 가수분해 되어 글리세롤과 탄소 수 14개 이상인 지방산 및 모노글리세리드를 형성하게 된다. 지방산과 모노글리세리드는 담즙산염과 함께 미셀을 형성하게 되고, 이 미셀로부터 지방산과 모노글리세리드가 점막세포 내로 이동된다. 일단 세포 내로 이동된 지방산과 모노글리세리드는 장 점막 세포 내에서 다시

지방으로 재합성된다. 재합성된 지방은 가용성 형태로서 직경 1 ㎛ 이하의 작은 지방질 알맹이인 킬로마이크론을 형성한다. 킬로마이크론은 80%가 지방이고 그 외 콜레스테롤, 인지질 및 지용성 비타민으로 구성되며, 겉에는 수용성의 인지질과 단백질로 둘러싸여 있다. 킬로마이크론은 그 크기가 크므로 모세혈관으로 들어가지 못하고 융모 중앙의 중심유미관을 통해 림프관으로 들어가 종국에는 순환혈액 내로 들어가는데 섭취한 지방의 70~80%가 이와 같은 형태로 흡수된다[그림 2-6].

⑤ 콜레스테롤의 흡수

콜레스테롤은 소장 내에서 담즙산염과 함께 미셀을 형성하며, 이 미셀로부터 서서히 콜레스테롤이 소장 점막세포 내로 이동한다. 이동된 콜레스테롤은 지방과 함께 킬로마이크론을 형성하여 림프를 통해 순환 혈액 내로 들어간다.

⑥ 비타민의 흡수

수용성 비타민은 소장 융모의 모세혈관으로 빠르게 흡수되고, 지용성 비타민은 지방처럼 담즙산염과 결합하여 미셀을 형성하고 이 미셀로부터 소장점막 세포 내로 이동한 후 킬로마이크론을 형성하여 림프관을 통해 순환혈액 내로 유리된다. 따라서 지방 흡수에 장애가 생기면 지용성 비타민의 흡수도 감소된다. 대부분의 비타민은 소장 상부에서 흡수되지만 비타민 B_{12}는 회장에서 흡수된다.

⑦ 무기질의 흡수

1가 이온 중 Na^+은 능동적으로 소장(특히 상부)에서 흡수된다. Na^+이 이동할 때 전기적 균형을 유지하기 위해 Cl^-도 수동적으로 흡수된다. Cl^-는 회장과 결장에서는 능동적으로 흡수되는데 이 때 HCO_3^-가 그 대신 교환되어 분비되므로 소장 하부와 결장에서 장 내용물의 pH는 8.0 까지 증가된다. 섭취한 K^+은 수동적으로 대부분 흡수되지만 일부는 분비되기도 한다.

2가 이온은 1가 이온보다 흡수되기가 어려우나 인체에서 필요로 하는 양이 적다. Ca^{2+}, Fe^{2+}은 소장에서 능동적으로 흡수되고, Mg^{2+}, PO_4^{2-}는 수동적으로 흡수된다. Ca^{2+}은 주로 십이지장에서 능동적으로 흡수되며 이동할 때 비타민 D를 필요로 한다. 이 때 부갑상선 호르몬은 Ca^{2+}흡수를 촉진시킨다.

Fe^{2+}은 주로 십이지장과 공장 상부에서 능동적으로 흡수되는데 보통은 느린 속도로 흡수되지만, 인체 요구도가 커지는 경우에는 그 흡수가 매우 촉진된다. Fe^{2+}은 흡수된 후 장 점막세포에서 아포페리틴과 결합하여 페리틴이 되어 존재하다가 인체의 요구도가 증가되면 해리 되어 Fe^{2+}의 형태로 이용되고 아포페리틴은 다시 소장에서 Fe^{2+}의 흡수에 관여하게 된다. 만약 체내 Fe^{2+}가 충분하면 이때 소장에서 흡수된 Fe^{2+}이 이용되지 않으므로 모두 페리틴의 형태로 저장되어 Fe^{2+}의 흡수에 관여하는 아포페리틴이 없으므로 그 이상 Fe^{2+}는 흡수되지 않고 배설된다. 일반적으로 전해질 조성의 조절은 배설량을 조절함으로써 이루어지는데 반해 Fe^{2+}의 경우에는 흡수량을 조절하여 균형을 유지하고 있다.

(3) 간장의 기능

간장은 생체 내에서 가장 큰 장기로 무게가 1kg 이상에 달한다. 소화작용에 직접 작용하지는 않지만 여러 가지 물질대사를 담당한다.

① 영양분의 동화저장·조절

- 소장에서 흡수한 단당류를 글리코겐으로 만들어 저장하고, 혈당량이 낮을 때에는 글리코겐을 포도당으로 분해하여 혈당량을 조절한다.
- 근육에서 해당과정의 결과로 생긴 젖산이나 피루브산의 일부를 다시 글리코겐으로 합성한다.
- 여분의 당이나 아미노산을 지방으로 변환시켜 지방조직에 저장한다. 이들 저장지방은 에너지원이 감소되었을 때 다시 간으로 운반되어 에너지원이 된다.
- 간세포의 물질대사에 쓰이는 각종 효소를 합성하고, 혈장 단백질을 합성하며, 여분의 단백질을 지방으로 전환시켜 지방조직에 보낸다.
- 카로틴으로부터 비타민 A를 합성한다.

② 담즙의 생성

간세포에서 만든 담즙은 일단 담낭에 저장되었다가 십이지장으로 방출된다.

③ **혈구의 파괴**

오래된 적혈구를 파괴하는 곳이며, 적혈구가 파괴되면 헤모글로빈이 분해되어 황갈색의 빌리루빈이 되는데, 이것이 담즙색소이다.

④ **해독작용**

체내에 들어온 외래물질을 해독화 시키고 빨리 배설시킨다.

⑤ **요소의 생성**

아미노산, 단백질의 분해산물인 암모니아를 요소로 합성해 오줌으로 배설시킨다.

⑥ **혈액 응고와 항체 형성**

비타민 K와 함께 프로트롬빈을 형성하고 항체를 형성하기도 한다. 또 피브리노겐과 헤파린(응고 방지물질)을 형성한다.

2) 순환계

순환계는 심장, 혈관(동맥, 정맥), 혈액 그리고 림프관과 림프액으로 구성되어 있다. 심장은 약 5ℓ정도 되는 혈액을 동맥으로 분출시키고 모세혈관을 통하여 영양소와 산소 등을 말초조직에 공급하며, 정맥을 통해 노폐물과 이산화탄소를 다시 심장으로 운반해주는 역할을 한다.

(1) 혈액

① **혈액의 조성**

혈액은 액체 성분인 혈장과 세포 성분인 적혈구, 백혈구 및 혈소판으로 이루어져 있다.

- 혈장

  혈장은 엷은 황색의 점성이 있는 액체로 약알칼리성(pH 7.4 정도)이며, 혈액의 약 절반을 차지한다. 이러한 혈장은 약 90%가 물로 되어 있는데, 여기에 단백질, 지방질, 당, 무기염류 등이 용해되어 있다. 혈장 단백질에는 알부민이 가장 많고, 혈액 응고에 관계하는 피브리노겐과 항체인 감마(γ)글로불린도 있다. 혈장 단백질은 여러 가지 무기질과 함께 혈액의 삼투압을 일정하게 유지하고 pH의 변화를 줄이는 완충 작용도 한다. 혈장 중의 당은 거의가 포도당이며, 그 농도는 약 0.1% (100 mg/100$m\ell$)이다.

• 적혈구

적혈구는 원반형으로 중앙 부분이 오목하게 들어가 있으며 지름은 8㎛정도이다. 그 수는 1mm^3의 혈액 속에 남자는 500만 개, 여자는 450만 개 정도 들어 있다. 그러나 건강 상태나 고산지대 등의 생활환경에 따라 그 수는 크게 변한다.

적혈구에는 산소를 운반하는 혈색소인 헤모글로빈이 들어 있다. 헤모글로빈은 적색을 띤 단백질이며, 이로 인해서 적혈구가 붉게 보이고, 따라서 혈액 전체도 붉은색을 띤다. 적혈구는 골수에서 만들어지는데 그 수명은 약 120일로서, 그 기간이 다하면 모세혈관을 지나는 동안 찌그러져서 파열되고, 그 조각은 간장과 비장에서 식균작용으로 혈액으로부터 제거된다. 적혈구에는 핵이 없다.

• 백혈구

백혈구는 모양이 일정하지 않으며 위족으로 움직이면서, 체외로부터 들어온 이물질이나 세균을 포식하는 식균 작용을 하여 세균 감염으로부터 몸을 보호한다. 백혈구의 크기는 12~25㎛ 정도로 일정하지 않고, 그 수는 혈액 1mm^3에 약 7,000개가 있지만, 몸에 염증이 생기면 그 수가 급격히 증가한다.

백혈구에는 커다란 1개의 핵을 갖는 단핵구와 핵의 모양이 일정하지 않은 과립구가 있으며, 이밖에 림프절에서 만들어지는 림프구가 있다. 림프구는 식균 작용과 함께 항체 형성에 관여한다. 백혈구는 거의가 골수에서 생성된다. 수명은 수 일 내지 2주일 정도이고, 비장이나 골수에서 파괴된다.

• 혈소판

혈소판은 부정형으로 핵이 없고, 지름이 2㎛ 정도로 적혈구보다 훨씬 작다. 사람의 경우, 그 수는 혈액 1mm^3 속에 약 20만~50만개가 들어 있다.

혈소판은 골수의 거대세포의 일부가 절단되어서 만들어지며, 그 수명은 4~5일 정도이고, 비장에서 파괴된다. 주된 작용은 출혈이 있을 때 혈액 응고에 관여하는 일이다.

② **혈액의 작용**

혈액은 체내를 순환하면서 체내 항상성의 유지, 물질의 수송, 생체 방어 등 생명유지를 위한 여러 가지 조절 기능을 한다.

- 물질의 운반

  혈액의 가장 큰 기능은 물질의 운반이다. 산소, 이산화탄소, 영양소, 노폐물 그리고 호르몬 등을 운반한다.

- 항상성의 유지

  혈액은 체온조절, 삼투압 유지 및 pH 등을 조절하여 체내의 항상성을 유지시킨다.

- 신체방어

  외부로부터 들어오는 각종 이물질과 병균을 식균작용과 항체를 형성하여 신체를 보호하고, 출혈 시 혈액응고 작용으로 출혈을 막는다.

(2) **심장**

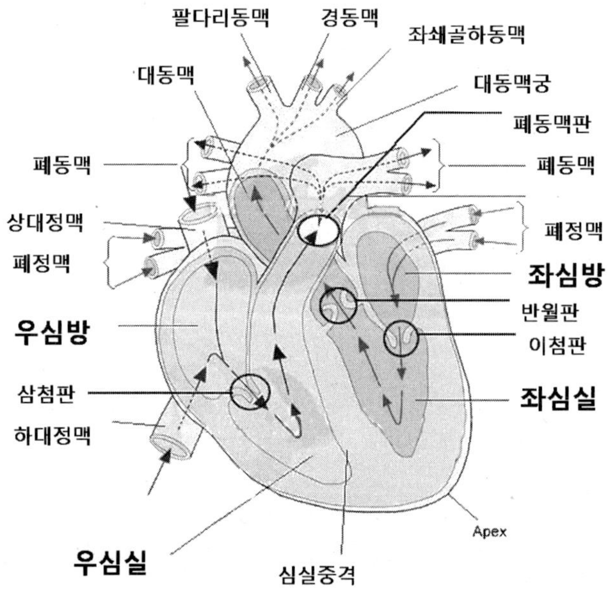

[그림 2-7] 심장의 구조와 혈액의 흐름

① 심장의 구조

사람의 심장은 주먹만한 크기로서 모두 4개의 방으로 되어 있는데, 그 중 위쪽에 있는 2개를 심방(우심방과 좌심방), 아래쪽에 있는 2개를 심실(우심실과 좌심실)이라고 한다.

심실의 벽은 심방의 벽보다 두터우며 심방에는 정맥, 심실에는 동맥이 연결되어 있다.그리고, 좌심방과 좌심실 사이에는 이첨판, 우심방과 우심실 사이에는 삼첨판이 있고, 대동맥과 폐동맥이 시작되는 부분에는 반월판이 있어서 피가 역류하는 것을 막아주고 있다[그림 2-7].

② 심장의 박동

혈액의 순환은 심장의 주기적인 수축 운동에 의해서 일어나는데, 이러한 심장의 수축 운동을 박동이라고 한다. 심장은 심장을 몸 밖으로 떼어내어 생리식염수에 넣어 놓아도 한 동안은 박동을 계속한다. 이를 심장의 자동능이라고 한다. 심장의 자동능의 근원은 대정맥과 우심방의 사이에 있는 동방결절이라는 부분이며, 이곳을 박동원이라고 한다. 박동원이 흥분을 일으키면 좌우 심방이 수축하고, 한편 이 흥분은 이어서 심방과 심실 사이의 방실결절에 전해지며, 여기서 좌우의 심실로 넓게 가지를 뻗친 푸르킨예 섬유를 통해 심실의 근육을 수축시킨다. 심장의 박동은 이와 같은 자동능에 의하지만 박동의 속노나 박동의 세기는 자율신경의 조절을 받는다. 박동의 조절 중추는 연수에 있는데 여기에서 교감신경과 부교감신경(미주신경)의 두 가지 신경이 나와 박동원에 이르며, 교감신경은 박동을 촉진하고, 부교감신경은 박동을 억제한다.

(3) 혈액 순환과 혈압

① 혈관

혈관은 동맥과 정맥 및 그 사이를 이어 주는 모세혈관으로 되어 있다. 동맥은 외막, 중막, 내막의 세 개의 층으로 되어 있어 탄력성과 신전성이 좋은 고압혈관이다. 정맥은 동맥과 똑같이 세 층으로 되어 있으나 중막의 두께가 얇기 때문에 전체적으로 얇다. 모세혈관은 한 층의 내피세포만으로 이루어져 있어 혈액 중에서 단백질과 적혈구를 제외하고 모든 체액 성분을 확산·여과시킬 수 있다. 또한 내경이 약 10㎛로 매우 좁아서 혈구 하나가 겨우 지나갈 수 있는 정도이다.

② 혈액의 순환

혈액의 순환계는 좌심실에서 시작되어 온몸의 조직을 돌아서 우심방으로 되돌아오는 체순환계(대순환계)와 우심실에서 시작하여 폐를 돌아 좌심방으로 되돌아오는 폐순환계(소순환계)로 나눈다. 그 밖에 심장 자체에 혈액을 공급하는 관상순환계가 있다.

③ 혈압

심실이 수축하여 혈액을 동맥으로 밀어 보내면 동맥벽이 압력을 받는데 이 압력을 혈압이라고 한다. 혈압은 심실이 수축할 때 가장 높아지고(최고혈압), 이완할 때 가장 낮아진다(최저혈압). 이 차이를 맥압이라 하며, 보통 30~40mmHg이다.

혈압은 혈관이 가지를 칠수록 낮아지게 되므로 대동맥에서 모세혈관으로 갈수록 낮아지며, 대정맥에서는 오히려 음압이 되기도 한다. 혈압은 연령과 건강 상태에 따라 많은 차이를 보이는데 20~25세일 때 보통 최고 혈압 120mmHg, 최저 혈압 70~80 mmHg가 정상이며, 나이가 들면 혈관 벽의 탄력이 줄므로 일반적으로 혈압이 높아진다.

(4) 림프계와 비장

혈관 속을 흐르는 체액을 혈액이라고 하는데 반해 혈관 밖의 체액을 림프라고 한다. 이러한 림프의 순환을 위해 혈관계와는 별도로 림프계[그림 2-8]가 발달하고 있다.

① 조직액과 림프

혈액순환 도중 혈장의 일부는 모세혈관의 벽을 통해 조직세포 사이로 흘러나온다. 이들 중 대부분은 다시 모세혈관의 벽을 통해서 혈관 속으로 들어가지만 일부는 조직세포 사이에 머물러 있게 되는데 이것이 조직액이다. 조직액은 모세혈관과 조직세포 사이를 채우고 있어서 이들 간에 일어나는 물질교환을 중개하고 있다.

한편, 이러한 조직액은 일부가 모세림프관을 거쳐 림프관 속으로 들어가서 온몸을 순환하는데, 이처럼 림프관 속을 흐르는 조직액을 림프 또는 림프액이라고 한다. 그리고 이들 림프액 속에는 림프구가 있다. 림프의 액체 성분을 림프장이라고 하는데, 혈장과 그 성분이 비슷하지만 혈장보다는 단백질 함량이 훨씬 적다.

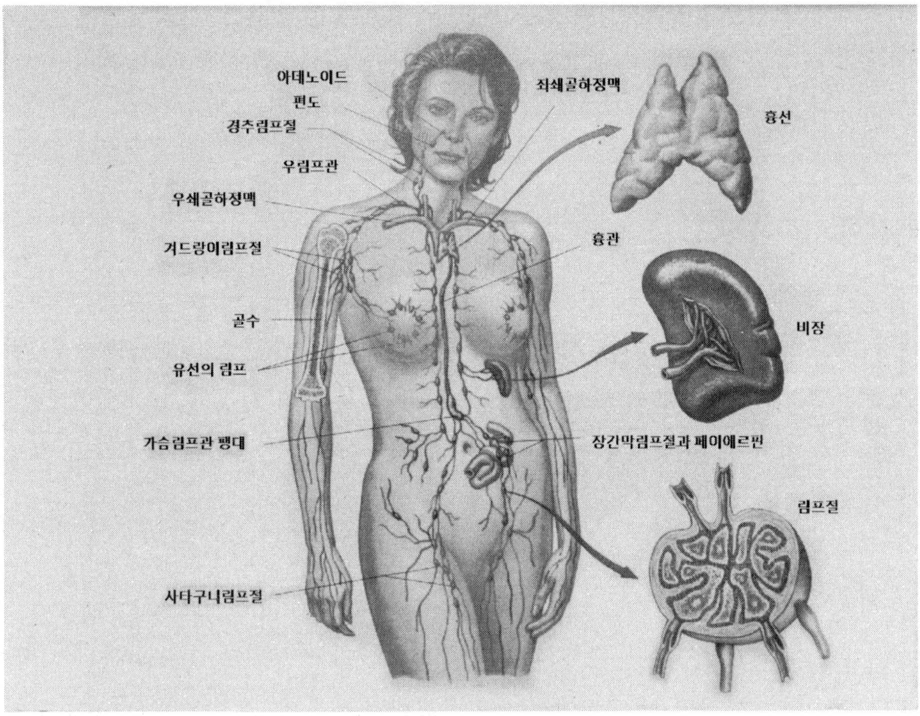

[그림 2-8] 인체의 림프계

② 림프의 순환

림프는 림프관 속을 흐르면서 혈액과 마찬가지로 물질의 운반, 식균 등의 작용을 하며, 결국은 정맥에 합류된다.

림프관의 끝은 모세림프관으로 되어 조직 세포의 사이에 열려 있는데, 몸의 하반신과 왼쪽 상반신의 모세림프관은 그 곳의 림프를 받아 굵은 림프관이 되어 흉관으로 이어지며 흉관에서 좌림프관을 거쳐 내경정맥과 좌쇄골하정맥의 연접 부위로 들어간다. 몸의 오른쪽 상반신의 림프관은 우림프관을 거쳐 우쇄골하정맥에 합류된다. 그리고 이러한 림프관의 군데군데에는 팥알 모양의 크고 작은 림프절들이 흩어져 있는데 이곳에서는 림프구의 생성과 함께 림프구들에 의한 식균작용이 일어나고 있다. 림프절은 겨드랑이와 사타구니 부분에 특히 많이 몰려 있다.

③ 비장(지라: spleen)

비장의 위의 뒤쪽, 좌측 신장과 횡격막 사이에 있는 길이 12cm 쯤의 기관으로 암적색이며 최대의 림프기관이다. 비장은 백혈구, 림프구를 만들고 파괴시키는 기능을 한다.태아 때에는 적혈구도 생성한다. 또한 수명이 다한 적혈구를 파괴하기도 하며, 항체 생산에도 관여한다.

3) 배설계

신체의 배설작용을 하는 곳은 비뇨기계, 피부, 호흡기 등이 있지만, 가장 큰 역할을 하는 것은 비뇨기계로 신장, 수뇨관, 방광, 요도로 구성되며, 신장에서의 사구체여과, 재흡수, 세뇨관분비의 세 과정으로 혈액 속의 노폐물을 체외로 배설시켜 체액의 항상성을 유지시키는 역할을 한다.

(1) 노폐물의 배설

인체 내에서 영양물질이 대사분해되면 각종 노폐물이 생성된다. 탄수화물과 지방이 분해되면 CO_2와 물이 생기고, 단백질에서는 이산화탄소(CO_2)와 물 이외에 암모니아(NH_3)와 같은 유독성의 질소화합물이 생긴다. 그러므로 인체의 중요한 노폐물은 CO_2와 암모니아인데, CO_2는 호흡을 통해 배출되고 암모니아는 요소(urea)로 만들어져 오줌으로 배설된다.

요소는 암모니아와 CO_2가 결합하여 간에서 합성된다. 요소 합성반응은 간단히 나타내면 다음과 같다.

$$CO_2 + 2NH_3 + H_2O + \xrightarrow{2ATP \quad 2ADP} H_2N - \overset{\overset{\displaystyle O}{\|}}{C} - NH_2 + 2Pi$$

요소

노폐물뿐 아니라 무기염류, 물 등도 체내에 과잉으로 있으면 삼투압 및 pH에 영향을 끼치므로 오줌이나 땀으로 배출함으로써 체액의 항상성을 유지한다.

(2) 배설기관

사람의 배설기관은 신장(콩팥), 수뇨관, 방광 등으로 되어 있으며 한선(땀샘)도 체온조절 외에 배설작용을 한다.

① 신장의 구조

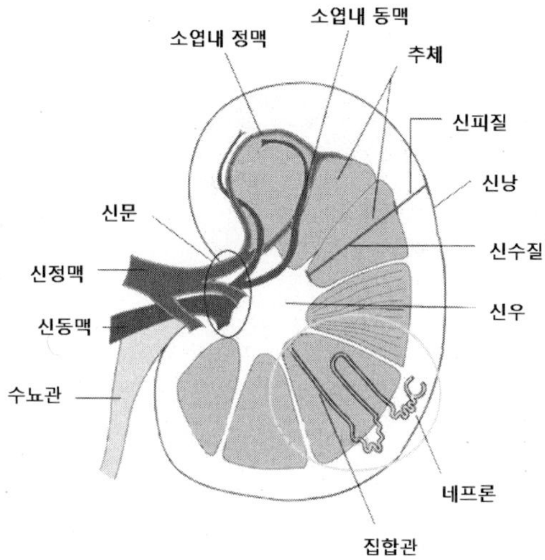

[그림 2-9] 신장의 구조

신장은 무게 150g 정도의 강낭콩 모양의 기관으로 암적색을 띠며 복강의 뒤쪽에 좌우 두 개가 있다. 신장의 단면을 보면 피질과 수질로 구성되어 있으며, 빈 공간이 신우이다[그림 2-9]. 신장의 기능적 최소의 단위인 네프론이 피질로부터 수질 쪽으로 배열되어 있는데, 네프론의 수효는 한쪽에 약 100만 개로 양쪽에 200만 개 이상이 있다.

네프론은 신소체와 세뇨관으로 구성되며, 신소체는 사구체와 보우만 주머니로 되어 있다. 세뇨관은 보우만 주머니에 연결된 마구 꼬인 부위를 근위세뇨관이라 하고, 신장의 피질 부분에서 수질 부분으로 박혀 있으며 근위세뇨관보다 가느다란 U자형의 부위를 헨레의 고리라고 하며, 다시 사구체 쪽으로 돌아오는 헨레의 고리보다 굵은 부위를 원위세뇨관이라고 한다[그림 2-10].

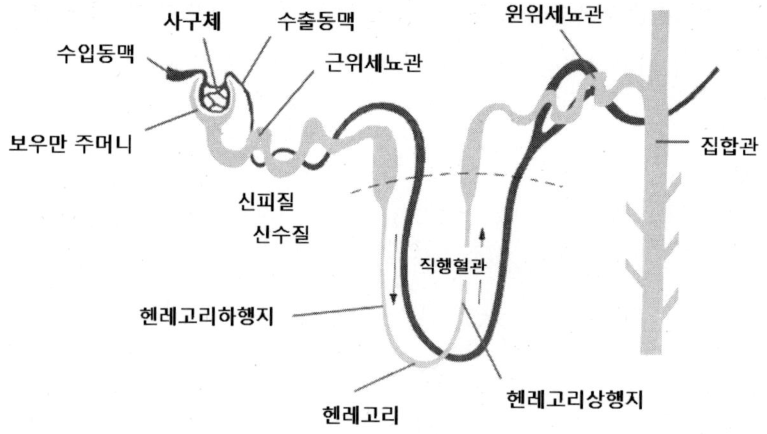

[그림 2-10] 네프론의 구조

② 사구체의 기능

혈액이 사구체를 지나는 동안 혈구와 단백질을 제외한 모든 혈장 성분은 사구체의 막을 투과하여 보우만 주머니 속으로 걸러져 세뇨관으로 모인다. 이런 현상을 사구체여과라 하는데, 이 때 투과되어 나온 액체를 사구체 여과액 또는 원뇨라고 한다. 그리고 1분 동안에 신장에서 생성되는 여과액의 양을 사구체 여과속도라고 하는데 약 125$m\ell$/분이다. 따라서 1시간에 사구체에서 걸러지는 혈액의 양은 7.5ℓ에 이른다.

③ 세뇨관의 기능

사구체에서는 혈장 성분을 무차별적으로 여과하는데, 신체에 필요한 성분(포도당, 아미노산, 무기염류, 물 등)은 세뇨관에서 재흡수되고, 요소, 요산, 크레아틴, K^+ 등이 세뇨관 내로 분비된다.

포도당, 아미노산 등은 근위세뇨관에서 모두 재흡수 되고, Na^+은 근위세뇨관에서 4/5가 재흡수 되고 나머지 1/5은 원위세뇨관에서 재흡수 된다. K^+은 근위세뇨관에서 모두 재흡수 되고 원위세뇨관에서 다시 분비되기 때문에 오줌에 있는 K^+은 사구체 여과액 중에 있던 K^+이 아닌 셈이다.

• 포도당의 재흡수: 혈장 포도당 농도가 정상(90~100mg/100$m\ell$)인 경우에는 사구체에

서 여과된 포도당 모두를 재흡수 한다. 그러나 혈당량이 180~200mg/100mℓ 정도 되면 세뇨관에서 재흡수를 하고도 나머지가 오줌 속에 나타나기 시작한다. 이 농도를 포도당의 신장 역치라고 한다. 혈당량이 역치 농도 이상이면 더 이상 재흡수 되지 못하여 오줌으로 배설되게 된다. 오줌으로 포도당이 나올 경우를 당뇨라고 한다.

- Na^+의 재흡수: 사구체에서 여과된 Na^+은 근위세뇨관에서 약 80%가 능동수송에 의해 재흡수 된다. 나머지 Na^+의 재흡수는 원위세뇨관에서 일어나는데 부신피질호르몬인 알도스테론(aldosterone)에 의해 촉진된다. Na^+의 재흡수는 물의 재흡수를 동반하기 때문에 혈액량을 증가시키고 따라서 혈압은 상승된다.

- 물의 재흡수: 사구체에서 여과된 물의 80%는 근위세뇨관에서 수동적으로 재흡수 된다. 즉, 포도당과 Na^+ 등이 재흡수 됨에 따라 세뇨관 내피와 모세혈관 내의 삼투압이 높아져서 물의 재흡수가 수동적으로 일어난다. 나머지 1/5은 신체의 물의 요구도에 따라 원위세뇨관에서 재흡수 된다. 이것은 뇌하수체 후엽에서 분비되는 항이뇨호르몬에 의해 조절되는데, 이 호르몬은 물의 재흡수를 촉진하여 오줌의 양을 감소시킨다. 알코올은 항이뇨호르몬의 분비를 억제해 오줌의 양을 크게 증가시키므로, 술 마신 다음날에는 갈증을 느끼게 된다.

④ 한선(땀샘)의 기능

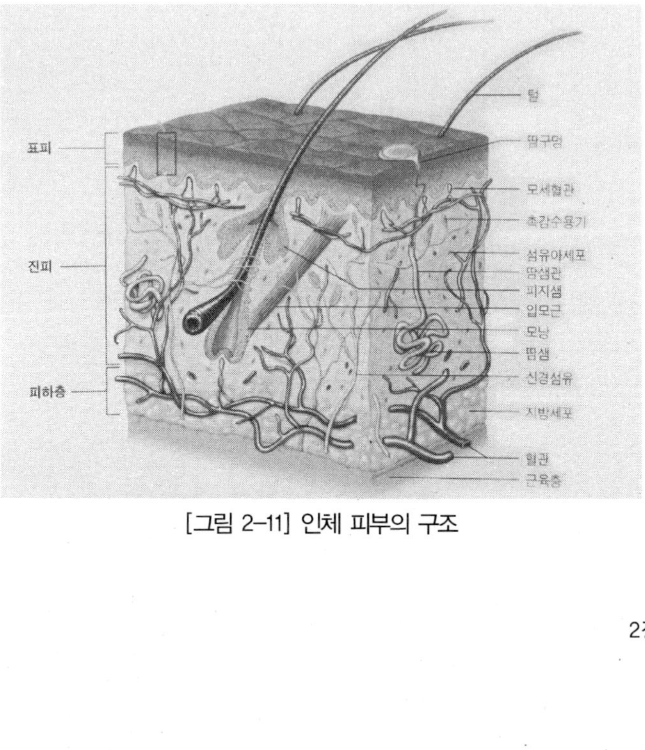

[그림 2-11] 인체 피부의 구조

피부에 있는 한선에서도 땀으로 수분과 노폐물을 배설한다. 인체에는 피부 어느 부분에나 한선이 있으며 1cm^2 당 200~400개 정도 있다. 특히 손바닥, 발바닥, 겨드랑이 등에 많이 분포한다.

한선은 노폐물 배설과 체온 조절의 두 가지 역할을 한다. 한선의 주위에는 모세혈관이 많아서 혈액 속에 있는 노폐물을 걸러낸다[그림 2-11]. 땀의 성분은 99%가 물이고 여기에 NaCl, 요소, 크레아틴 등이 녹아 있어 오줌의 성분과 비슷하나, 그 농도는 오줌에 비해서 훨씬 떨어진다.

3장 탄수화물

1. 탄수화물의 구조
2. 탄수화물의 분류
3. 탄수화물의 소화와 특징
4. 영양과 기능

탄수화물(carbohydrates)은 단백질 및 지방과 함께 에너지의 중요한 급원이며 인체의 생리 기능을 조절하며, 중요한 세포 구성물질이다. 탄수화물은 쌀과 밀 등의 곡류와 감자, 고구마, 옥수수 등에 다량 들어 있으며, 거의 매일 섭취하고 있다.

탄수화물은 주로 에너지를 내므로 매우 중요한 영양소이다. 필요 이상으로 많이 섭취하면 에너지에 사용되고 남은 과잉된 탄수화물은 지방으로 변화되어 몸 안에 저장되는데 지방은 탄수화물과 단백질의 약 2.2배 이상의 열량으로 저장될 수 있다.

1. 탄수화물의 구조

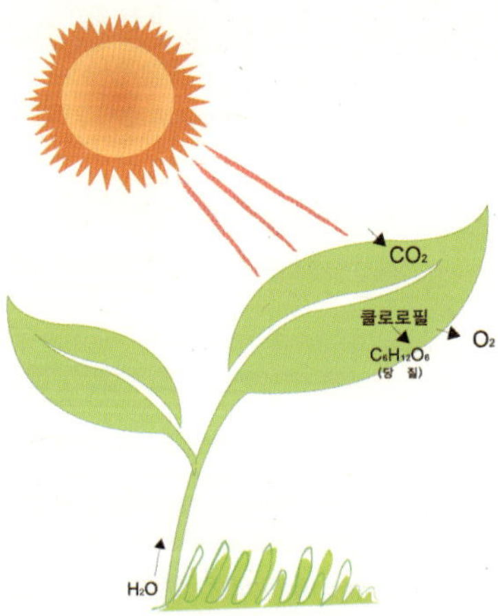

[그림 3-1] 광합성 작용에 의한 탄수화물 생성

탄수화물의 조성은 탄소, 수소 및 산소의 3원소로 되어 있고 일반적으로 $C_m(H_2O)_n$의 구조식으로 나타내며 수소와 산소의 비가 2:1이고 탄소가 수화된 느낌을 나타내므로 함수탄소라고도 한다.

화학적으로 탄수화물은 분자속에 1개 이상의 알코올기(- OH)와 1개의 카르보닐기(알데히드기 -CHO 또는 케톤기 > C = 0)를 가진 화합물 또는 축합물이라고 정의하며 당으로서 영양상 중요한 작용을 하므로 당질이라고도 한다.

탄수화물이 식물체 속에서 합성되려면 잎속의 엽록소(chlorophyll)가 태양광선을 받아 공기속의 탄산가스 및 땅에서 얻은 수분으로 합성작용을 하여 포도당 또는 전분(starch) 등의 물질을 합성한다.

탄수화물은 알데히드기나 케톤기 1개를 가진 다가 알코올로서 가수분해에 의하여 더 이상 간단한 당류를 생성하지 않을 때 이를 단당류(monosaccharides)라고 한다.

단당류는 탄소수에 따라 삼탄당, 사탄당, 오탄당 그리고 육탄당 등으로 나누며, 자연계에는 주로 육탄당(hexoses)과 오탄당(pentoses)으로 존재한다.

단당류가 결합한 수에 따라서 2개 결합한 것을 이당류(disaccharides), 3개~10개의 단당류가 결합된 것을 올리고당(oligosaccharides) 혹은 과당류라고 하며, 10개 이상 결합한 것을 일반적으로 다당류라고 한다.

올리고당이나 다당류는 산 또는 소화효소에 의하여 가수분해하면 반드시 단당류가 생기고 그 이상은 더 분해되지 않는다.

2. 탄수화물의 분류

[표 3-1] 탄수화물의 분류

<table>
<tr><th colspan="4">탄수화물(carbohydrate)</th></tr>
<tr><th colspan="2">단순 당질(simple carbohydrate)</th><th colspan="2">복합 당질(complex carbohydrate)</th></tr>
<tr><th>단당류</th><th>이당류</th><th colspan="2">다당류</th></tr>
<tr><td>리보오스
포도당
과당
갈락토오스</td><td>맥아당
자당
유당</td><td>전분
글리코겐</td><td>식이섬유</td></tr>
<tr><td colspan="3">탄수화물, 비섬유(non-fibrous)</td><td>탄수화물, 섬유소(fiber)</td></tr>
</table>

1) 단당류

자연계에 존재하는 단당류에는 오탄당인 리보오스와 육탄당으로 포도당, 과당과 갈락토오스 등이 있다. 이들 육탄당은 단맛을 가지며 물에 녹는 수용성이다. 리보오스는 핵산의 성분으로 세포핵 중에 존재하며, 리보플라빈의 구성성분이다.

(1) 포도당

포도당은 체내 탄수화물 대사의 기본 물질로 식물의 과일이나 즙액 중에 함유되어 있고, 특히 포도 중에 많이 함유되어 있어서 포도당이라는 이름을 갖는다. 사람의 혈액 중에 약 0.1% 정도 함유되어 있어 혈당이라고도 하며, 가장 기본적인 에너지 급원이다.

(2)과당

식물의 즙액이나 과일 중에 포도당과 같이 존재하며 당류 중에서 가장 단맛이 강하다.

(3)갈락토오스

갈락토오스는 자연계에서 유리 형태로는 잘 존재하지 않으며, 포도당 1분자와 결합한 유당의 형태로 우유나 유제품에 많이 들어 있다.

2) 이당류

이당류는 단당류 2개가 결합된 것으로 대표적인 것으로 맥아당, 자당(혹은 서당), 유당(혹은 젖당)이 있다. 맥아당(포도당+포도당), 자당(포도당+과당), 유당(포도당+갈락토오스)로 구성되어 있다. 맥아당이나 자당은 α-글리코사이드 결합을 갖고 있어 체내에서 소화가 잘 되지만, 유당은 β-글리고사이드 결합을 하고 있어 과량을 섭취하거나 유당분해 효소가 부족하면 소화되기 어렵다.

(1) 맥아당

맥아당은 2분자의 포도당으로 구성되어 있으며, 그 자체로는 자연계에 존재하지 않는다. 다당류인 전분을 함유하는 보리가 적당한 온도와 습도에서 발아하여 맥아(엿기름)를 생성할 때에 생성되기 때문에 맥아당이라 한다. 밥을 오래 씹으면 단맛이 나는데, 이것은 타액 중의 효소 프티알린의 작용으로 전분이 분해되어 맥아당이 생성되었기 때문이다.

(2) 자당

자당은 1분자의 포도당과 1분자의 과당으로 구성된다. 자당은 식물계에 널리 분포하며 포도당, 과당과 같이 과일 중에 함유되어 있고, 특히 사탕수수, 사탕무 중에 많이 함유되어 있어서 이들은 설탕을 만드는 원료가 되고 있다. 또한 자당은 장액 중의 전환효소에 의해서 쉽게 가수분해되어 전화당을 생성한다.

(3) 유당

유당은 1분자의 포도당과 1분자의 갈락토오스로 구성된 것으로 유즙 중에 존재한다. 모유에는 6~7%. 우유에는 4.5~5% 정도 함유되어 있다.

3) 올리고당

올리고당은 단당류가 3~10개 결합된 당이다. 올리고(oligo)라는 말은 '불충분하다(scant)'라는 뜻에서 유래되었다. 올리고당 중 영양상 중요한 것으로는 두류에 있는 라피노스와 스타키오스의 두 종류가 있다. 이들은 단당류인 포도당, 과당, 갈락토오스가 결합한 것인데, 이들의 결합은 소화효소가 분해하기 어렵다. 따라서 두류를 섭취하면 올리고당이 소화되지 않은 채 대장으로 이동하여 미생물의 작용을 받아 가스와 기타 부산물이 생성된다. 최근에는 저칼로리 음식에 올리고당을 사용하기도 한다.

기능성 올리고당이란?

기능성 올리고당은 장내 소화효소에 의해 분해되지 않고 대장에서 비피더스균 등 장내 유익한 세균에 의해 이용된다. 올리고당은 유해 세균의 증식을 억제하며, 혈중 지방 및 혈당 개선 효과 등의 건강 기능성이 있는 것으로 보고되었다. 현재 국내에서 시판되는 올리고당은 대두올리고당, 프럭토올리고당, 이소말토올리고당, 갈락토올리고당 등이 있다. 올리고당이 많이 함유된 식품은 콩, 팥, 우엉, 양파 등이며, 모유 속에는 비피더스 유산균을 증식시키는 갈락토올리고당이 많이 들어 있다. 그러므로 콩, 팥, 우엉, 양파 등의 식품을 골고루 섭취하도록 한다.

4) 다당류

다당류에는 포도당이 10개 이상 여러 개의 포도당이 결합된 탄수화물로 주로 쌀, 찹쌀, 보리, 현미, 옥수수, 감자 등에 들어있다.

(1) 전분

전분(starch)은 저장 탄수화물로 식물이 성장하면서 포도당이 중합하여 만들어지며, 곡류, 두류, 감자류에 많이 함유되어 있다. 완두콩, 옥수수 등과 같은 대부분의 야채류는 숙성되면서 전분이 자당으로 변하므로 잘 익은 것이 달다.

전분은 서로 구조가 다른 아밀로스(amylose)와 아밀로펙틴(amylopectin)으로 구성된다. 아밀로스는 포도당이 α-1,4 결합으로 연결된 긴 사슬구조를 지니며, 아밀로펙틴은 사슬구조 중간에 α-1,6 결합의 가지구조를 갖고 있다. 알파 결합은 소화 과정 중 쉽게 분해되어 포도당으로 전환되며, 전분은 조리과정에서 호화되어 소화효소의 작용을 쉽게 받는다. 아밀로스와 아밀로펙틴은 전분이 많은 식품에 대개 1:4의 비율로 들어 있다.

멥쌀에는 주로 아밀로즈와 약간의 아밀로펙틴이 들어있으며, 찹쌀과 같이 찰기가 있는 찹쌀은 멥쌀보다 아밀로펙틴이 조금 더 많이 들어있다. 식이섬유소는 포도당이 연결되는 결합형태가 쌀, 보리 등의 전분과 달라 소화흡수가 낮다.

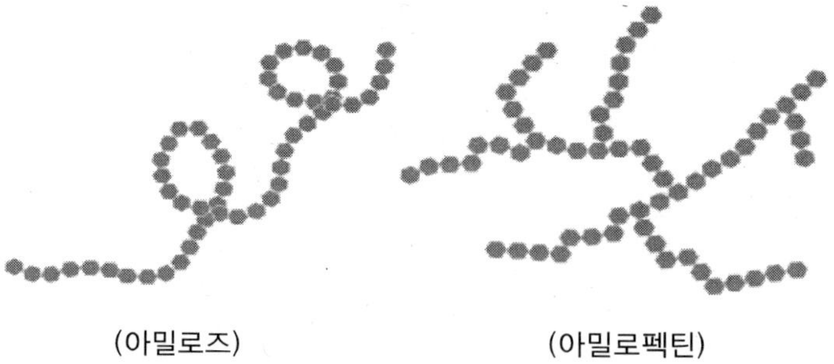

[그림 3-2] 다당류인 탄수화물의 아밀로즈와 아밀로펙틴의 모형

(2) 글리코겐

글리코겐(glycogen)은 포도당의 중합체로 동물의 간이나 근육에 소량 존재하므로 동물

성 전분이라고도 한다. 체내에서는 간에 약 100g 정도, 근육에 약 250g 정도의 글리코겐이 저장된다. 글리코겐의 구조는 아밀로펙틴과 유사하나 측쇄를 더 많이 가지고 있으므로 분해 효소가 작용할 수 있는 기회가 많아 빨리 분해된다. 따라서 글리코겐은 체내에서 급한 경우 혈당원으로 사용할 수 있는 이상적인 저장 형태이다.

간에 저장된 글리코겐은 혈당으로 전환될 수 있지만 근육의 글리코겐은 혈당으로 전환되지 않는다. 그러나 근육에 저장된 글리코겐은 근육운동에 필요한 에너지를 공급하는데, 강도가 높거나 내구성 있는 운동을 할 경우 더욱 그렇다.

(3) 식이섬유

식이섬유(dietary fiber)란 식물체에 함유되어 있는 난소화성 다당류와 리그닌을 말한다. 즉 소화되지 않는 곡물, 식물, 과일의 일부분이 된다. 또한 기능성 섬유소는 인체에 유익한 생리적 성질을 가진 난소화성 다당류로 식품 소재로부터 추출된 형태를 말한다. 식이섬유는 포도당이 직선상의 β-1,4 글리코사이드 결합으로 중합되어 있으며, 사람은 β-결합을 분해하는 효소를 갖고 있지 않아 소화할 수 없으나 여러 가지 중요한 생리적 기능을 하는 것이 밝혀짐에 따라 그 중요성이 강조되고 있다. 식이섬유는 고분자 화합물로서 보수성, 양이온 교환능력, 유기화합물의 흡착능력, 젤 형성능력 등의 물리화학적 특성을 가진다. 이러한 특성으로 인해 식이섬유는 장 운동 개선, 혈당 및 콜레스테롤의 상승 억제 등 생리학적으로 유익한 효능을 나타낸다.

3. 탄수화물의 소화와 특징

탄수화물의 소화는 입안에서 타액의 아밀로오스 분해효소에 의해 탄수화물을 분해하여 덱스트린이나 맥아당으로 분해하는데 입안에서 충분한 저작작용이 있어야 가능하다. 음식물이 위에 들어오면 위의 산성에 의해 타액 아밀로오스 분해효소의 활성이 저하된다. 탄수화물이 십이지장으로 이동하면 췌장은 아밀로오스 분해효소를 분비하여 탄수화물은 단당류나 이당류로 분해한다. 이당류는 소장 점막세포에서 분비되는 맥아당 분해효소, 유당 분해효소, 서당 분해효소에 의해 단당류로 분해되어 흡수된다. 이당류인 맥아당은 두분자의 포도당으로, 유당은 포도당과 갈락토오스로, 서당은 포도당과 과당으로 분해된다. 유당불내증은 영유아기 이후에 소장의 유당 분해효소의 활성이 부족하여 유당의 소화와 흡수가 이루어지지 않아 발생하는 것으로 아시아, 아프리카 민족의 성인 계층에서 많이 관찰된다. 그리고 셀룰로오스 분해효소가 없어 셀룰로오스의 β-1,4결합을 분해하지 못하므로 이를 소화시켜 영양소로서 이용할 수 없으나 소화되지 않는 셀룰로오스 찌꺼기는 장이 적당한 배변운동을 하는데에 필요하다. 대장에서는 탄수화물이 특별한 소화작용이 없으며, 셀룰로오스나 헤미셀룰로오스 등이 대장내에서 세균에 의해 발효되거나 부패된다.

소화된 탄수화물은 단당류의 형태로 소장에서 흡수된다. 포도당의 흡수속도를 100으로 해서 비교해보면, 갈락토오스는 110, 과당 43정도이다. 포도당과 갈락토오스는 소디움(Na^+)과 함께 융모의 흡수세포에서 능동 흡수되고 과당은 흡수세포들에 의해 촉진 흡수된다. 소장에 흡수된 단당류는 간문맥을 지나 간으로 가서 에너지로 사용되거나, 혈액으로 직접 방출되며, 일부는 글리코겐 생성과 지방 합성에 쓰인다.

4. 영양과 기능

1) 주요 에너지원

탄수화물은 중요한 에너지원으로서 1g당 4kcal를 내며, 한국인은 1일 에너지 섭취량의 60-70%를 차지하며, 영양소 중 가장 경제적인 에너지급원이다.

탄수화물은 섭취 후 소화되어 단당류, 주로 포도당으로 변화된 후 흡수되는데 그 대부분이 간장에서 글리코겐으로 저장되고 일부분은 혈액에 의하여 근육조직에 운반되며 연소되어 에너지원이 된다. 그중 일부분은 근육속의 글리코겐으로 저장되고 일부는 피하지방과 아미노산의 합성에 사용된다.

2) 단백질 절약작용

적당한 양의 단백질, 지방, 무기질 및 비타민 등을 먹어도 탄수화물 섭취량이 적으면 지방의 산화와 단백질의 분해가 일어나 체중은 줄고 발육불량, 근육소모 등 영양불량 등을 일으킨다. 한편 탄수화물 섭취량이 줄어들므로 인해서 에너지원으로 단백질을 소모하게 되어 단백질의 고유기능인 신체구성, 근육발달, 면역 기능 등을 할 수 없게 된다. 또한 단백질의 과잉섭취는 신장에 지나친 부담을 주게 된다. 그러므로 탄수화물의 충분한 섭취는 단백질을 절약하는 작용을 하게 된다.

3) 케토시스 방지

탄수화물을 충분하게 섭취하지 않으면 체지방이 완전하게 분해되지 못하여 체내에 케톤체를 만들어 케토시스(ketosis)를 유발하여 체액을 산성화하게 된다.

4) 뇌와 신경조직의 기능 유지

탄수화물의 필요량은 각 개인의 식습관, 활동상태에 따라서 다르나 매일 섭취하는 총열량의 65%를 섭취하는 것이 이상적이다. 그러나 우리 나라의 식생활을 보면 구미 사람에 비하여 충분한 탄수화물이 들어있는 식품, 즉 쌀, 보리 등을 먹으므로서 총열량의 72% 이상을 섭취하고 있어 탄수화물의 섭취량에 대해서는 걱정할 필요가 없다. 그러나 탄수화물의 대사에 밀접한 관계를 가진 비타민 B_1 및 기타 비타민 B군을 충분히 섭취하는데 반드시 유의하여야 한다.

탄수화물은 식물성 급원인 곡류, 감자류, 당류 등에 의해서 대부분 공급된다. 그러나 젖당(lactose)만은 오로지 포유동물의 유즙에 함유되어 있는 동물성 식품에서 오는 주요 탄수화물이다. 모유와 우유에 각각 7%와 4.8%의 젖당이 함유되어 있다. 그 외 동물성 탄수화물은 달걀에 극소량이 있고, 굴이나 패류에 미량 함유되어 있을 뿐이다. 간 중에 함유되어 있는 아주 소량의 탄수화물은 도살과정에서 피루브산(pyruvic acid)이나 젖산으로 변한다.

[표 3-2]에는 탄수화물의 주요 급원식품이 있는데, 설탕이나 녹말은 탄수화물의 함량이

가장 높으며(85~99%), 과일이나 채소류에도 탄수화물 함량이 높은 것이 있으므로 탄수화물의 함량을 식사에서 조절해야 하는 사람은 이들 각종 식품의 탄수화물 함량을 잘 알아둘 필요가 있다.

가공식품의 영양표시에서 탄수화물과 당류의 의미는?

영양표시에서는 탄수화물과 당류를 함께 표시하고 있다. 탄수화물은 단당류를 포함한 모든 탄수화물을 의미하며, 당류는 탄수화물 중에서 단당류와 이당류를 포함한 단순당을 말하며, 일상적으로 섭취하는 당류로는 설탕, 과당, 포도당 등이 있다. 세계보건기구(WHO)에서는 단순당으로부터 총 열량의 10% 이내를 섭취하도록 권장하고 있으며, 이는 2000kcal를 섭취한다면 50g에 해당된다.

* 영양표시를 보고 당류가 많은 식품의 예를 찾아보고 섭취량을 줄이는 방법에 대하여 의논해 보세요.

한편 당을 많이 혹은 자주 당의 섭취는 충치발병율과 연관이 있다. 충치는 치아의 플라크에 있는 당을 분해하는 구강 박테리아에 의해서 생성된 산에 의해서 생긴다. 당함유 식품을 자주 과량 섭취하는 것은 충치를 생기게 할 뿐만 아니라 비만 생성의 요인이 된다. 또한 당은 공 칼로리(empty calories)를 제공하는 것으로 알려지고 있는데 이는 당이 에너지 급원이지만 비타민과 무기질 같은 기타의 필수 영양소를 함유하지 않았다는 것이다.

많은 당과 지방을 함유하는 음식물은 건강의 위험과 관련이 있으므로 더욱더 전분식품(곡류와 감자 등)이 음식물로서 필요 에너지를 공급하기 위해 섭취되어져야만 한다. 대부분의 전분 식품은 또한 다른 중요한 영양소들도 공급한다. 예를 들면 빵은 단백질, 칼슘, 철, 비타민 B 그리고 식이섬유소의 훌륭한 급원이며, 감자는 비타민 B와 C를 함유한다.

[표 3-2] 각종 식품의 탄수화물 함량

식품	탄수화물 함량(%)	식품	탄수화물 함량(%)
녹 말	83~85	설 탕	99.5
백 미	79	꿀	80~83
보 리	68~77	시 럽	74
밀가루	69~79	잼젤리	65~71
옥수수	74~78	견과류	75~88
밀국수	70	캔 디	56~99
마카로니, 스파게티	73~77	양과자	56~62
빵	52~58	크랙카	71~74

4장

단백질

단백질은 생물의 세포 원형질(protoplasm)에 들어 있는 콜로이드 모양의 함질소화합물로 생명유지와 발육에 관여하는 가장 중요한 영양소이다. 단백질은 또 세포의 기초 구성물질로 세포의 생활현상을 영위하는데 불가결한 물질이며 대다수의 효소 및 호르몬의 성분으로 생체내 반응을 촉진 또는 조절한다. 네덜란드의 Mulder(1838)가 "제1의 것"이라는 뜻으로서 protein이라는 이름을 붙였으며 이것은 Greece어의 "To take the first place"의 의미라고 한다. 단백질은 고분자 그 자체로서 일정한 생리 화학적 기능을 하며 개별적으로 생리기능을 할 수 있는 화학 구성상의 특이성을 가지고 있다. 이와 같이 단백질은 매우 중요한 물질로 구성단위인 아미노산의 조성과 배열순서 등에 따라 단백질의 모든 것이 결정된다.

1. 구조적 특징

1) 단백질의 구조

단백질은 탄소, 수소, 산소, 질소로 구성되어 있으며 그 외 황, 인 등의 원소가 함유되어 있다[표 4-1]. 그 외 특수한 단백질에는 미량의 철, 구리, 요오드 등이 들어 있다.

[표 4-1] 단백질의 원소조성

원소명	조성범위(%)
탄소	50.6~54.5
산소	21.5~23.5
질소	15.0~17.6
수소	6.5~ 7.3
유황	0.3~ 2.2
인	0.4~ 0.8
기타	0.1~ 0.7

원소 조성 중 탄수화물이나 지방과 다른 것은 질소를 가지고 있으며 그 질소의 함유량은 평균 16% 정도이다. 단백질을 분해하여 생기는 질소의 양에 6.25(100/16=6.25)를 곱하면 단백질의 양을 계산할 수 있는 것은 바로 이 때문이며 이 6.25를 단백질의 질소계수(nitrogen coefficient, 또는 N-factor)라고 한다. 따라서 질소계수는 단백질의 종류에 따라 각각 다르다.

단백질의 구조나 성질을 이해하기 위해서 우선 구성단위인 아미노산을 이해하여야 한다. 단백질을 산 또는 알칼리와 함께 가열하거나 단백 분해효소를 작용시키면 단백질은 가수분해 되어 20여 종의 여러 가지 아미노산이 만들어진다.

이들 단백질을 구성하고 있는 아미노산은 모두 α- 아미노산으로 그 일반식은 R-CH(NH2)COOH이다. 이와 같이 아미노산은 분자 내에 아미노기(-NH2)와 카르복실기(-COOH)를 갖고 있다. 단백질의 구조적 특징은 아미노산의 카르복실기(-COOH)와 다른 아미노산의 아미노기(NH2)에서 물이 유리되고 -CO-NH- 결합이 형성된 화합물로서 2개의 아미노산이 1개의 펩티드결합으로 형성된 것을 디펩티드(Dipeptide), 다수의 아미노산이 펩티드 결합으로 형성된 것을 폴리펩티드(Polypeptide)라고 부르며[그림 4-1] 이것을 우리는 보통 단백질이라고 부른다.

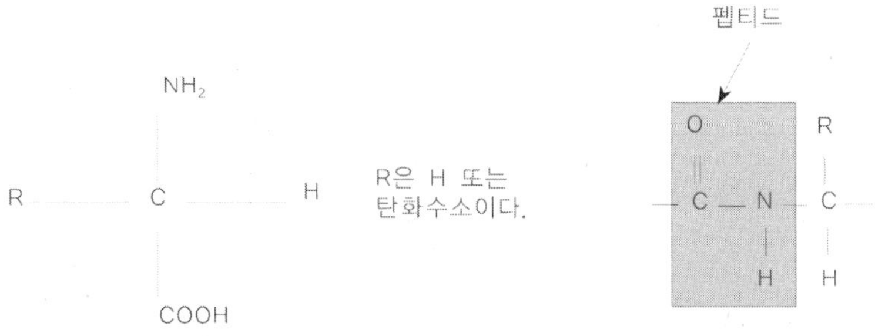

[그림 4-1] 아미노산의 구조

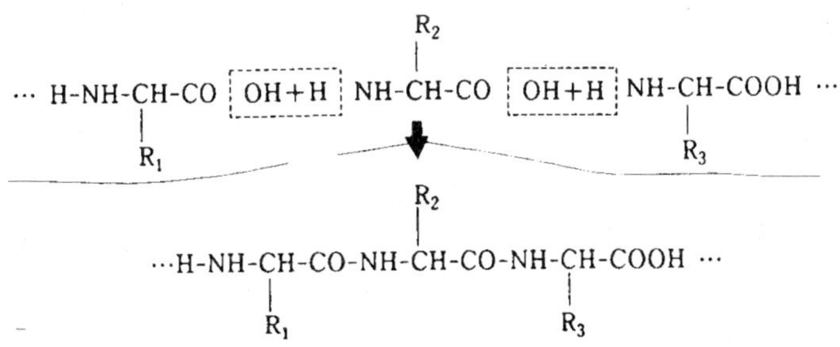

[그림 4-2] polypeptide 구조

2) 아미노산의 종류

체내 단백질의 합성을 위하여 20여종의 아미노산이 필요하다. 필수 아미노산은 인체내에서 합성되지 않으므로 반드시 식사로부터 섭취되어야 한다.

(1) 필수 아미노산

단백질을 구성하는 아미노산 중에서 필수 아미노산은 인체내에서 합성되지 않거나 합성속도가 수요속도에 비해서 너무 느리기 때문에 반드시 식품으로부터 공급을 받아야 하는 단백질 합성에 매우 중요한 아미노산이다. 필수아미노산은 발린(valine), 루신(leucine), 이소루신(isoleucine), 트레오닌(threonine), 리신(lysine), 메티오닌(methionine), 히스티딘(histidine), 페닐알라닌(phenylalanin), 트립토판(tryptophan) 등 9종류로 식사로부터 반드시 섭취하여야 한다.

(2) 불필수 아미노산

체내에서 합성될 수 있는 아미노산을 불필수 아미노산이라고 하는데 알라닌, 아스파르트산, 아스파라긴, 시스테인, 글루탐산, 글루타민, 글리신, 프롤린, 하이드록시 프롤린, 세린. 티로신, 아르긴닌 등이 있다.

2. 단백질의 질적 평가

단백질의 영양가는 단백질에 들어 있는 아미노산의 종류와 양에 의하여 좌우되는데, 일반적으로 단일 단백질로서는 영양가가 완전하지 못하다. 보통 인체의 성장, 생명 유지에 충분한 아미노산 조성을 가진 단백질을 완전 단백질, 그렇지 못한 것을 불완전 단백질이라고 한다. 이와 같이 식품 중의 단백질은 그것에 함유되어 있는 아미노산 특히 필수 아미노산의 함량으로 그 단백질의 영양가를 결정한다. 단백질의 영양가 판정방법에는 화학적 방법과 생물학적 방법이 있으나 어떤 방법이든 단백질의 영양가를 정확히 평가하기는 어렵다.

양질의 단백질이란 필수 아미노산이 고루 균형 있게 들어 있어 체 단백질 합성 효율이 높은 단백질을 의미하므로 단백질의 질을 아는 것이 중요하다.

1) 화학적 평가방법

화학적인 평가방법은 단백질의 아미노산 조성을 분석하고, 이를 기준 단백질의 아미노산 조성과 비교하여 평가하는 방법으로 화학가와 아미노산가 등이 있다.

(1) 화학가

식품 단백질 1g에 들어 있는 필수 아미노산의 양을 기준 단백질 1g에 들어있는 필수 아미노산 양의 비로 구한다. 이때 가장 적게 들어 있는 아미노산을 제 1 제한 아미노산이라고 하는데, 이 아미노산의 양을 기준 단백질의 아미노산 함량으로 나눈 값에 100을 곱하여 구한다. 이때 기준 단백질로 보통 달걀 단백질이 이용되는데 달걀은 누구나 좋아하는 식품으로 맛도 좋고 다양한 요리로 만들 수 있는 양질의 단백질 식품이다. 즉 CS(chemical score, 화학가)는 달걀 단백질에 대한 제1 제한 아미노산 함량비(%)를 말하므로 기준 단백질을 달걀로 하는 경우에는 달걀의 화학가는 100이 된다.

$$\text{화학가} = \frac{\text{식품 단백질 } 1g\text{에 존재하는 제 1 제한 아미노산의 양}(mg)}{\text{기준 단백질 } 1g\text{에 존재하는 제 1제한 아미노산의 양}(mg)} \times 100$$

화학가(chmical score)

예) 밀 단백질의 제 1 제한 아미노산은 리신으로 2.4라면 화학가 = 2.4/6.4 × 100 = 38

(2) 아미노산가

아미노산가란 표준 단백질이 아니라 FAO/WHO가 제시한 인체의 단백질 필요량에 근거한 필수 아미노산의 양을 기준으로 식품의 단백질의 아미노산가를 구한 것이다.

아미노산가(amino acid score)

예) 밀 단백질의 아미노산가=2.4/5.1 × 100 = 47

2) 생물학적인 방법

식품 단백질의 질을 평가하는 생물학적 방법에는 성장기 동물이나 어린이의 체중 변화를 근거로 한 단백질 효율과 체내의 질소 보유에 근거하여 질을 평가하는 생물가와 단백질 실이용률이 있다.

(1) 단백질효율

체중증가량에 의한 단백질 효율(Protein effeciency ratio, PER)을 측정하는 방법이 널리 이용되고 있는데 이 방법은 단백질 이외의 영양소를 완전히 가진 사료에 여러 가지 단백질을 첨가하여 동물을 길러서 섭취한 단백질에 대한 체중증가의 비율을 구하여 비교한다.

$$\text{PER} = \frac{\text{일정 기간 중의 체중 증가량}(g)}{\text{일정 기간 중의 식이단백질 섭취량}(g)}$$

(2) 생물가

생물가란 식품 단백질이 얼마나 효율적으로 신체 단백질로 전환되었는지를 알아보는 방법이다. 따라서 식품 단백질의 아미노산 이 신체의 아미노산 조성과 얼마나 비슷한가에 따라 생물가가 달라진다. 만일 어떤 식품 단백질의 아미노산 조성이 신체의 조성과 많이 다르다면 식품의 아미노산은 대부분 체단백질 합성에 이용되지 못한다. 이런 경우 질소는 분리되어 요소를 만들어 소변으로 배설되며, 탄소 골격은 포도당이나 지방으로 전환되거나 에너지원으로 쓰이게 된다. 따라서 단백질의 체내 보유가 낮아지고 생물가도 낮다.

생물가는 흡수된 단백질(질소)이 체내에 얼마나 보유되었는가를 나타내며 아래와 같이 계산된다.

$$\text{BV} = \frac{\text{보유된 질소량}}{\text{흡수된 질소량}} = \frac{\text{식이질소량} - (\text{소변 중 질소량} + \text{대변 중 질소량})}{\text{식이질소량} - \text{대변 중 질소량}} \times 100$$

식품명	생물가
달걀	96
우유	90
쇠고기	76
치즈	73
밀	65
옥수수	54
쌀	75
밀가루	52

(3) 단백질 실이용률(NPU, Net Protein Utilization)

단백질 실이용률은 섭취한 식이질소가 체내에 얼마나 보유되었는가를 백분율로 나타낸 것으로 다음 식에 의해 계산된다. 생물가는 체내의 소화 흡수율을 고려하지 않고 평가하는 방법인데 비해 이 방법은 단백질의 소화 흡수율을 고려한 것으로 생물가에 소화흡수율[(식이질소량 - 대변 중 질소량)/(섭취된 질소량)]을 곱하여 구할 수도 있다.

$$\text{단백질 실이용률(NPU)} = \frac{\text{보유된 질소량}}{\text{섭취된 질소량}} = \text{생물가(BV)} \times \text{소화 흡수율}$$

- **제한 아미노산(limiting amino acid)**

섭취된 아미노산들의 효과는 대체로 섭취된 필수 아미노산 중에서 섭취량이 가장 적은 아미노산의 양을 기준으로 하여 정해지는데 이 때 그 전체의 효과를 결정하는 가장 섭취량이 적은 필수 아미노산을 제한 아미노산(limiting amino acid)이라고 한다. 신체가 필요로 하는 특정 단백질을 합성하기 위하여 재료가 되는 각 필수 아미노산이 적당한 수준으로 모두 필요하다. 그런데 특정한 단백질 합성에 필요한 필수 아미노산 중에서 한가지 아미노산이라고 부족한 경우에는 단백질을 합성 할 수 가 없다. 이러한 부족한 필수 아미노산을 제한 아미노산(limiting amino acid)이라고 한다. 양질의 동물성 단백질은 모든 아미노산이 부족되지 않게 골고루 들어 있는 반면, 식물성 단백질은 대개 한 가지 이상의 제한아미노산을 가지고 있다. 예를 들어 쌀 단백질에는 리신이 부족하고, 콩 단백질에는 메티오닌이 부족하므로 리신과 메티오닌이 각각 쌀과 콩의 제한아미노산이 된다.

[표 4-2] 곡류 단백질의 제한 필수 아미노산

곡류	제1제한 아미노산	제2제한 아미노산
밀	리신(lysine)	트레오닌(threonine)
옥수수	리신(lysine)	트립토판(tryptophan)
쌀	리신(lysine)	트레오닌(threonine)
콩	메티오닌(methionine)	트레오닌(threonine)

• 보완효과(supplementary effect)

단백질 식품에서 각각 부족한 아미노산이 서로 보충되어 완전 단백질로 변하게 되는데 이것을 보완효과(Supplementary effect)라고 하며 이 효과는 그 식품 속에 들어 있는 서로 다른 여러 단백질 사이에서 이루어진다.
곡류단백질의 경우에는 리이신, 트레오닌이 부족하므로 부족된 아미노산 또는 다른 완전 단백질을 소량 첨가하여 단백가를 높일 수 있다.

[표 4-3] 단백질의 보완효과

단백질 재료	최대 보완효과가 인정되는 아미노산의 배합
백미	lysine, threonine
밀	lysine, threonine, valine
보리	lysine, threonine, methionine
수수	lysine, tryptophan, methionine, threonine

단백질의 영양가를 높이기 위하여 상대적으로 부족되는 아미노산을 첨가하면 좋으나 첨가한 아미노산의 종류와 양이 적정하지 않으면 균형이 무너지고 오히려 이용도가 감소하는 경우가 많으므로 유의하여야 한다. 예를 들면 이소루신 및 발린의 이용에 루신의 과잉은 오히려 방해가 된다. 이와 같은 현상을 아미노산의 불균형(imbalance)이라고 한다. 아미노산의 불균형은 특히 유아나 어린 동물에 대하여 하나의 필수아미노산을 과잉으로 첨가할 때 다른 아미노산의 흡수장해가 일어나 오히려 성장정지, 효소 활성의 이상 등이 나타나게 된다.

또 불필수 아미노산은 체내에서 합성되나 전혀 들어 있지 않는 경우에는 단백질의 영양상 좋은 것은 아니다. 예로서 필수 아미노산만을 단백질원으로 하여 흰쥐를 사육하면 불필수 아미노산을 혼합한 것에 비하여 성장이 열등하다. 이것은 불필수 아미노산의 생합성에 필수 아미노산이 쓰이는 등의 영향이 있기 때문이다.

3. 단백질의 소화와 특징

단백질의 소화는 위에서 시작되고 주로 소장에서 이루어진다. 위에서의 단백질 분해효소는 펩신으로, 펩신은 가스트린이라는 호르몬에 의해 조절된다. 즉, 위에 음식물이 들어오면 가스트린이 분비되고, 이것은 위산의 분비를 촉진하여 불활성 형태의 펩시노겐을 펩신으로 활성화시킨다. 활성화 된 펩신은 단백질을 작은 아미노산 단위인 펩톤으로 분해하고, 부분적으로 소화된 단백질이 소장으로 내려간다. 소장에서는 단백질을 분해하기 위해 췌장과 소장벽에서 몇 가지의 효소가 분비된다. 췌장은 콜레키스토키닌의 자극을 받아 트립신, 카이모트립신과 카복시펩티데이스를 분비한다. 이들 효소는 불활성 형태로 소장 내로 분비되며, 활성화되서는 아미노 펩티데이스와 디 펩티데이스가 분비되어 궁극적으로는 모든 펩타이드를 아미노산으로 분해한다.

소화효소의 작용을 받아 분해된 대부분의 작은 펩타이드는 소장 내에서 아미노산으로 분해되고, 아미노산은 주로 능동적 운반을 통해 소장벽으로 흡수된다. 흡수된 아미노산은 문맥을 거쳐 간으로 이동되고, 간에서 다른 곳에 쓰일때까지 아미노산 풀을 형성한다.

4. 영양과 기능

단백질은 체단백질의 합성에 쓰일 뿐만 아니라 열량원으로도 쓰인다. 즉 열량이 충분이 공급되면 단백질은 본래의 목적인 체단백질의 합성에 쓰이게 되나 만일 열량이 부족하면 단백질은 열량원으로 쓰이게 되며 아무리 양질의 단백질이라도 체단백질의 합성에는 이용되지 않는다.

한편 열량 충족의 상태에서 열량원을 섭취하면 단백질은 체단백질의 합성에 쓰이는 양이 증가한다. 이것은 열량원이 되는 탄수화물, 지방이 단백질의 필요량을 저하시키므로서 생기는 효과로서 이것을 탄수화물, 지방의 단백질 절약작용이라고 한다.

단백질 필요량은 환경, 연령 등에 의하여 많은 차이가 있다. 추운 곳에서는 많은 양의 단백질이 요구되고 발육기에도 많은 양의 단백질이 요구되며 임신, 수유 중의 부인도 많은 양의 단백질이 요구된다. 그러나 고령기에는 과량의 단백질은 오히려 유해하다. 단백질의 섭취과잉은 다량의 질소화합물을 요중에 배설하므로 신장에 부담을 주어 신장병을 일으키는 경우가 있다. 또 수분의 필요량을 증대시키고, 특히 유아에게 고농도 단백질의 우유를 급여하면 탈수증상을 일으키는 경우가 있다. 한편 단백질의 섭취부족은 빈혈을 일으키고 부종을 유발하며 근육 단백질의 합성정지로 인하여 체력이 쇠약해진다. 또 세균감염에 대한 저항력이 저하되고 소아의 경우에는 발육이 정지된다.

1) 체구성 성분의 합성

단백질은 성장 뿐 아니라 조직의 정상적인 기능을 하기 위하여 반드시 섭취해야 한다. 근육조직, 결체조직, 뼈와 혈액 등의 체조직은 물론 많은 효소와 운반 단백질, 기능적 단백질 등의 신체 내 단백질은 체내에서 보수와 재생 그리고 분해 과정을 지속적으로 유지하고 있기 때문이다. 체단백질의 분해과정에서 끊임없이 생겨나는 아미노산은 다시 단백질 합성에 이용되기 위해 아미노산 풀에 대부분 합류되나 일부는 연소되어 재이용되지 못한다. 따라서 이를 대체할 새로운 단백질을 공급하기 위해 매일 식품으로부터 섭취해야 한다. 단백질 섭취가 충분하지 않을 경우 체단백질의 보수와 합성은 지연되므로 체단백질의 위축을 초래할 수 있다.

2) 호르몬 · 효소 · 신경전달물질의 형성

체내의 중요한 신체 기능 조절인자인 효소와 대부분의 호르몬 및 신경전달물질도 단백질이나 아미노산으로 구성된다. 이들은 필요한 아미노산이 고루 있을 때에만 합성될 수 있으며, 아미노산 부족으로 불충분하게 합성될 경우 특히 뇌와 같은 곳에 큰 손상을 입히는 등 심각한 신체 기능 이상을 초래하게 된다.

3) 면역기능

항체는 병원균이나 세균성 이물질 등 여러 가지 항원이 체내로 유입되었을 때 신체를 방어하기 위해 만들어지는 단백질이다. 항원에 대한 항체의 반응을 면역이라고 한다. 따라서 단백질은 인체의 면역체계를 형성하는 중요한 역할을 하며, 단백질 섭취가 부족할 경우 면역반응이 약해져 감염성 질환에 걸리기 쉽다.

4) 체액 균형 유지

단백질은 대부분 분자가 커서 반투과성 막인 세포막을 통과하지 못한다. 이런 특성 때문에 단백질은 삼투압에 영향에 주어 세포막을 통한 수분의 이동에 관여한다. 알부민이나 글로불린같은 혈액 단백질은 체내의 수분평형 유지에 관여하여, 이들의 농도가 정상일 때 체액량이 정상으로 유지된다. 그러나 단백질 섭취가 낮아지면 이들 농도가 낮아져 혈액의 물은 조직으로 이동하게 되고 결과적으로 영양성 부종이 나타나게 된다. 흔히 단백질 결핍증을 보이는 어린이는 부종으로 인하여 통통하게 보이는 것은 이 때문으로 단백질 섭취를 증가시켜 혈중 단백질 농도가 정상으로 회복되면 물이 혈액으로 이동하여 부종은 사라지게 된다.

5) 산 · 염기 균형조절

단백질을 이루는 아미노산은 산이나 염기성기로 이온화될 수 있다. 따라서 단백질은 체내에서 산과 염기의 역할을 모두 할 수 있는 양쪽 성질을 갖게 되어 혈액의 정상 pH(pH=7.35~7.45) 유지에 기여한다. 즉, 체액이 산성으로 기울 때는 염기로, 염기성으로 기울 때는 산으로 작용하여 중화시키면서 조직의 산·염기 균형을 정상적으로 유지시켜 주는 완충작용을 한다.

6) 포도당 신생 및 에너지 공급

신체의 모든 세포는 대부분 주된 에너지원으로 포도당을 요구하는데, 특히 적혈구와 신경조직에는 항상 일정량의 포도당이 혈류에 존재해야 한다. 만일 식사에서 충분한 탄수화물 공급되지 않으면 간과 신장에서는 탈아미노 반응을 거쳐 포도당을 만드는 대사가 일어나는데 이 대사 과정을 포도당 신생합성이라고 한다.

또한 단백질은 탄수화물, 지방과 함께 에너지 영양소로서 1g당 4kcal의 에너지를 낸다. 그러나 단백질은 단백질만이 갖는 중요한 기능을 지니므로 에너지원으로 이용되는 것은 바람직하지 못하다. 아울러 에너지로 전환되는 과정에서 단백질은 아미노기를 제거해야 하고 그 과정이 복잡해 비효율적이다. 에너지 공급을 위하여 지방과 탄수화물은 각각 3~4%, 10~15%의 에너지를 소모하는 데 비해 단백질은 15~30%의 에너지를 소모하므로 생리적 관점에서도 단백질은 값비싼 에너지원이라고 할 수 있다.

5장 지방

1. 구조적 특징과 종류
2. 지방산의 종류
3. 지방의 소화와 특징
4. 영양과 기능

지방(lipids)은 고체 지방(fat), 액체 유지(oil) 및 지방 유사물질 등 모두를 말하는 것으로 화학적으로 단백질이나 탄수화물과 같이 특징적인 기본구조는 없으나 일반적으로 물에 녹지 않고 에테르, 클로로포름, 벤젠 등의 유기용매에 녹는 물질로 생물 영양에 관계있는 성분을 말한다.

지방에는 유지 이외에 인지질, 당지질, 유리지방산, 방향유, 스테롤류, 비타민 A, D, E 및 카로티노이드색소 등이 있는데 그 외 동물 장기의 지방으로는 인지질, 당지질, 불검화물 등이 있다.

인체내에서 지방은 주로 피하지방으로 저장되며 그 외에 뇌 및 신경계통의 세포중에 많이 존재할 뿐만 아니라 모든 세포중에 들어 있어서 그 각각의 기능에 관여하고 있다. 지방은 피부의 전 표면을 싸고 있으므로 피부에 있어서 매우 중요한 생리작용을 돕고 있다.

지방은 몸 안에서 지방조직을 보충하고 또 구성하는 작용을 하며 주로 에너지를 공급한다. 또 같은 양의 단백질 또는 탄수화물 보다 약 2.2배 이상의 에너지를 더 발생한다.

1. 구조적 특징과 종류

식품 중에 존재하는 지방과 우리 몸 안에 저장되어 있는 지방의 거의 대부분이 중성지방(triglyceride)이다. 중성지방은 글리세롤 한 분자에 세 개의 지방산이 결합한 것으로 어떤 종류의 지방산이 결합하느냐에 따라 매우 다양한 종류의 중성지방이 형성될 수 있다.

지방은 지방산과 글리세롤이 에스테르(ester) 결합한 것으로 글리세롤은 3가 알코올이므로 1분자의 글리세롤에는 3분자의 지방산이 결합한다.

글리세롤에 지방산 한분자가 에스테르 결합하면 모노글리세리드(Monoglyceride), 두 분자가 결합되면 디글리세리드(diglyceride), 세 분자가 결합되면 트리글리세리드(triglyceride)라고 하는데 모노글리세리드, 디글리세리드는 천연 유지에는 들어 있지 않다. 식용유의 대부분은 트리글리세리드이다.

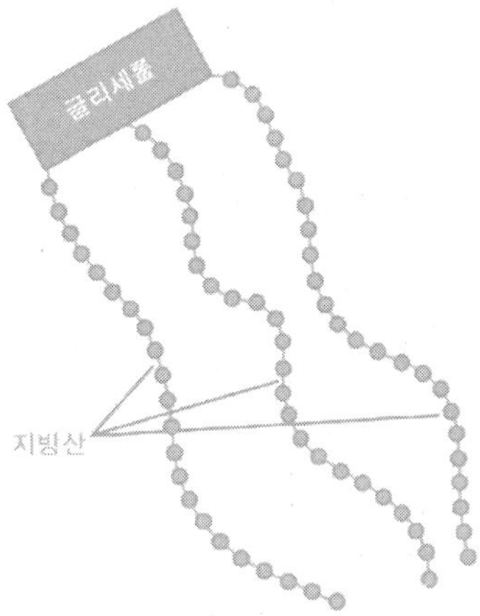

[그림 5-1] 중성지방 모형

2. 지방산의 종류

지방을 구성하고 있는 지방산의 종류는 지방산의 포화도, 필수지방산 여부와 경화에 따른 구조적인 특징에 따라 분류할 수 있다.

(1) 포화지방산과 불포화지방산

지방에 결합되는 지방산의 종류에는 대표적으로 포화지방산(SFA, saturated fatty acid)과 불포화지방산(USFA, unsaturated fatty acid)으로 구성되어 있다. 포화지방산(saturated fatty acid)은 지방산을 구성하는 모든 탄소가 단일 결합으로 연결되어 있는 지방산을 말한다. 동물성 식품, 코코넛류, 마가린 등에 함유되어 있고 체내에서 합성이 가능하다. 불포화지방산(unsaturated fatty acid) 지방산을 구성하는 탄소간에 이중결합으로 연결되어 있는 부위가 하나 이상 존재하는 지방산을 말한다. 이때 이중결합이 한 개 존재하는 지방산을 단일불포화지방산(monounsaturated fatty acid)이라 하며, 이중결합이 두 개 이상 포함된 지방산을 다가불포화지방산(polyunsaturated fatty acid)이라 한다. 이중결합은 단일결합에 비하여 불안정하므로 공기중에서 쉽게 산화되는 특성을 지닌다. 불포화지방산은 필수지방산 역할을 하며, 실온에서 액체 상태로 존재 한다. 신체 내 성장, 유지, 생리적 기능 수행 등을 하며, 체내에서 합성되지 않는다.

(2) 필수지방산

지방산 중 다음의 두 가지에 해당되는 경우 필수지방산으로 분류한다. 필수지방산의 섭취가 부족하면 습진성 피부염, 성장발육 · 생식기능장애 및 지방간 등의 증세를 보일 수 있으며, 이와 같은 결핍증이 초래되는 것을 막기 위해 반드시 식사로부터 매일 일정량을 섭취해야만 한다.

- 리놀레산(linoleic acid, 18:2, ω - 6):18개의 탄소로 구성되어 있고, 이중결합이 두 개 있으며 첫 번째 이중결합이 오메가 탄소에서부터 시작하여 여섯 번째 탄소에서 나타나는 지방산이다. 옥수수유에 다량 함유되어 있다.

- 리놀렌산(linolenic acid, 18:3, ω-3):18개의 탄소로 구성된 점은 레놀레산과 같으나, 세 개의 이중결합을 지니고 있으며 첫 번째 이중결합이 오메가 탄소에서부터 시작하여 세 번째 위치한 탄소에서 나타난다는 점이 다르다. 리놀렌산은 생선유에 다량 함유되어 있다.

- 아라키돈산(arachidonic acid, 20:4, ω-6):20개의 탄소로 구성되어 있으며 네 개의 이중결합을 지니는 아라키돈산은 같은 ω-6계 지방산인 리놀레산으로부터 합성될 수 있다. 아라키돈산은 주로 세포막의 인지질에 존재하며 프로스타글란딘 · 트롬복산 · 프로스타사이클린 · 루이코트리엔 등과 같이 일종의 호르몬처럼 작용하여 생체기능을 조절하는 물질들을 만들기 위해 사용된다.

오메가(ω)-3계 지방산

불포화지방산은 지방산의 한쪽 끝에 자리잡은 메틸기(=CH3)의 탄소(오메가 탄소)를 기준으로 하여, 첫 번째 이중결합이 나타나는 탄소의 위체에 따라 ω -3계 지방산(3번째 탄소에 첫 번째 이중결합을 지니는 지방산), ω -6계 지방산(6번째 탄소에 첫 번째 이중결합을 지니는 지방산), 그리고 ω -9계 지방산(9번째 탄소에 첫 번째 이중결합을 지니는 지방산)으로 분류한다.

최근 등푸른 생선이 성인병 예방에 효과가 있음이 언론에 자주 보도되고 있는데, 이는 ω -3계 지방산이 이들 생선에 상당량 함유되어 있기 때문이다. 예를 들어 에스키모 인에게 심장순환계 질병의 발병률이 적은 이유 중의 하나로, 그들이 즐겨 섭취하는 생선에 ω -3계 지방산의 함량이 많음을 들고 있다.

DHA(docosahexaenoic acid, 22:6, ω -3)는 22개의 탄소와 6개의 이중결합을 지니는 DHA는 등푸른 생선에 많이 함유되어 있으며, 태아와 유아의 두뇌발달에 필요하다. 아울러 ω -3계 지방산은 혈중 콜레스테롤 농도를 낮추는 효과가 있음이 밝혀졌으며, 최근에는 ω -3계 지방산의 항암효과에 대한 연구가 진행중이다.

(3) 시스형 지방산과 트랜스 지방산

마가린, 쇼트닝 등의 경화유(실온에서 고체인 기름)를 제조할 때, 시스형 지방산에서 최대 40%의 트랜스지방이 생성되며, 고온에서 오래 튀길 때, 식용유에서 발생하기도 한다. 불포화지방처럼 생겼으나, 몸에서는 포화지방(동물성 지방)처럼 행동한다. 몸속에서 불포화지방 자리를 차지해 불포화지방이 제 기능을 못하게 하며, 나쁜 콜레스테롤을 증가시키고, 좋은 콜레스테롤을 낮추므로 포화지방(동물성지방)보다 몸에 더 나쁘다. 심혈관계 질환의 유발, 콜레스테롤의 증가, 기억력과 집중력 저하, 두통과 건망증 등을 일으키며, 건강을 해치는 것으로 알려져 있다.

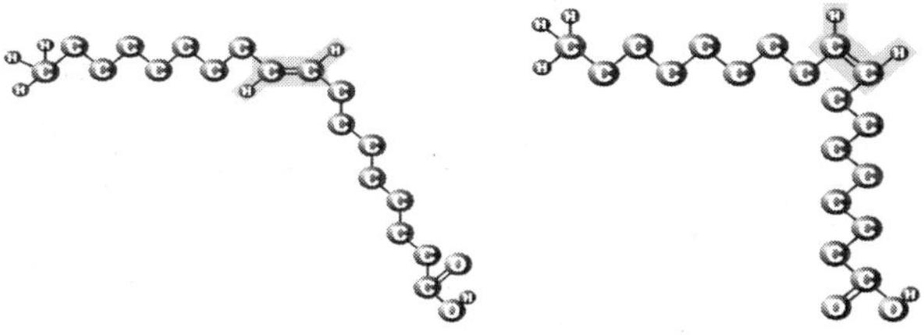

[그림 5-2] 시스형 지방산 모형(올레산) 트랜스 지방산 모형(엘라드산)

(4) 콜레스테롤

동물의 세포에 널리 존재하는 스테로이드 화합물로 몸에서 만들어지거나, 식품을 통해서 섭취할 수 있으며, 특히 뇌, 신경조직에 많다. 세포막을 구성하는 주요 성분이며, 신경조직에 많이 함유되어 있다. 비타민 D, 성호르몬, 담즙산 등이 만들어지며, 동물성 식품으로만 먹는다. 주로 오징어, 달걀, 새우, 굴, 간류에 많이 들어 있다.

콜레스테롤은 HDL콜레스테롤과 LDL 콜레스테롤로 구별되며 LDL 콜레스테롤은 혈액 속의 찌꺼기가 되어 고혈압과 동맥경화증(혈관벽이 딱딱해 지는 질환)의 원인이 된다. 콜레스테롤은 음식으로 섭취하는 것보다 훨씬 더 많은 양의 콜레스테롤을 체내에서 합성할 수 있으며, 일단 합성되거나 섭취된 콜레스테롤이 체외로 배설될 수 있는 유일한 경로는 간에서 콜레스테롤로부터 담즙산을 합성하여 장으로 배설시키는 것이다. 한편 혈중 콜레스테롤 농도, 특히 LDL-콜레스테롤 농도가 높으면 심혈관계 질환의 발생률이 증가한다.

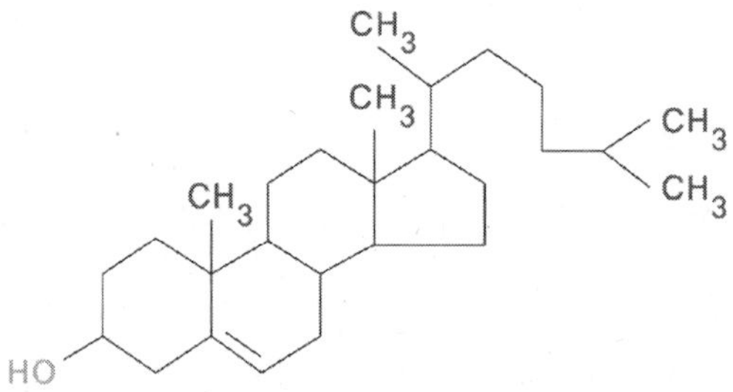

[그림 5-3] 콜레스테롤

(5) 인지질

인지질은 글리세롤 1분자 + 지방산 2분자 + 인산기 1개로 구성되어 있다. 즉 중성지방에서 지방산이 한 개 제거되고, 그 자리에 인산기가 붙은 형태라 할 수 있다.

식품에 함유된 인지질의 대부분은 '레시틴'의 형태이며, 레시틴은 난황과 콩 등에 많이 들어 있다. 인지질의 주된 기능은 유화제(emulsification)로서의 역할이다. 즉 인지질은 한 분자 내에 물과 결합하는 친수성 부분과 기름과 결합하는 소수성 부분을 동시에 가지고 있으므로, 서로 섞이지 않는 물과 기름을 섞이게 하는 중간 매개체 역할을 한다. 그리고 인지질은 비가시적 지질인 세포막 지질의 주된 구성성분이다. 우리 몸을 구성하는 세포의 막은 인지질이 주요 구성성분인 두 겹의 지질층으로 구성되어 있으며, 세포막 인지질에 함유된 지방산은 불포화지방산이 대부분이다. 따라서 세포막은 딱딱하지 않고 유동성을 지닐 뿐 아니라, 수용성과 지용성 영양소를 모두 통과시킬 수 있게 된다.

3. 지방의 소화와 특징

1) 지방의 소화

지방의 소화는 위에서 분비되는 리파아제에 의해 유화상태인 우유, 난황 등에 있는 지방 일부가 소화된다. 일단 음식물이 위에서 십이지장으로 넘어오면 음식물 중의 지방과 단백질의 자극에 의해 소장에서 콜레키스토키닌이라는 호르몬이 분비되고, 이것은 담낭을 수축시켜 담즙분비를 촉진한다. 담즙은 큰 지방구를 유화시켜 잘게 나누고 여기에 췌장액 중의 리파아제가 작용하여 중성지방은 모노글리세라이드와 지방산으로 분해된다. 지방은 공장과 회장에서 주로 흡수된다. 효소의 작용으로 소장에서 생성된 모노글리세라이드, 지방산, 콜레스테롤과 인지질은 담즙과 결합하여 장관 내의 수용성 용액에 분산될 수 있도록 유화된 후 장점막 세포로 이동하여 흡수된다. 소장벽에는 무수히 많은 융모가 있어 소화된 지방을 흡수하며, 융모에는 혈관과 림프관이 분포되어 있어 흡수된 지방의 운반을 담당한다.

소장 점막세포로 흡수된 모노글리세라이드, 지방산, 글리세롤 가운데 짧은 사슬 지방산과 중간사슬 지방산 및 글리세롤은 문맥을 통해 간으로 운반된다. 그러나 긴 사슬 지방산과 모노글리세라이드는 장점막 세포에서 중성지방으로 재합성되고 인지질, 콜레스테롤, 단백질 등과 결합하여 지단백질의 일종인 킬로미크론을 만들어 림프관을 거쳐 혈액으로 운반된다.

2) 지단백질(lipoprotein)

(1) CM(chylomicron, 킬로미크론)

소장에서 지방은 담즙에 의해 유화되고 췌장의 리파아제에 의해 중성지방이 지방산과 글리세롤로 분해되며, 소장 점막세포로 흡수된 지방산과 글리세롤은 그곳에서 지단백질의 일종인 '킬로미크론(chylomicron)'을 합성하여 림프를 통해 혈액으로 운반된 후, 간으로 이동된다. 지방은 지용성이므로 혈액 중의 중성지방, 인지질, 콜레스테롤 등은 단백질과 결합하여 둥근 공모양의 '지단백질(lipoprotein)' 을 형성함으로써 혈액에 쉽게 섞일 수 있게 된다. 즉 지방 성분 중 비교적 친수성이 강한 인지질, 유리콜레스테롤, 그리고 단백질은 둥근 지단백질의 바깥부분에 위치하고, 소수성이 강한 중성지방과 콜레스테롤에스터는 내부에 위치하여 공모양의 3차구조를 지니게 되므로, 지질이 수용성인 혈액에서 자유자재로 떠돌아 다닐 수 있게 된다

(2) VLDL (Very Low Density Lipoprotein, **초저밀도 지단백질**)

간에서 합성되어 혈액으로 분비되며, 후에 LDL을 형성하게 된다.

(3) LDL(Low Density Lipoprotein, **저밀도 지단백질**)

지단백질 중 콜레스테롤 함유량이 가장 높고, 따라서 혈중 콜레스테롤의 약 70%가 LDL-콜레스테롤이다. LDL 중에 함유되어 있는 콜레스테롤은 혈관계를 순환하다가 말초혈관 내부벽에 버려지게 되어 동맥경화증을 일으키는 원인이 되므로, LDL-콜레스테롤을 '나쁜 콜레스테롤'이라고도 한다.

(4) HDL(High Density Lipoprotein, **고밀도 지단백질**)

HDL은 혈액 중에 순환하다가 말초혈관에 쌓여 있는 콜레스테롤을 걷어내어 간으로 이동시키는 청소부의 역할을 하므로, HDL-콜레스테롤을 흔히 '좋은 콜레스테롤'이라고 한다. 그러므로 HDL에 대한 LDL의 비가 증가하면 심혈관계 질환의 발생위험이 높아진다

[표 5-1] 혈청 지단백질의 특성

성질		지단백질 종류			
		CM	VLDL	LDL	HDL
물리적성질	지름(nm)	100~1,000	30~90	20~25	7.5~20
	밀도(g/ml)	〈0.95	0.95~1.006	1.019~1.063	1.063~1.210
	분자량(daltons)×106	1,000~10,000	5	2	0.2~0.4
화학 조성	중성지질(TG)	90	60	10	5
	인지질(PL)	3	18	15	25
	콜레스테롤(C)	5	22	50	20
	단백질	2	10	25	50
아포 단백질		AI.CII,B48	C, E, B100	B100	AI, AII, C, E

[표 5-2] 고 콜레스테롤혈증의 참고치(mg/dl)

수준	총 콜레스테롤	LDL	HDL
바람직함	〈200	〈130	〉40
경계선	200~239	130~159	35~40
위험수준	≥240	≥160	〈35

대사증후군의 진단 기준

다음 5가지 중 3가지 이상이면 판정.

① 복부비만 : 허리둘레가 102cm(동양 남성 90cm) 이상, 여성은 88cm(동양 여성 80cm) 이상.
② 중성 지방 : 150(mg/dℓ) 이상.
③ 고밀도 콜레스테롤(HDL) : 남성 40(mg/dℓ) 미만, 여성 50(mg/dℓ) 미만.
④ 혈압 : 수축기 130(mmHg) 이상 또는 이완기 85(mmHg) 이상.
⑤ 공복 혈당 : 110(mg/dℓ) 이상 또는 당뇨병 치료 중.

자료 = 미 국립 콜레스테롤 교육 프로그램(NCEP)

4. 영양과 기능

지방은 단백질, 탄수화물, 무기질 및 비타민과 같이 동물의 생체 유지와 그 성장에 필요한 영양소로 생물체의 내장 기관을 보호하고 그 위치를 고정시킨다.

1) 에너지의 급원

지방은 체내에서 농축된 에너지의 급원으로 매우 중요하다. 실제로 지방은 1g당 9㎉의 열량을 내므로 탄수화물이나 단백질(각각 1g당 4㎉씩을 냄)에 비해 2배 이상의 열량을 낸다. 그러므로 지방은 소량만 있어도 상당한 양의 에너지를 생성한다.

2) 신체 구성요소

지방은 체내 조직세포의 구성성분으로 섭취된 지방은 소화과정을 거쳐서 체내에서 분해, 흡수된 뒤 다시 결합하여 림프액으로 들어가서 혈액에 의하여 각 조직에 운반되는데 그 중 일부는 중성지방으로 신체내의 여러 부위에 축적되고 대부분은 에너지원이 되기 위하여 연소된다. 특히 복합지방인 인지질은 체내의 뇌, 신장, 심장 등 주요부분과 신경조직과 혈장 등에 들어 있으며 당지질 역시 인산을 가진 복합지방으로 뇌, 비장, 신경조직을 구성하는 중요한 지방 성분들이다.

3) 체지방 축적

체내에서 에너지를 내고도 남는 지방은 보통 피하지방의 지방세포에 많이 축적된다. 체지방의 축적은 우선 외부와의 절연체 역할을 하여 체외 온도가 내려간다고 해도 체온의 손실을 막아 신체를 따뜻하게 유지시켜 준다. 따라서 피하지방이 많은 살찐 사람은 겨울에는 그다지 추위를 느끼지 않으나 여름에는 이와 반대로 더위를 많이 타게 된다. 또 체지방은 신장이나 심장과 같은 체내의 각 장기들을 둘러싸고 보호해 주는 쿠션의 역할을 한다. 지방의 주요기능은 지방조직으로 신체내 장기의 쿠션역할을 하며 또한 신체 체온유지를 위한 절연체 역할은 물론 특히 생리적으로 필수지방산을 공급하여 성장촉진, 습진을 방지하는 기능도 가지고 있다.

체지방이 축적되면 곧 에너지가 저장된 것이므로 에너지의 섭취가 부족할 때 바로 쓰이게 된다. 에너지를 저장하기로는 체지방이 아주 좋은데 그 이유는 작은 부피에 많은 에너지를 농축하여 저장할 수 있기 때문이다. 또 탄수화물의 형태로 에너지가 저장이 되는 글리코겐은 체내 저장 제한량이 있으나 체지방은 거의 무제한으로 피하지방에 저장될 수 있다. 따라서 식품의 공급이 부족할 때, 체지방 축적이 많은 사람이 마른 사람보다 더 오래 견딜 수 있는 것은 바로 이 때문이다.

4) 만복감

만복감이란 식사 후에 느끼는 만족감을 말하는데 지방은 탄수화물이나 단백질보다 위장내에 오래 남아 있으므로 만복감을 충분히 느끼게 해 준다. 저지방식사를 할 경우 쉽게 공복감을 느끼게 되는데 이는 지방이 적은 식사가 가져다주는 느낌 때문이다. 보통 고지방식이는 오래(4~6시간) 위에 머물기 때문에 쉽게 공복감을 느끼지 못한다.

5) 지용성 비타민의 흡수 보조

지용성 비타민(A, D, E, K)의 흡수를 위해서는 소장에 지방이 있어야 한다. 비타민 A의 전구물질로서 녹황색 채소에 많이 들어 있는 카로틴(carotene)은 흡수될 때 지방이 충분히 있지 않으면 잘 흡수되지 않는다. 따라서 카로틴과 지용성 비타민들의 흡수가 정상적으로 일어나기 위해서는 지방으로부터의 열량섭취가 총섭취 열량의 10~15%는 되어야 한다.

6) 필수 지방산

일부 지방산은 신체의 기능을 위해 필수적이나. 이들은 체내에서 합성되지 않으므로 음식으로 먹어서 섭취해야만 한다. 리놀레인산(linoleic acid)은 세포막 형성을 위해 필요하며, 아라키도닌산(arachidonic acid)은 수 많은 체내의 기능을 조절하는데 돕는 일종의 호르몬과 같은 물질인 프로스타글란딘(prostaglandin)을 형성하기 위해 사용된다.

동물성 식품은 지방의 주된 급원이 되며 돼지고기, 쇠고기, 닭고기 등이 있으며, 우유 및 유제품은 유화된 지방이며, 어류는 종류에 따라 지방의 함량이 차이가 있다. 식물성 기름류는 지방이 거의 100%이나 필수 지방산의 급원이나 과량 섭취시에는 열량 및 지방의 과잉 섭취를 초래할 수 있다.

식물성 식품들도 식물성 기름의 중요한 급원이 된다. 콩기름, 면실유, 옥수수기름, 땅콩기름, 야자유, 올리브유, 홍화기름, 해바라기기름 등 여러 가지의 식물성 기름은 정제된 후에 샐러드기름이나 튀김용, 마가린 제조 공정 등에 쓰인다. 특히 콩기름은 레시틴의 급원으로 쓰인다.

6장 무기질과 물

1.무기질

2.물

1. 무기질(Minerals)

식품이나 생물체에 들어 있는 원소 가운데서 C, H, O, N를 제외한 모든 원소를 무기질 또는 광물질(mineral)이라 하며 무기질은 식품을 태운 후에 재로 남은 부분이므로 회분(ash)이라고도 한다. 무기질은 약 100여 종의 금속 및 비금속 원소로 되어 있으며 대부분 무기염 형태로 식품중에 존재하지만 단백질, 혈색소, 효소, 엽록소 등의 유기물 속에 들어 있는 무기질도 있다. 그러나 식품 및 인체의 구성분으로 중요한 생리작용을 나타내는 무기질은 약 20여 종에 불과하다.

무기질에는 Ca, Mg, Na, K, Fe, Cu, Mn, Co, Zn과 같은 알칼리성 원소와 P, S, Cl, Br, I 등과 같은 산성원소가 있으며 미량으로 존재하는 Zn, Al, F, Si, Li, Br, Co, Ni, Ba, As, Pb, Mo, Va 등을 미량원소라고 한다.

1) 무기질의 기능

각종 무기질은 식품이나 생체내에서 여러 가지 중요한 기능을 수행하고 있는데, 그 중에서 중요한 것은 다음 2가지 기능이다.

(1) 완충작용

사람의 pH는 7.35~7.5(평균 7.4) 사이에 일정하게 유지되고 있다. 혈장의 pH는 조직액의 pH와 평형하고 조직액의 pH는 세포내 pH와 평형하고 있으므로 혈장의 pH는 전 체액의 pH와 비슷하게 된다.

혈장의 pH가 정상 범위를 넘어서 높게 된 경우를 알칼리증(alkalosis), 낮게 된 경우를 케톤증(ketosis)이라고 한다. 알칼리증이 심할 때에는 모든 기능이 과민하여지고 전신경변을 일으키고 호흡불능이 되어 생명을 잃게 된다. 또 케톤증이 심하여지면 혼수상태에 빠지고 생리기능이 저하되어 역시 생명을 빼앗기게 된다. 혈장 pH의 최고 및 최저의 한계는 7.8~6.8이다.

체액에는 각종의 물질이 들어가게 되고 또 각종의 물질이 생성되고 있다. 따라서 체액은 항상 pH를 변화시키고자 하는 여러 요인의 영향을 받도록 되어 있다. 예로서 탄수화물의 대사로 생성되는 젖산과 탄산가스는 H+를 주며 단백질의 대사로 생기는 아미노산과 황산은 H+를 유리하려고 한다. 그런데도 체액의 pH가 일정하게 유지되고 있는 것은 이것을 조절하려고 하는 기능이 작용하고 있기 때문이다.

혈장의 pH의 조절에는 ① 혈장 자신의 완충작용, ② 과잉된 산을 몸 밖으로 배출하려는 생리적인 조절기능이 작용하고 있다. 용액에 산 또는 알칼리를 가하여도 pH의 변화를 저지하려는 작용이 있을 때 이 작용을 완충작용(buffer action)이라 하며 이와 같은 용액을 완충액(buffer solution)이라고 한다. 일반적으로 약산과 그의 염을 함유한 용액은 완충작용을 가지고 있다. 이와같은 완충작용은 인체의 합리적인 작용으로 이의 평형이 파괴되면 건강에 매우 심각한 문제가 제기된다.

(2) 생리적인 pH 조절기능

몸안에서는 탄수화물을 비롯하여 지방, 아미노산의 산화로 탄산가스가 생성된다. 탄산가스는 다음과 같이 H+을 생성하여 pH를 저하시켜 케톤증이 되는 경향을 나타낸다.

$$CO_2 + H_2O = H_2CO_3$$
$$H_2CO_3 = HCO_3^- + H^+$$

호흡에 의하여 탄산가스를 배출하면서 혈액 중에서는 단백질의 완충작용으로 생성된 H+을 중화하며 남은 $HCO3^-$ 는 혈장중의 완충액 성분으로서 산을 중화한다. 그러나 그 결과 H2CO3가 더 증가하게 되는데 이러한 경우에는 폐호흡이 왕성하여 탄산가스가 많이 방출된다. 이와 같이 몸 안에 생긴 산을 탄산가스로서 배출시킬 수 있다.

혈액의 pH가 저하된 때 또는 탄산가스량이 증가된 때에는 호흡이 촉진되어 탄산가스의 배출이 왕성하여진다. 또 반대로 pH가 상승하든지 탄산가스량이 저하되면 호흡기능이 억제되어 탄산가스의 배출이 감소한다. 이와 같은 폐의 기능으로써 체액의 pH가 조절되고 있다.

2) 주요 다량무기질

(1) 칼슘(calcium, Ca)

체중 50kg인 성인의 칼슘함량은 약 1kg으로 이것의 약 99%는 뼈와 치아에 인산염 또는 탄산염의 형태로 존재하고, 나머지는 혈액과 근육 중에 분포되어 있다. 혈액의 칼슘량은 대략 일정한 값(혈장 속의 칼슘량은 10mg%)을 가지도록 조절되는데 이것은 갑상선호르몬의 조절작용 때문이다. 혈액의 칼슘은 혈액을 알칼리성으로 하고 혈액의 응고작용을 촉진시키며 심장의 수축력을 강하게 하고 근육의 흥분성을 억제하며 신경자극에 대한 감수성을 진정시키고 효소의 부활작용을 돕는다.

칼슘은 우리 일상 식품 중에 비교적 적게 들어 있고, 또 칼슘의 흡수는 식품속에 있는 다른 성분의 영향을 받게 되므로, 흡수율은 식품의 종류에 따라 현저한 차이가 생긴다. 곡류, 콩류에 함유되어 있는 피틴은 칼슘의 흡수를 방해하고 또 채소와 과일에 들어 있는 칼슘은 수산염(oxalates)으로 비교적 많이 들어 있으나, 불용성이므로 칼슘의 흡수가 잘 이루어지지 않는다.

또 식품 속에 칼슘과 인의 비율을 보면 칼슘이 적고, 인이 많은 식품을 먹으면 칼슘은 과잉의 인과 더불어 배설되고, 칼슘이 많고 인이 적은 식품을 먹어도 같은 현상이 나타난다. 그러나 비타민 D, 단백질, 젖당이 존재하면 칼슘은 흡수가 좋아진다. 일반적으로 동물성 식품의 칼슘은 식물성식품보다 흡수가 좋으나, 특히 채소류 중의 칼슘 이용율은 나쁜편이며 보통의 식사에서 흡수율은 약 40%이다. 칼슘원으로는 우유(159mg/100g) 이외 뼈째 먹는 식품 등이 있으며 부족 시에는 신경불안, 골다공증(osteoporosis), 골연화증(osteomalacia)을 유발하게 된다.

우리나라 식생활에서 칼슘의 섭취량은 하루 약 0.3g에 불과하여, 하루 칼슘의 필요량에 비하여 부족한 형편이므로 칼슘섭취에 주의하여야 하며 식품가공에서도 칼슘의 강화가 많이 요구되는 실정이다. 우리나라 성인 19세~29세 칼슘 권장섭취량은 남자 800mg/일, 여자 700mg/일이며, 상한 섭취량은 각각 2,500mg/일이다.

(2) 인(phosphorus, P)

인은 생체의 모든 조직세포에 불가결한 구성요소이고 생명에 대하여 가장 본질적인 역할을 하는 원소의 하나이다. 인은 80~90%가 골격과 치아 속에 칼슘과 마그네슘의 인산염으로 들어 있고 이 외에 근육, 뇌신경, 및 간장 등에도 들어 있다.

인은 생체 내에서는 무기인과 유기인, 즉 인산에스테르의 형태로 존재하는데 성인의 경우에는 80%는 Ca염이 되어 뼈 및 치아를, 나머지 20%는 인지질, 핵산, 인단백질을 형성하며, 탄수화물과 지방의 흡수, ATP로서 에너지전환에 중요한 역할을 한다. 또 인은 세포 내의 완충물질을 형성하여 체액의 중성을 유지한다.

뇌, 신경조직을 구성하는 인화합물, 즉 인지질과 같은 것은 조직을 구성하는 성분이 될 뿐만 아니라 자극, 전도에도 관여한다.

일반적으로 인은 체내 기능면에서 칼슘과 밀접한 상호관계를 맺고 있으므로 칼슘과 인의 비율이 동등할 때 가장 이상적이라고 한나. 우리 나라 식생활에서는 칼슘에 비해 인의 과잉섭취가 우려되므로 이에 대한 주의가 요구된다. 인은 거의 모든 식품에 함유되 있어서 일상적인 식생활에서 인의 섭취부족은 드물다.

(3) 나트륨(Sodium, Na)

나트륨은 염소와 결합하여 염화나트륨이 되어 주로 체액 속에 들어있는데 삼투압을 유지하는데 관여하고 있다. 또 중탄산염이 되어 혈액 이외의 체액 속에서 알칼리성을 유지하거나 인산과 결합하여 제1 및 제2인산염을 만들어 몸 안에서 완충제의 역할을 한다. 따라서 나트륨은 주로 체액 성분으로 있고 세포 속에 있는 것은 아주 적은 양이다.

이것은 칼륨과 대조적이다. 식품 속에 있는 것도 이와 같은 관계가 있어서 식물성 식품에는 칼륨이 많이 들어 있고 동물성 식품에는 나트륨이 많이 들어 있다. 따라서 채소나 과일을 많이 섭취할 때에는 소금을 먹게 되는 것이다.

나트륨은 담즙, 췌액 및 장액 등의 알칼리성 소화액의 성분이므로 소화액의 분비로 감소된다. 또 나트륨이 줄면 체액의 삼투압이 낮아지고 체액에서 세포로 물이 이동하여 세포가 팽윤되는데 나트륨이 너무 많으면 체액의 삼투압이 높아지고 그로 인하여 세포에서의 수분탈출을 촉진시켜 그 기능을 나쁘게 하며 세포 안의 산성도가 증가하여 단백질의 붕괴를 촉진 시킨다.

만약 갑자기 소금이 부족하면 권태, 현기, 무력 및 혼수 등 육체적으로 현저한 기능감퇴를 일으키지만 소금이 너무 많으면 장내의 수분흡수를 방해하여 설사를 일으킨다. 또 신장의 배설기능이 나쁠 경우 혈액 속의 소금의 농도가 높아져서 삼투압이 높아지므로 이것을 완화시키기 위하여 물이 요구되어 갈증을 느끼게 한다. 인체에 필요한 나트륨은 주로 NaCl의 형태로 섭취되고 있다.

소금이 몸 안에 흡수된 후는 주로 그대로의 형태로 체액 속에 존재하지만 일부는 해리하여 각각 Na와 Cl로서의 생리적 기능을 나타낸다.

우리들은 하루에 약 10~15g의 소금을 섭취하고 있는데 체액 속의 소금의 양은 섭취한 소금의 양에 반드시 비례하지는 않는다. 소금 섭취량이 적을 때에는 신장에서의 배설이 줄고 섭취량이 많은 때에는 오줌으로 배설되는 양이 많아져서 혈액 삼투압은 항상 일정하게 유지된다.

소금은 보통 신장에서 오줌으로 배설되는데 땀을 몹시 흘릴 때에는 피부에서 배설되는 양이 상당히 많다. 고온, 고습의 환경에서 중노동에 종사하는 사람은 땀을 많이 흘리므로 소금의 배설량도 많아지게 되며 따라서 몸 안의 나트륨 량이 감소한다. 즉 고온에서는 땀으로 많은 수분이 증발하므로 인체 내의 물의 평형과 삼투압을 조절하는 식염의 절대량이 부족하게 된다. 따라서, 이를 보충하기 위해 물과 소금의 보충이 필요하다.

나트륨 줄이기 참여 건강음식점

우리나라의 나트륨 섭취량은 목표섭취량 2,000mg의 2.4배로 높다. 최근에는 식품의약품안전처, 보건복지부, 나트륨 줄이기 운동본부 등에서 나트륨 줄이기 정책으로 국민의 의식이 변화되었다. 특히 외식이 증가하고 있으며 외식의 음식의 나트륨을 줄이기 위하여 나트륨 줄이기 참여 건강음식점을 지정하여 조리기술지원을 통하여 나트륨 줄이기에 참여하였다. 다음 그림은 식약처에서 제시하고 있는 외식의 1인분량에 따른 음식중량과 나트륨 함량이다.

	찌개	국	면류
1인분	400ml	700ml	800ml
나트륨함량	2,000mg	2,400mg	2,600mg

출처: 식품의약품안전처

음식의 양을 줄이는 방법과 정도에 따라 나트륨 함량을 줄일 수 있다.

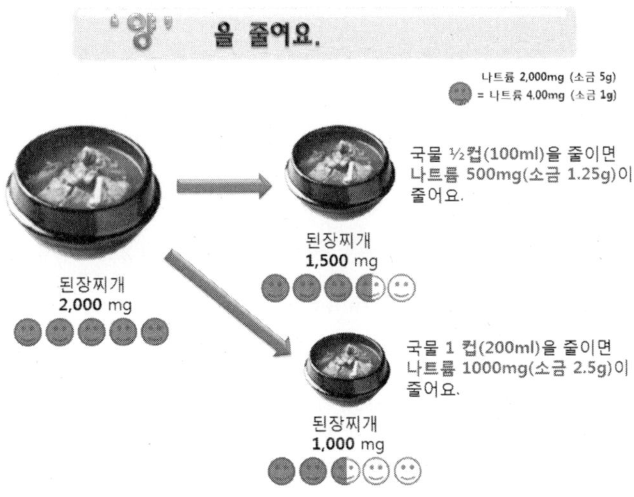

나트륨 줄이기를 위한 <나트륨은 적게 음식은 맛있게> 포스터 예시

(4) **칼륨**(potassium, K)

칼륨은 나트륨과 달라서 혈액, 근육 및 장기 등 모든 세포 속에 들어있고 체액 속에는 매우 적다. 칼륨은 일반식품에 많이 들어 있으므로 부족한 일이 없고 이에 대응하여 나트륨도 일정한 비율을 유지하도록 생리적 상태를 조절하는데 이것에는 부신피질호르몬이 관여하고 있다.

칼륨이 결핍할 경우에는 세포의 기능이 나빠지고 발육부진, 생식력감퇴, 심장기능 감퇴 및 소화관의 이상 등을 일으키며 또 장관 확장도 일으키게 된다. 칼륨이온에 의하여 특이적으로 촉진되는 효소가 있는데 예를 들면 탄수화물이 분해할 때에 작용하는 효소인 phosphoenol-transphosphorylase와 단백질대사 때 오르니친(ornithine)에서 시트룰린(citulluline)이 생성하는 반응 등은 어느 것이나 칼륨이온이 필요하다.

칼륨은 완전히 흡수되어 신장을 거쳐 배설되는데 칼륨은 보통의 식사로는 충분히 섭취되나 기아 또는 수술로 식사를 충분히 하지 못할 경우에는 결핍되는 수가 있고 이로 인하여 심장이 약해지는 수도 있다.

3) 주요 미량 무기질

미량원소의 필수성은 체내 각 기관에서의 특정한 기능과 대사에서 볼 수 있다. 미량원소는 체내의 뼈나 조직에서 호르몬, 효소, 비타민의 일부분이 되거나 이것들과 결합하여

광범위한 기능을 발휘하고 있다. 미량원소의 결핍은 소화기, 피부, 뇨 배설기관을 경유하면서 미량원소가 손실되는 경우와 부적당한 식사를 할 경우에 나타난다. 부적당한 식사의 예로서, 도정한 밀가루는 밀 자체보다 철, 아연의 양이 적으며 가공식품도 가공하기 전보다 많은 양의 미량원소가 제거된다.

(1) 철(Iron, Fe)

인체 내의 철은 약 60%가 혈액속에, 간장, 비장 및 골수 등에 약 30% 들어 있으며 나머지는 미오글로빈(근육), 헤모글로빈, 세포속의 시토크롬과 효소에 들어있다. 철은 혈액속에 1.0~1.7mg%, 혈장 속에 0.08~0.07mg%, 헤모글로빈 속에 약 0.33% 들어 있다. 헤모글로빈은 철을 가진 단백질이고 산소운반에 중요한 역할을 하는 것인데 연체동물과 절족동물에 있는 헤모시아닌이라는 구리를 가진 호흡색소도 헤모글로빈과 같은 역할을 한다.

철은 세포 속의 호흡효소인 시토크롬의 주성분이고 카탈라제(catalase), 과산화효소(peroxidase) 등의 산화효소 속에도 들어 있고 몸 안에서 산화·환원작용에 불가결한 것이다. 또 세포핵 중의 염색체 형성에도 필요하다.

섭취된 철의 흡수는 주로 소장 상부에서 이루어져 간장을 거쳐 조혈 장기인 골수에 이르러 헤모글로빈 형성에 쓰이고 일부는 전신의 세포에 운반되어 세포핵의 크로마틴(chromatin)과 효소를 만드는 재료가 된다. 3가의 철(ferric) 보다 2가의 철(ferrous)이 흡수되기 쉬운데 일반적으로 식품 중에는 주로 산화형(Fe^{3+})으로 존재한다.

인은 철과 결합하여 불용성 침전물을 만들어 철의 흡수를 나쁘게 하지만 칼슘이 공존하면 인과 철이 결합하기 전에 인과 칼슘이 결합하므로 철의 흡수를 간접적으로 좋게 한다. 인산과 피틴은 철과 불용성의 복합체를 만들어서 칼슘의 경우와 같이 흡수를 억제 한다.

비타민 C, 나이아신, 판토텐산은 철을 환원하여 흡수를 좋게 한다. 비타민 B_2도 직접 흡수에 관계하지는 않으나 철의 배설을 적게 한다. 아미노산중 arginine, tryptophan은 흡수를 증진하고 valine, tyrosine은 억제한다.

식품 속에 철을 비교적 많이 가진 것은 육류, 간, 난황, 혈액 및 완두 등이고 함량이 적은 것은 우유와 그 제품, 과일, 근채류 및 정백한 곡류이고, 어류 및 녹엽채류에는 그 중간 정도가 들어 있다.

우리나라 성인 19세~29세 철 권장섭취량은 남자 10mg/일, 여자 14mg/일이며, 상한 섭취량은 각각 45mg/일이다.

(2) 불소(fluorine, F)

불소는 치아와 골격 그 외의 동·식물성 식품 속에 미량 들어 있다. 그 생리적 작용은 자세히 모르나 CaF_2로서 뼈 및 치아에 들어 있어서 현재 치아의 건강과 관계가 있다 하여 중요시되고 있다.

(3) 아연(zinc, Zn)

아연은 모든 동물조직에 들어 있는데 간장, 췌장, 장점막에 특히 많이 들어 있으며 인슐린의 작용을 활발히 할 뿐만 아니라 그 작용을 지속적으로 유지한다. 또 탄수화물대사에도 관여하며 동물의 영양에 필요하여 부족하면 성장이 늦어지고 체모의 발생이 저해된다.

(4) 요오드(iodine, I)

요오드는 사람의 갑상선에 20mg%, 그 외의 부분에 0.1mg% 함유되어 있다. 갑상선 속에 요오드가 10mg% 이하이면 갑상선종을 일으켜 갑상선의 기능이 저하된다.

우리나라 19세 이상 성인의 요오드 권장섭취량은 남녀 각각 150㎍/일이며, 상한 섭취량은 각각 2,400㎍/일이다.

식품 속의 요오드의 함량은 같은 식품이라도 지역에 따라 다소 다르나(해안지방의 것이 일반적으로 많다), 일반적으로 해산식품, 특히 간유, 대구, 굴 및 해조류에 많고 당근, 무우, 상추, 토마토 등에도 많다.

2. 물

물은 체중의 62~70%를 차지하는 주요한 인체의 성분으로 인체에서 지방을 제외한 부분을 계산하면 물의 함유량이 유아는 75%, 성인은 65% 정도이다. 그 중 40% 는 세포안에 있고 20%는 조직 사이에 있으며 5%가 혈액 속에 있다. 영아는 성인에 비해 수분함유량이 많으며, 체중의 70~75%를 차지한다. 그 중 약 5%는 혈장이고, 15%는 간질액이며, 50%는 세포내액이다. 수분의 필요량은 칼로리 소모량, 환경의 온도 및 뇨의 비중에 따라 변동하며 어린이는 하루에 체중의 10~15%에 해당하는 수분밖에 필요로 하지 않는다.

1) 물의 기능

물은 몸 안에서 영양분의 운반, 혈액순환, 노폐물 처리 등의 중요한 역할을 하는 것으로 알려져 있는데 주요 기능은 다음과 같다.

① 전해질을 용해하여 그 균형을 유지하고 삼투압의 평형을 유지하여 세포의 형태를 유지한다.

② 물은 염류를 비롯하여 각종의 무기질을 용해하고 또 콜로이드 용액의 분산매가 되어 각종 물질이 몸 안에서 이동하는데 그 역할을 한다. 즉 유동성에 의하여 영양소의 흡수, 순환 및 분해산물을 운반하고 몸 안의 찌꺼기를 배설하는데 운반자 역할을 한다.

③ 물이 증발할 때는 기화열이 생기고 따라서 폐나 피부에서 물이 증발할 때에 열을 흡수하므로 체열을 발산한다.

④ 물은 액체로서는 열전도율이 높은 편이어서 몸안의 열을 신속히 체표면으로 보내어 발산시킬 수 있다. 이러한 작용으로 체온이 조절된다.

2) 물의 대사와 섭취

섭취된 물은 위를 빨리 통과한다. 위에서는 수분이 매우 조금 흡수되고 대부분은 소장과 대장에서 흡수되는데 소장에서는 주로 영양소의 흡수와 함께 수분이 흡수되고 대장에서는 수분만이 흡수되어 장 내용물의 고형화를 촉진시킨다.

물이 배설되는 경로는 신장, 피부, 폐 및 대변이다. 그 분량의 비는 조건에 따라서 일정하지 않으나 신장에서 40~60%, 피부에서 15~30%, 폐에서 10~20%, 분변의 수분으로 5~10%가 배설된다.

피부에서의 수분상실에는 두 가지가 있다. 즉 발한(감성발한, sensible perspiration)과 불감증설(불감성발한, insensible perspiration)이다. 불감증설은 배뇨, 배변 및 발한 등에 의한 수분 상실을 말하는데 피부 표면의 구멍에서 발산되고 또 호흡에 의하여 수분이 발산되기 때문이다. 불감증세는 땀이 나든 안 나든 계속되는 것이고 이것으로 상실되는 물의 양은 1일 500㎖나 된다.

우리는 ① 마시는 물 ② 식품 속의 수분(하루식사에는 1일분 약 1 l 의 수분의 들어 있다) ③ 영양소가 몸 안에서 산화 되어서 생기는 물(대사수) ④ 체성분의 연소로 생기는 물 등에 의해서 1일의 필요량을 채운다.

3) 물과 건강

물을 알맞게 마시는 것은 건강과 밀접한 관계가 있는데 우선 물로 얻을 수 있는 건강은 노화방지와 각종 질병예방으로 요약할 수 있다. 노화란 건조과정으로 나이가 들수록 체내의 수분량이 감소하는데 그것은 신진대사가 떨어지고 신장기능이 쇠퇴해서 수분의 체외배설이 많기 때문이다.

수분부족이 오랫동안 계속되면 노폐물이 잘 배설되지 않아 병에 걸리기 쉽고 신진대사가 잘 되지 않기 때문에 혈액의 농도가 짙어져 뇌경색등의 병을 일으키게 된다. 만약 체내 수분이 부족하면 심장병이나 뇌졸중이 걸리기 쉬운데 그것은 뇌졸중 가운데 뇌혈관이 막혀 생기는 뇌경색이나 심근경색같은 병이 혈액의 농도가 가장 짙어지는 아침에 발병하며 이것은 잠자는 동안 수분이 많이 체외로 배설되어 혈액의 농도가 높아졌기 때문이다.

이밖에 술을 마시기 전에 물을 마시면 위나 간장이 보호되고 악취나 숙취가 생기지 않으며 위벽이나 장벽을 보호해 주는 보호막 역할을 한다. 또 술을 마신 뒤 마시는 물은 알코올을 희석시켜 알코올에 의한 위해를 방지하고 소변량을 늘려 알코올의 배설을 촉진하여 혈중 알코올 농도를 저하시키며 끽연의 경우에도 니코틴의 독성을 희석하는 효과가 있다. 반대로 필요 이상의 많은 물을 마시면 신장에 큰 부담을 주므로 알맞게 물을 마셔야 한다.

4) 물과 운동

물은 운동과 관련된 가장 중요한 영양소로서 심한 운동을 할 때 땀을 많이 흘리고 체온이 크게 증가하는데 이를 정상적으로 유지시켜 주는 커다란 역할을 한다. 과거에는 운동선수에게 단지 약간의 수분을 섭취시키는 것이 좋으며, 만약 체내 수분이 보유되어 있으면 운동수행력이 감소하므로 오히려 심하게 땀을 흘려야 좋다는 그릇된 상식을 가지고 있었다. 그러나 실제 수분 부족시 탈수현상이 일어나며, 일사병과 피로감이 유발된다. 대개 수분 2컵은 체중 1파운드(0.5kg)의 손실과 거의 비슷하며, 이러한 수분 손실에 의해 체중이 2% 감소하면 운동력이 상당히 감소하게 된다. 만일 5% 가량 감소할 경우 열중증을 초래하는데, 열중증의 증상은 말이 느려지고 맥박이 느려져 비틀거리고 심하면 정신이 혼동되어 자신의 이름을 말할 수 없게 된다.

따라서 운동 전, 운동하는 동안, 운동 후에 수분을 고루 공급해야 하며, 갈증을 만족시키는 정도의 수분 섭취는 운동선수에게 불충분하므로 정기적으로 적은 양을 자주 섭취하게 하여 충분한 수분을 공급하도록 하여야 한다. 가장 좋은 수분 공급은 물이며, 맥주는 알코올을 포함하고 있어 바람직하지 못하다. 그것은 알코올이 항이뇨 호르몬 분비를 억제하여 요 배설을 증가시키기 때문에 오히려 탈수현상의 요인이 되기 때문이다.

7장 비타민

1. 비타민이란?
2. 비타민의 분류와 기능
3. 비타인의 결핍과 과잉

1. 비타민

비타민(vitamin)이란 미량으로 생체 대사 시스템을 지배하는 유기물질을 말하며, 비타민이 결핍되면 성장이 정지되고 각 비타민 특유의 결핍 증상을 나타낸다. 사람은 거의 대부분의 비타민을 합성하지 못하며, 합성한다 해도 필요량을 충족시키지 못하므로 외부로부터 공급해야만 한다. 비타민은 미량으로도 놀랄만한 효과를 나타내지만 이는 결핍된 비타민을 보충한 경우에 한하며 만병통치약은 아니다.

현대인들은 좀 더 건강해지고 싶은 욕구로 비타민제를 과다 섭취 하는 경향이 있다. 이는 올바른 영양정보의 부족과 대중매체를 통한 과대 선전 광고의 영향 때문이라 할 수 있다. 건강한 대부분의 사람들의 경우 편식하지 않고 다양한 식품을 골고루 섭취하고 있다면 필요한 모든 비타민 공급이 잘되고 있다고 할 수 있다. 따라서, 성장 발육이 왕성한 유아, 어린이, 또는 병약한 환자나 임산부를 제외한 사람들은 비타민의 보충이 별도로 할 필요가 없다고도 할수 있다. 건강한 사람의 경우 영양상태의 개선을 위해 비타민제를 보충하기 보다는 오히려 식품을 지혜롭게 선택하여 비타민 요구량을 충족시키는 것이 비타민 결핍과 과잉의 잠재적인 위험성을 동시에 줄일 수 있다.

또한, 음식물에 포함된 성분 가운데는 프로비타민(provitamin)이라고 하여 체내에서 비타민으로 변화한 후 작용하는 것도 있다. 예를 들면, 프로비타민 A, D는 체내에서 비타민 A, D가 된다. 또는 비타민 B군, K 등과 같이 동물체내, 특히 장관내 세균에 의해 합성된 비타민을 이용하는 경우도 있다. 한편, 비타민 C 등은 사람, 원숭이, 모르못트(guinea pig) 등 소수의 동물에서는 그 생합성능이 결여되어 있으나, 개, 쥐 등 대부분의 동물들은 체내 합성이 가능하다.

2. 비타민의 분류와 기능

비타민은 다른 영양소처럼 에너지원이나 신체의 구성 성분으로서가 아니라 이른바 생체 시스템이 원활히 돌아가기 위한 윤활유와 같은 역할을 한다. 즉, 체내 대사를 원활하게 하고, 생리적 기능을 정상으로 유지하기 위해 필요한 물질이다.

비타민은 그 성질에 따라 크게 지용성 비타민과 수용성 비타민으로 나눈다. 지용성 비타민은 체조직내에 지속적으로 저장되는 반면, 수용성 비타민은 필요량 이상을 섭취하게 되면 그 여분은 체외로 배출된다. 또한 이들 비타민의 체내 보유 기간은 비타민마다 큰 차이를 나타낸다.

1) 지용성 비타민

(1) 비타민 A

비타민A 는 동물성 식품에 함유되어 있으며, 녹황색의 식물성 식품에는 생체 내에서 비타민A로 전환될 수 있는 프로비타민A, 즉, 비타민A 전구체인 카로티노이드(carotenoids)의 형태로 들어 있다.. 카로티노이드 색소 물질에는 α-카로틴, β-카로틴, γ-카로틴, 크립토잔틴(cryptoxanthin) 들이 있는데, 이들은 체내에서 흡수될 때 장 점막에서 비타민 A로 전환된다. 이 중에서 식품 중에 가장 많이 존재하는 것은 β-카로틴이다.

비타민A의 활성형에는 레티놀(retinol), 레티날(retinal), 레티노익산(retinoic acid)이 있다. 식품에 존재하는 비타민A 형태는 대부분 레티놀이며 레티놀과 레티날은 상호전환이 가

능하다. 식품 속의 레티놀은 매우 효율적으로 흡수되는데 반해 카로티노이드는 약 1/3밖에 흡수되지 않는다. 비타민A는 지용성으로 공기 중에서 산화되기 쉽고 광선에 불안정하나, 에스테르형은 비교적 안정하다.

비타민A가 결핍하면 야맹증, 안구건조증, 피부염을 일으키며, 우리나라 성인 19세~29세 비타민 A 권장섭취량은 남자 800μg RAE/일, 여자 650μg RAE/일이며, 상한 섭취량은 각각 3,000μg RAE/일이다. 한편, 비타민A는 간장에 저장되며 과잉으로 섭취하면 과잉증이 된다. 과잉증은 유아기에 많이 발생하며 1일 7.5만 IU에서 60만 IU섭취로 1개월에서 6개월 사이에 만성중독증을 유발한다. 사지의 동통성 종창이 주요 증상이며, 그 밖에 우울, 식욕부진, 체중감소 등의 증상이 나타난다. 또한, 뇌압상승을 일으키므로 두통, 구토 등이 일어나는 경우도 있다.

(2) **비타민** D(calciferol)

비타민 D에는 D_2(ergocalciferol)과 D_3(cholecalciferol)가 있으며, 이들은 모두 프로비타민 D가 자외선을 받아서 만들어진다. 비타민 D는 모두 유기용매에 녹으며 열에 강하다.

비타민 D는 칼슘과 인의 흡수촉진, 칼슘의 보유력을 증강시키는 역할을 한다. D의 결핍증인 구루병(rickets)은 뼈에 칼슘을 유지시킬 수 없기 때문에 일어나는 병으로 소아기에는 뼈가 연화되어 기형이 되며 성인의 경우는 골연화증(osteomalacia) 또는 골다공증 (osteoporosis)으로 나타난다. 비타민 D 부족은 햇빛을 충분히 쪼임으로서 예방할 수 있다.

식품 속에는 간유에 비타민 A와 함께 들어있으며, 육류에는 적고 어류에 풍부하다. 또 난황, 버터에는 풍부하나, 우유에는 적다. 최근에는 비타민 D를 첨가한 강화우유가 판매되고 있다. 우리나라 성인 19세~29세 비타민 D 권장섭취량은 남녀 각각 10μg/일이며, 상한 섭취량은 각각 100μg/일이다.

(3) **비타민** E(tocopherol)

비타민 E는 tocopherol이라고도 한다. 비타민 E 활성형을 나타냈다. 성질은 지용성으로 물에는 거의 녹지 않고, 열에 안정하다. 비타민 A나 카로틴 그리고 비타민 C 등은 비타민 E의 산화를 방지한다 .

비타민 E가 결핍된 쥐에서는 배란, 발정이 정상적으로 이뤄지고, 난소, 자궁세포의 변화도 없으나, 태아는 죽고 만다. 또한, 수컷 쥐는 고환의 정자를 만드는 상피세포에 변성을 일으킨다. 비타민 E의 부족은 적혈구의 용혈을 일으키므로, 비타민 E는 H_2O_2 등에 의한 적혈구 용혈 방지작용을 갖는다.

비타민 E는 국제단위로 나타내며 국제단위는 합성 DL-α-tocopherolacetate 1mg의 올리브유액을 말한다.

식품 중에는 밀배아유, 면실유, 낙화생유, 대두유, 올리브유, 옥수수유, 참기름 등에 많고 돼지기름, 쇠고기기름 등에는 적다. 우유, 모유, 버터에는 적게 들어 있다. 우리나라 성인 19세~29세 비타민 E 권장섭취량은 남녀 각각 12mg α-TE/일이며, 상한 섭취량은 각각 540mg α-TE/일이다.

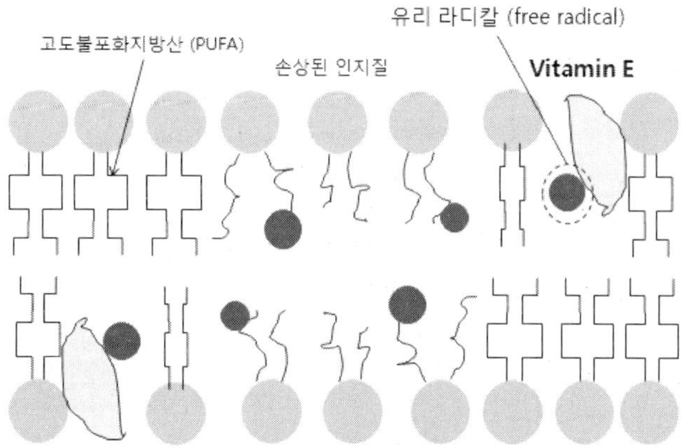

[그림 7-1] 비타민 E의 항산화 작용

(4) **비타민** K(phylloquinone)

비타민 K 활성형에는 천연물인 것, 미생물이 합성한 것, 및 화학적으로 합성한 것의 세 종류가 있으며, 각각 K_1(phylloquinone), K_2(menaquinone), K_3(menadione)라 한다. K_1, K_2,

K_3의 기본골격은 1-4-naphthoquinone으로 K 생리작용의 주체가 된다. 지용성으로 광선에 불안정하다.

K의 생리작용으로서는 혈액응고에 관계하는 프로트롬빈 형성에 중요하며 혈액응고 작용이 있다. 그 밖에 간기능 장애의 치유에 효과가 있다.

식품 중 함유량이 가장 많은 것은 푸른 잎으로 특히 양배추, 시금치에 많다. 토마토에는 많으나, 당근, 감자에는 거의 없다. 비타민 K는 장내세균에 의해 합성되므로 부족증은 별로 없다.

2) 수용성 비타민

(1) **비타민** B_1(thiamin)

천연물에 존재하는 B_1의 형은 유리 B_1, B_1-인산염(thiamin-pyrophosphate), B_1-1 인산염(thiamin-monophosphate) 및 B_1-3 인산염(thiamin-triphosphate)으로 존재한다. 그리고, 생체내에서 B_1-인산염은 대부분이 단백질과 약하게 결합하여 존재한다.

티아민은 ATP와의 반응으로 티아민피로인산(TPP)이 된다. TPP는 α-케토산의 탈탄산, 산화효소 및 펜토스 인산 경로의 케톨기 전달효소(transketolase)의 보효소로 작용한다. 이와 같이, B_1은 주로 탄수화물대사에 깊이 관여하고 있으므로 탄수화물 섭취량이 많을수록 B_1의 필요량이 증가한다.

비타민 B_1이 결핍되면 앞서 언급한 효소 활성이 저하한다. 이것은 적혈구 중의 케톨기 전달효소 활성의 저하, 혈중 피루빈산 농도 상승 등으로 진단이 가능하다. 이와같은 대사장애는 권태감, 근육통, 심계항진, 각기, 다발성 신경염 등을 일으킨다.

비타민 B_1은 탄수화물대사 특히 에너지 대사에 관여하므로 그 최소 필요량은 100㎉당 0.18~0.3㎎이 된다. 즉, 에너지 소비가 클수록(발열, 중노동, 임산부, 수유부) B_1 필요량은 증가한다. 그러나, 에너지를 탄수화물보다 지방으로부터 얻는 경우 지방대사에는 B_1이 별로 관여하지 않으므로 B_1의 소비량이 감소하고 그 필요량도 적어진다(지방의 B_1 절약작용).

비타민 B_1은 조개류, 민물고기, 고사리 등에 포함된 효소 티아민 가수분해효소(thiaminase)에 의해 분해되어 생리적 활성을 소실한다. 또한 티아민 가수분해효소를 포함하는 균이 장관내에 서식하는 사람도 있는데, 이런 사람은 정상 필요량을 섭취해도 비타민 B_1결핍증이 된다. 우리나라 19세 이상 성인의 비타민 B_1 권장섭취량은 남자 1.2mg/일, 여자 1.1mg/일이다.

(2) 비타민 B_2(riboflavin)

B_2는 리보플라빈이라고 하며 빛에 분해되기 쉽고 알칼리에 약하다. 리보플라빈은 ATP의 관여하에 리보플라빈키나제에 의해 플라빈 모노뉴클레오티드(flavin mononucleotide : FMN)가 되고, FAD 피로인산 가수분해효소(flavin adenine dinucleotide pyrophosphorylase)의 작용을 받아 플라빈 아데닌 디뉴클레오티드(flavin adenine dinucleotide : FAD)가 된다. 생체내에서는 대부분이 FAD로 존재한다. B_2의 보효소형인 FAD, FMN은 산화 환원 효소의 보효소로서 지질, 당질, 아미노산의 이화대사, 에너지 대사에 관여하고 있다.

B_2가 결핍되면 결막염, 설염, 지루성 피부염 등의 증상을 나타낸다. 식품중에 B_2가 많은 것으로는 동물성인 간장, 근육, 유즙, 달걀, 치즈, 생선의 눈에 많다. 식물성으로는 배아, 옥수수에 많다. 우리나라 19세 이상 성인의 비타민 B_2 권장섭취량은 남자 1.5mg/일, 여자 1.2mg/일이다.

(3) 비타민 B_6(pyridoxine)

천연에 존재하는 B_6 활성형으로는 피리독신(pyridoxine), 피리독살(pyridoxal), 피리독사민(pyridoxamine)의 세 종류가 있다. 물, 알코올에 잘 녹고, 내열성이나, 자외선에 의해 분해된다.

이들은 피리독살 키나제의 촉매작용으로 인산화되어 피리독살 인산이 되며, 보효소로서의 작용을 하는 것은 주로 피리독살 인산이다. 피리독살 인산은 특히 아미노산 대사와 밀접한 관련을 갖고 있다.

B_6은 장내세균에 의해 합성되어 이용될 수 있으므로 결핍증은 거의 일어나지 않는다. 그러나, 항생물질을 사용한 결과 장내 세균이 사멸된 경우 또는 비타민 B_6와 결합하는 약제(결핵 치료제인 이소니코틴산 히드라지드 등)을 사용한 경우에는 결핍증에 걸릴 염

려가 있다. 또한 선천적으로 피리독살인산과의 결합능력이 낮은 효소를 갖고 있으므로 정상적인 양의 B_6를 섭취해도 결핍증상을 나타내는 B_6의존증도 있다. 그 밖에 B_6로부터 피리독살 인산을 생성하는 과정에서 FMN을 보효소로 하는 효소가 관여하고 있기 때문에 B_2가 결핍되면 2차적으로 B_6결핍 등을 일으키게 된다.

B_6결핍증으로는 피부염, 신경염, 경련, 빈혈 등이 있다. 식품중 B_6가 많은 것은 간장, 효모, 쌀겨, 곡물, 콩류, 우유 등이다. 우리나라 19세 이상 성인의 비타민 B_6 권장섭취량은 남자 1.5mg/일, 여자 1.4mg/일이며, 상한 섭취량은 100mg/일이다.

(4) 니코틴산(nicotinic acid), 니코틴산 아미드

항펠라그라인자로서의 니코틴산(나이아신, niacin) 및 니코틴 아미드가 있으며 물에 잘 녹고, 광선, 공기 중에서 안정하나 열에 약하고, 산, 알칼리에 가수분해된다.

니코틴 아미드는 장관 내에서 세균에 의해 탈 아미노화된 후 니코틴산이 되고 나서 NAD (nicotinamide adenine dinucleotide)합성에 이용된다.NAD는 ATP를 이용하여 NADP가 된다. 한편, NAD는 니코틴산 이외에도 트립토판(tryptophan)으로부터 합성된다. NAD 및 NADP는 탈수소 효소, 환원효소의 보효소로서 생체내의 산화환원 반응에 관여한다. 일반적으로 NAD는 당질, 지질의 이화과정, 에너지 대사에 관여하나, NADP는 환원형인 NADPH가 지방산이나 스테로이드 등의 합성에 이용된다.

니코틴산과 트립토판 섭취가 부족하면 니코틴산 결핍증인 펠라그라가 된다. 니코틴산과 트립토판 함유량이 적은 옥수수를 주식으로 하는 지방에서는 펠라그라가 자주 발생했다. 피부염, 설사, 중추신경 이상 증상(두통, 불면, 환각, 착란)이 펠라그라의 3대 증상으로 유명하다. 우리나라 19세 이상 성인의 니아신 권장섭취량은 남자 16mg/일, 여자 14mg/일이다.

(5) 판토텐산

물에 잘 녹고, 광선, 공기중에서 안정하나, 열에 약하고 산, 알칼리에 의해서 가수분해된다.

판토텐산은 체내에서 cysteine과 ATP를 이용하여 coenzyme A(CoA)를 생성한다. 특히 -SH기의 작용을 나타낼 때에는 CoA-SH로 표시한다. 당질, 지질대사의 중요한 중간체인 아세틸CoA는 아세틸기(CH_3COO-)와 CoA가 CoA의 말단의 -SH기와 결합한 것이다. 즉, CoA는 당질, 지질대사와 밀접한 관련이 있다. 또한, 아미노산(분지형 아미노산 등)의 분해대사 중간체도 CoA 에스테르 형으로 존재한다. Acyl기의 활성화및 전이, 피루빈산의 TCA cycle로의 도입에 관여한다.

판토텐산은 장관내의 세균에 의해 합성되므로 결핍증은 흔치 않다. 동물실험에서의 결핍증상으로서는 성장정지, 체중감소, 피부염, 탈모, 신경장애로 인한 흥분, 스테로이드 호르몬 합성장애로 인한 부신의 비대, 괴사 등이 관찰된다. 하루 충분섭취량은 성인남녀 모두 5mg/일 이다.

(6) 엽산(folic acid, pteroyl monoglutamic acid)

화학명은 pteroyl monoglutamic acid로 유리형은 물에 녹기 어려우나 나트륨염이 되면 쉽게 녹는다. 물속에서 불안정하다.

엽산은 환원되면 보효소 작용을 하는 테트라하이드로 엽산(tetrahydrofolic Acid : FAH_4, THF)으로 변환한다. THF는 퓨린이나 피리미딘 뉴클레오티드의 생합성, 세린-글리신 대사 등에 관여한다. 또한, 엽산성분인 프테리딘은 테트라하이드로 프테리딘으로서 페닐알라닌 수산화효소 등의 옥시게나제의 보효소이다.

엽산은 장관내 세균에 의해 합성되므로 일반적으로 결핍증을 일으키는 경우는 거의 없다. 그러나, 결핍하면 핵산합성에 장해가 일어나며 거대적아구성 빈혈이 된다. 엽산은 특히 시금치나 간장, 신장에 많으며 또한 버섯, 효모에도 많다. 악성빈혈에 효과가 있다.

우리나라 19세 이상 성인의 엽산 권장섭취량은 남녀 각각 400μgDFE/일이다.

(7) 비오틴(biotin)

물에 녹기 어려우나, 염의 형태가 되면 잘 녹는다. 열, 공기에 대해 불안정하다.

비오틴은 효소단백과 결합하여 pyruvate carboxylase, acetyl CoA carboxylase 등의 보효소 역할을 한다. 비오틴은 계란중의 아비딘(avidin)이라는 당단백과 강하게 결합하여 불활성화된다. 날것으로 흰자를 많이 먹으면 피부의 습진, 권태, 근육통, 식욕부진, 빈혈, 고콜레스테롤혈증 등의 증상이 나타난다. 그러나, 비오틴은 장내세균에 의해 합성되므로 보통은 결핍증상이 일어나지 않는다. 하루 충분 섭취량은 성인남녀 모두 30μg/일 이다.

(8) 비타민 B_{12}(cobalamin)

화학명은 코발아민, 추출한 것은 시안 또는 물과 결합해 있으므로 시아노코발아민 또는 아쿠아 코발아민 이라고 한다. 적색결정으로 물, 알코올에 잘 녹는다. 산, 알칼리에 안정하다. 생체내에서는 시안이나 H_2O대신 5-deoxyadenosine이 결합한 보효소 B_{12}(adenosylcobalamine)으로서 존재한다.

비타민 B_{12} 결핍증은 2차적으로 엽산의 대사장애를 일으켜 거대적아구성 빈혈을 나타낸다. 비타민 B_{12}흡수에는 위점막에 존재하는 당단백질이 필요하며 이것을 내적인자라고 한다(비타민 B_{12}를 외적인자라고 함). 이 때문에 위축성위염이나 위절제를 한 사람에게는 이 내적인자가 결여되어 있으므로 비타민 B_{12}가 흡수되지 않아 비타민 B_{12} 결핍증을 일으키게 된다. 이 경우에는 치료법으로서 비경구적으로 비타민 B_{12}를 투여해야만 한다.

비타민 B_{12}는 악성빈혈에 유효하다. 주로 동물에 존재하나 식물에는 거의 없고, 조개류에 많다. 또한 발효식품에서 약간 검출되며, 이것은 미생물에 의해 합성된 것으로, 사람도 장내세균에 의해 합성이 가능하다. 우리나라 19세 이상 성인의 비타민 B_{12} 권장섭취량은 남녀 각각 2.4 μg/일이다.

(9) 비타민 C(ascorbic acid)

아스코르브산 및 그 산화형인 dehydroascorbic acid 모두 비타민 C의 효과가 있다. 물에 쉽게 녹고 산, 알칼리, 열에 약하다. 수용액 중에서 불안정하며 쉽게 산화되어 분해된다.

사람, 원숭이, guinea pig 이외의 동물은 일반적으로 포도당(D-glucose)으로부터 체내에서 생합성할 수 있다. 아스코르브산은 산화되면 디히드로 아스코르브산이 되며, 이것은 환원되면 다시 아스코르브산으로 돌아올 수 있으나, 이 dehydroascorbic acid에서 2,3-diketogluconic acid으로 산화분해되면 비타민 C 효과가 없어진다.

강한 환원성을 나타내며 다음과 같은 생체내 산화·환원 반응에 관여한다. ① 콜라겐 합성과정에서 프롤린(proline)의 수산화반응에 관여 ② 페닐알라닌, 티로신 대사에 관여 ③ 부신피질 호르몬 생성 등. 비타민 C가 결핍되면 세포간 결합에 필요한 물질인 콜라겐의 합성이 잘 안되며 멍이 잘들고 상처회복이 지연되며 치아가 약해지고 잇몸 출혈을 수반하는 괴혈병을 일으킨다. 티로신 대사 장해로 인해 멜라닌이 생성되어 색소 침착을 일으키기도 하며, 전염병에 대한 저항력도 감퇴한다.

비타민 C는 신선한 과실, 야채에 많으며 그 필요량은 다른 비타민보다 많다. 우리나라

19세 이상 성인의 비타민 C 권장섭취량은 남녀 각각 100mg/일이며, 상한 섭취량은 2,000mg/일이다.

3. 비타민 결핍과 과잉

[표 7-1] 비타민 결핍증

비타민	결핍증	임상 증상
지용성비타민		
비타민 A	각막 건조증 각막 연화증	야맹증, 안구 건조증, 눈의 이차적 감염 ; 시력 상실, 모발광택소실
비타민 D	구루병(유아와 어린이) 골연화증	두개골 연화, 구루성 염증 ; 다리, 척추, 가슴의 기형 ; 때때로 테타니(tetany), 골흡수, 골질의 석회화 부실: 골연화증 골절이 잘 됨: 골다공증
비타민 E	신생아 출혈	적혈구의 용혈, 빈혈, 거대적혈구증
비타민 K		뇌출혈, 출혈 성향 증가 ; 심한 출혈
수용성비타민		
비타민 C	괴혈병	잇몸이 붓고 쉽게 출혈, 치아가 약해짐, 근육쇠약, 식욕감퇴, 피하출혈, 소변의 혈흔, 상처 치유 지연, 빈혈, 숨참
티아민	각기병 (습성 또는 건성)	일반적인 증세 ; 허약, 피로, 다리의 무감각, 습성각기 : 부종(다리, 얼굴, 몸통, 남자의 음낭) ; 가슴통증, 불규칙한 심장 박동, 숨참 건성각기 : 발의 감각 상실, 발과 손목의 수하, 보행 불능
리보플라빈		구각염, 구순염, 설염, 음부염증, 광공포증(photophobia)
나이아신	펠라그라	4D증세 : 피부염, 설사, 천치, 죽음, 태양광선에 노출되는 부위의 피부염, 리보플라빈 결핍과 비슷한 입과 혀의 염증
비타민 B_6		피부염(눈 주위, 코와 입의 가장자리) 설염, 빈혈, 정신불안, 면역체 생성 저하, 거대적혈구성 빈혈(macrocytic anemia), 입과 혀의 염증, 흡수불량, 설사
비타민 B_{12}	악성빈혈	거대적아구성 빈혈(megaloblastic anemia), 설염, 유두위축, 말초신경 퇴화, 창백, 불규칙한 심장박동, 기타 심장장애
판토텐산		피로, 복부경련, 구역질, 기타 위장증세, 손과 발의 감각이상
비오틴		비늘성 피부염, 피로, 우울, 근육통, 식욕감퇴, 구역질, 결막염, 탈모증

[표 7-2] 비타민 과다증

비타민	과다 섭취에 의한 부작용
A	피로, 권태, 두통, 탈모(혹은 손톱과 발톱이 부스러짐), 근육과 뼈의 통증, 뇌부종, 구토, 피부건조, 발열, 간의 확대, 빈혈
D	혈액의 칼슘농도 증가, 식욕감퇴, 구역질, 뼈와 연조직의 석회화, 신장손상, 성장지연
E	두통, 구역질, 피로, 현기증, 시력감퇴, 상피조직의 변화, 비타민 K 결핍 환자에게서 출혈의 위험을 높임
K	메나디온(Menadione)은 비타민 K 활성을 가진 합성물질로서 유아에게서 용혈성 빈혈과 황달을 초래함
C	구역질, 설사 철분의 과다한 흡수(특히 남성의 경우) 임신기간 중 과잉섭취한 여자에게서 출생한 유아의 경우에 괴혈증
나이아신	혈관확장 피부출혈, 가려움, 빠른 심장박동, 간의 손상, 위장 소화기관의 장애, 고혈당증, 혈액요산 증가

8장

영양상태 판정

1. 역사적 자료
2. 임상증상 조사
3. 신체계측
4. 식습관 및 식사 섭취조사
5. 신체 에너지 필요량 조사
6. 생화학 검사

영양상태 판정은 질병 예비군과 질병 고위험군을 판별해내고 군별로 교육 및 치료 방법을 연구하는데 있어서 꼭 필요한 기초 조사 자료이다. 영양 상태는 섭취한 음식이 신체에 어떻게 대사되며 신체를 구성, 유지한 결과 생기는 신체의 영양 상태를 측정하여 파악하는데 정상적인 상태와 영양 불량 상태로 구별할 수 있으며 영양 불량은 영양 결핍, 영양 과잉 등으로 구분한다. 영양 상태의 판정 방법에는 신체진단, 신체계측, 식사 섭취 조사, 생화학적 검사, 신체 기능적 검사를 통한 직접적인 평가 방법과 인구 통계와 같은 간접적인 평가 방법이 있다. 본장에서는 직접적인 영양 상태 판정에 대하여 알아보고자 한다.

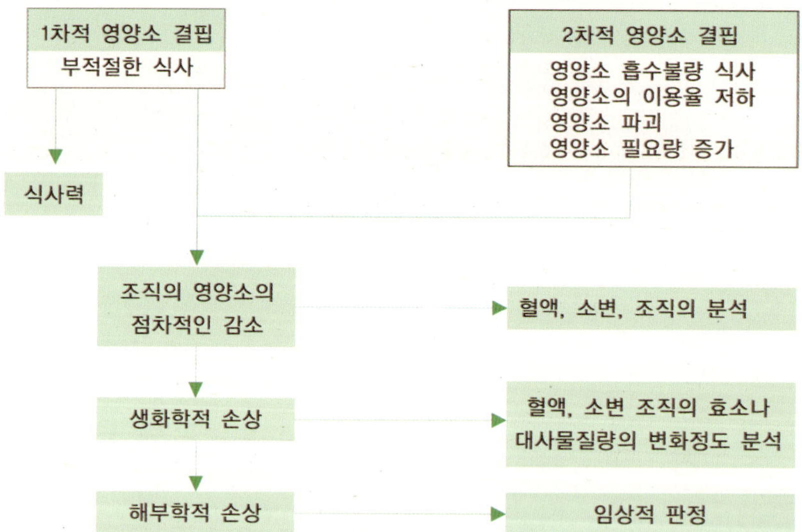

[그림 8-1] 영양부족의 판정 및 방법

영양 불량은 단순히 부적절한 영양소의 섭취뿐만 아니라 불완전한 영양소의 흡수력, 불완전한 영양소의 이용, 영양소의 많은 손실, 체내의 영양소 요구량 증가 등에 의해 일어날 수 있으므로 원인과 상태를 분명히 규명하여 적절한 영양관리가 필요하다[그림 8-1].

영양판정을 하기 위해서는 역사적 자료(historical information)와 4분야에서의 조사 즉 임상

증상 검사(physical examinations), 식사섭취조사(dietary information), 신체계측(anthropometric measurements), 생화학적 검사(biochemical analysis: laboratory test)가 필요하다[그림 8-2].

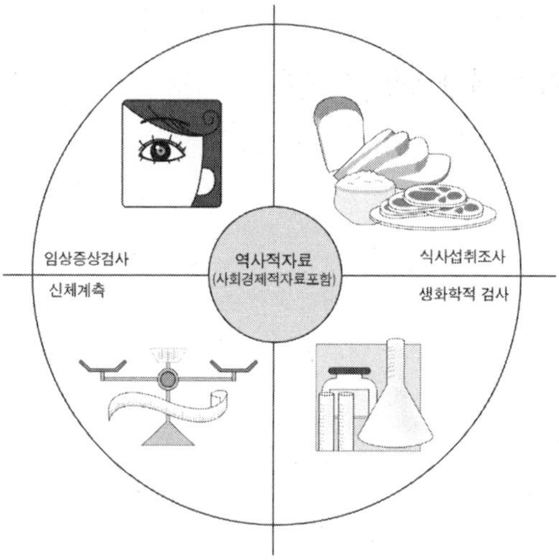

[그림 8-2] 영양판정에 필요한 조사내용

그러나 임상증상은 진단하는 사람에 따라 주관적인 진단이 되므로 어느 정도의 영양상태인가를 정확히 판정하기 위하여는 생화학적 검사의 뒷받침이 필요하다. 또한 특정한 영양소의 결핍은 조직의 변화를 가져와 제기능을 할 수 없는 임상증세를 보인다.

1. 역사적 자료

영양상태 판정의 기본자료인 역사적 자료로는 건강력(health history), 사회경제적 경력(socioeconomic history), 약물복용 경력(drug history), 식사력(diet history) 등이 있다. 건강력은 영양상태에 영향을 주는 건강요인들을 말하며 정신건강을 포함하여 질병의 종류와 유무를 조사한다. 정신건강상태는 식생활 전반에 영향을 주고 있다. 우울, 불안 등은 호르몬에 영향을 주며 이러한 변화는 식욕의 변화, 혈당의 변화, 혈압의 변화 등 많은 영양문제를 일으키게 된다. 또한 질병의 종류와 정도는 영양대사에 영향을 미치므로 영양소 필요량을 정하는 데도 매우 중요하다. 사회경제적 경력은 개인적, 재정적 그리고 환경적인 요소로 음식섭취에 영향을 주는 것을 말한다. 예를 들면 가족관계, 직업, 경제적 상태, 음식섭취에 영향을 주는 환경적 요인 등을 들 수 있다. 약물복용 경력은 영양상태에 영향을 주는 약물이나 영양강화 보충제 등을 말하며 예를 들면 변비약, 혈압 강하제, 인슐린, 스테로이드계 약물 등 치료제의 복용이나 비타민이나 철분제제 등의 영양제 복용 경력을 포함한다. 식사력은 과거의 식사내용, 식사습관, 식행동을 조사하고 식사력에 영향을 주는 생활행동 등을 조사하여 현재의 영양문제를 해결하고자 한다.

2. 임상증상 조사

임상증상 조사는 안색이나 머리에 윤기가 없거나 입가가 부르튼다거나, 잇몸에서 피가 나는 경우 등과 같이 신체에 나타나는 증상을 영양상태 판정에 주로 이용하는데 영양불량인 경우에는 체조직에 변화를 초래하여 특징적인 임상 증상을 동반하는 병적인 상태가 되므로 영양상태를 판정할 수 있다[표8-1].

[표 8-1] 영양상태에 따른 임상 증상

신체부위	건강한 상태	영양불량 상태	결핍 영양소
머리카락	윤기가 있음	숱이 적고 잘 빠짐	단백질, 에너지
목	갑상선이 비대하지 않음	갑상선이 비대	요오드
피부	부드럽고 약간 촉촉하며 피부의 혈색이 좋음	창백 각화증(Keratosis) 박편 피부염(Flaking dermatitis) 색소 침착 변화	엽산, 철분, 비타민A와 B12 비타민A 단백질, 에너지, 나이아신, 리보플라빈 나이아신, 단백질, 에너지
안구	맑고 반짝임. 눈가에 무른 곳이 없고 점막은 물기가 있고 건강한 충혈되지 않은 눈	야맹증 수명, 흔들림, 결막, 충혈	비타민A 리보플라빈 비타민A
구강	혀 : 보기좋은 분홍색이거나 붉은 색, 붓거나 상처난 부위가 없고 표면이 오돌도돌함 잇몸 : 선명한 분홍색으로 붓거나 피가 나지않음	설염 구순구각염(Cheilosis) 미각감퇴증(Hypogeusia) 혀 갈라짐 혀 위축 잇몸 출혈	리보플라빈, 나이아신, 엽산, 비타민12 리보플라빈 아연 나이아신 리보플라빈, 철분, 나이아신 비타민C
손톱	윤기가 있고 연분홍색	스푼형 횡행선	철분 단백질
복부	혹 같은 것이 만져지지 않고 복수가 없음	복부 팽만, 복수, 간비대	단백질, 에너지
팔, 다리	자세가 바르고 팔다리가 곧음. 근육이 잘 발달되었고 단단함	부종 골연화증 관절통 근육쇠약 근육연화, 근육통	단백질, 티아민 비타민D 비타민C 단백질, 에너지, 비타민D 티아민
신경	주의력이 좋고 침착함 반사작용이 정상이고 정서적으로 안정됨	경련(Tetany), 강축증 지각이상(Parasthesias) 반사상실, 팔다리 떨림	칼슘, 마그네슘 티아민
일반외형	키, 나이에 적당한 체중 원기왕성하며 숙면을 취함	마르고 지쳐 보임 식욕부진	에너지 단백질, 에너지

3. 신체계측

영양상태에 따라 신장, 체중, 근육의 크기, 피하지방 상태가 달라지므로 신체 측정은 영양상태 파악에 매우 중요한 방법이며, 오래 전부터 영양상태의 한 척도로 WHO(세계보건기구), 국제 영양학회 등 여러 영양전문기관에서 그 가치가 인정된 간편하고 정확하며 재현성이 높은 평가 방법 중의 하나이다. 영양상태 판정을 위한 측정부위는 [그림 8-3]과 같다.

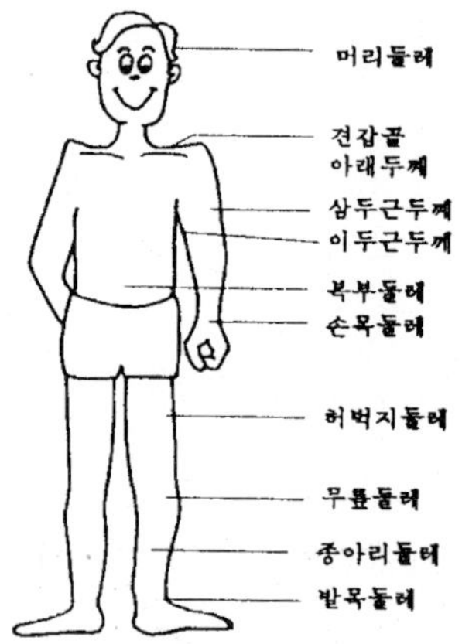

[그림 8-3] 영양상태 판정을 위한 신체계

1) 신장 및 체중

체중과 신장의 측정은 가장 간단하면서도 정확하며 영양상태의 판정에 중요한 자료가 되고 있지만, 기준치 혹은 이상체중을 정하는 것에 대해 많은 논란이 있고 명확한 자료를 구하는 것은 어려운 점이 있다. 우리 나라의 신장 및 체중의 표준치는 부록 1의 소아발육치를 참고하기도 한다. 또한 신장과 체중으로 산출한 지수로 영양상태를 판정하기도 한다.

① 신체중량지수(Body mass index, BMI)는 일반적으로 성인의 영양상태 판정에 많이 사용된다. 판정기준을 보면 19-24세인 경우 바람직한 BMI는 19-24이다. 일반적으로 25-30이상은 경증 비만, 30-35는 중증 비만, 35-40이상은 극심한 비만으로 분류한다.

② 카프 인덱스(Kaup index)는 일반적으로 영유아의 영양상태 판정에 많이 사용된다. 판정기준은 [표 8-2]와 같다.

[표8-2] 카프지수에 의한 체중판정

	영아	유아
체중과 부족	14.5 이하	13.5 이하
체중부족	14.5–16	13.5–15
보통	16–18	15–17
체중과중	18–20	17–18.3
비만	20 이상	18.3 이상

③ 브로카 지수(Broca's index)

$$\text{브로카지수} : \frac{\text{현재체중(kg)}}{\text{표준체중(kg} = \text{신장(cm))} - 100}$$

일본, 한국 등에서는 브로카법을 약간 수정하여 이용하는데 표준 체중범위는 아래와 같다.

브로카변법에 의한 표준체중 산출방법 : 표중체중(kg) = (신장(cm)-100)×0.9

뉴트리앤트로(NutriAnthro) ver1.0 비만도 판정 프로그램(CD)

㈜ 뉴트리젠의 〈뉴트리앤트로〉 비만도 판정 프로그램은 어린이와 성인의 비만도 평가를 위한 프로그램이다. 메인 화면을 클릭하여 생년월일과 이름을 입력하고, 성별을 체크한다. 대상의 나이, 신장, 체중, 복부둘레, 엉덩이둘레에 맞도록 커서를 옮기면 체형의 그림과 함께 비만정도가 나타난다.

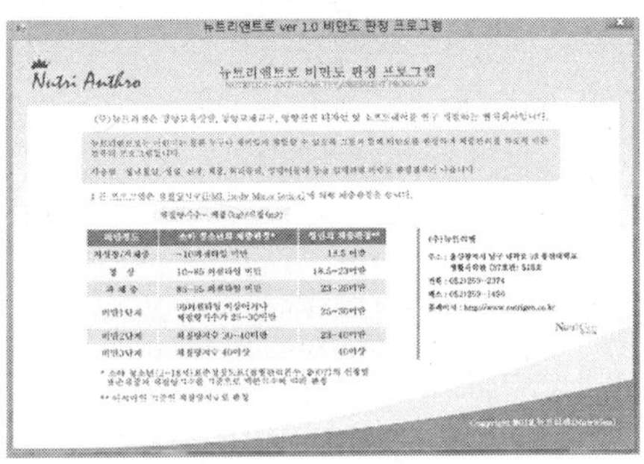

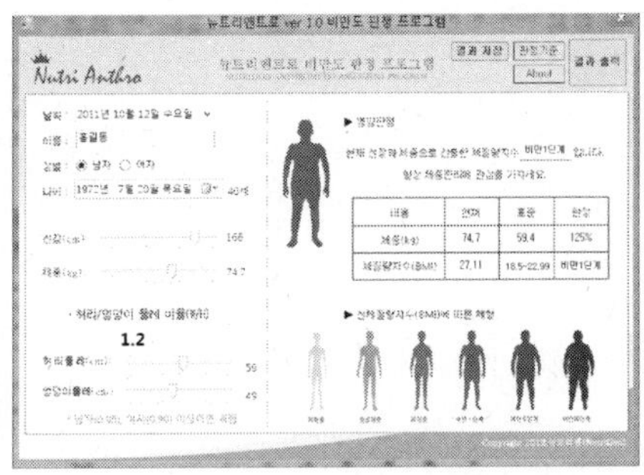

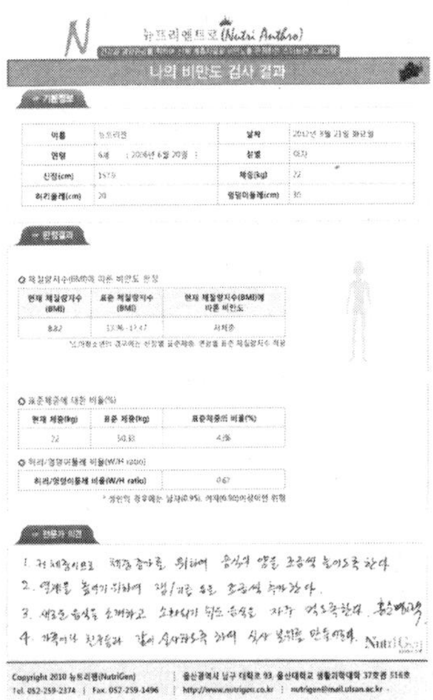

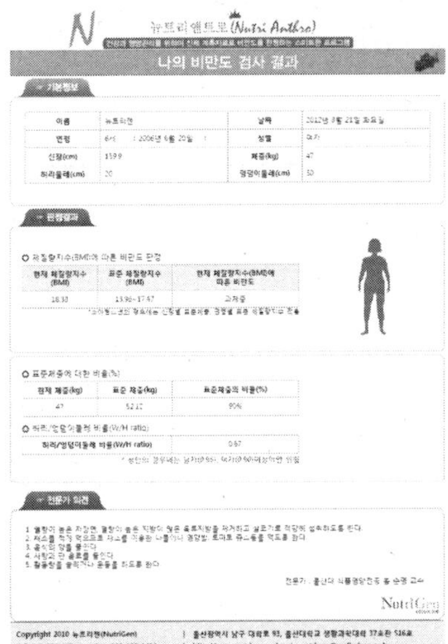

2) 상완위(팔둘레, midarm circumference)

견갑골(scapula)의 견봉돌기(acromion process)부터 주두돌기(olecrenon process)의 중간의 팔둘레를 줄자로 측정한다[그림 8-4]. 상완은 피하지방 조직으로 둘러싸인 근육과 뼈로 되어 있으며 영양상태의 좋은 척도가 된다.

[그림 8-4] 팔둘레 측정방법

3) 피부두겹두께(Skinfold thickness)

피부를 가볍게 집어 올렸을 때 접혀진 피하지방의 두께를 말하는데 체지방, 즉 저장에너지를 측정한다. 측정부위는 삼두근(triceps), 이두근(biceps), 견갑골 아래(subscapular), 장골부위(iliac), 복부(abdominal), 허벅지(thigh)등을 잰다[그림 8-5], [그림8-6]. 여러 부위의 피부 두겹 두께에 따라 체지방을 측정하는데 일반적으로 남자는 체지방이 25% 이상, 여자는 30% 이상이면 비만으로 판정한다.

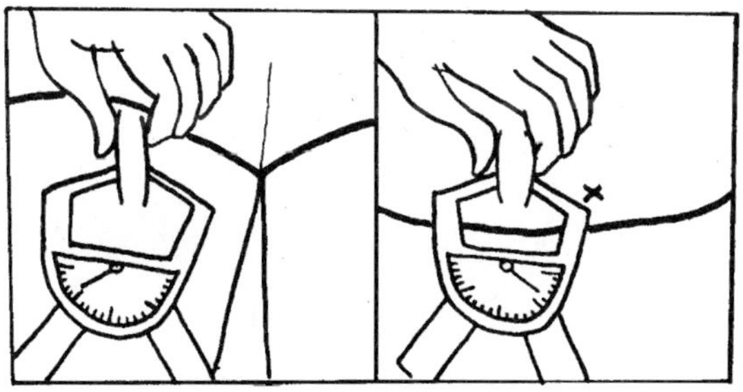

(A) 허벅지(Thigh) (B) 복부(Abdominal)

[그림 8-5] 피부두겹두께 측정 부위

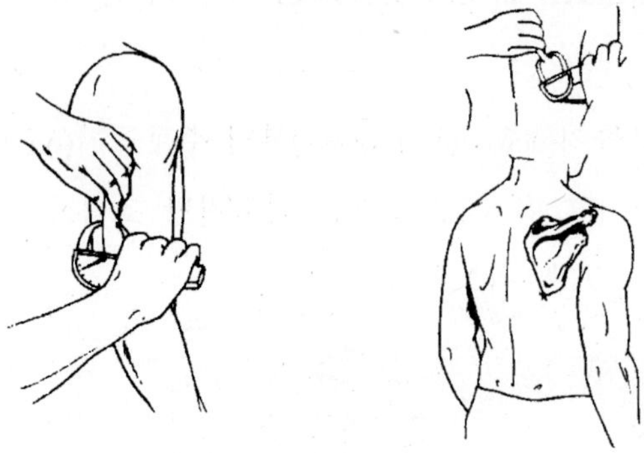

삼두근(Triceps)　　　　견갑골아래(Subscapular)

[그림 8-6] 체지방 측정방법(Caliper 이용)

4) 상완근육둘레(midarm muscle circumference, MAMC)

상완위와 상완의 피부두께로부터 다음 식으로 계산한다.

$$\text{MAMC(cm)} = \text{상완위} - (0.314 \times \text{피부두겹두께(mm)})$$

상완근육둘레는 에너지 섭취의 영양불량 그리고 근육의 양을 아는데 큰 도움이 된다.

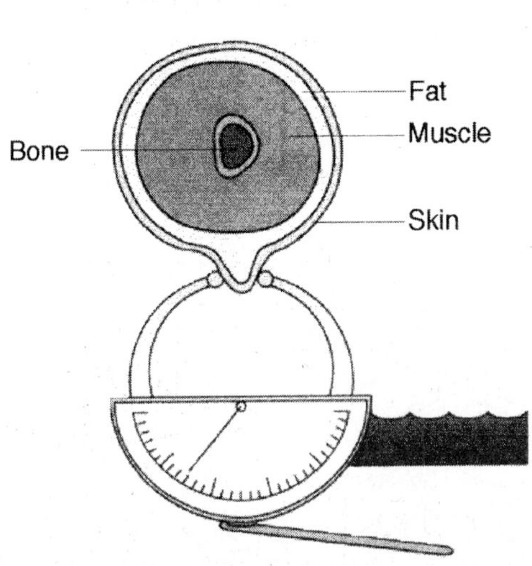

[그림 8-7] 피부두겹두께 측정부위의 체구성(피부, 지방, 근육, 골격)

5) 손목둘레측정(Wrist circumference)

손목둘레와 신장을 측정하여 [표 8-4]에 의해 소, 중, 대로 체격정도(Frame body size)를 판정한다.

[표 8-4] 체격정도 판정치 범위(r)

체격	소	중	대
남자	>10.4	10.4–9.6	<9.6
여자	>10.9	10.0–9.9	<9.9

6) 기타 체지방 측정

수중 체중측정(underwater weighing), 생체 전기저항을 이용한 측정법(bioelectric impedance analyais), 근적외선 측정방법(infrared light interaction), 전기 전도도를 이용한 측정법(total body electroconductivity)등을 이용하여 체지방을 측정한다. 수중 체중측정은 물 속에서 지방의 비중이 낮기 때문에 이 차이를 이용하여 체지방을 산출한다. 생체 전기저항은 저에너지 전류를 이용하여 신체에 지방이 많을수록 전류의 저항을 받게 되므로 이를 이용하여 체지방을 측정한다. 신체지방량이 남자는 체중의 25%를 여자는 체중의 30% 이상일 때를 비만이라고 한다. 생체저항을 이용하여 간편하게 체지방을 측정할 수 있는 기기들도 많이 개발되어 있다[그림 8-8], [그림 8-9].

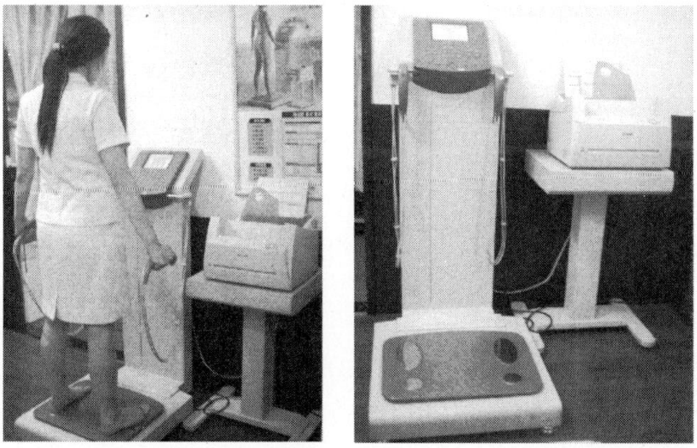

[그림 8-8] 생체저항을 이용한 체지방 측정

체지방이 신체에 분포되어 있는 상태에 따라 남성형(android, 상체비만)과 여성형(gynoid, 하체비만)으로 나누고 있다. 또한 허리와 엉덩이(waist-to-hip)비율이 남성의 경우 0.95, 여성의 경우 0.8 이상이 되면 비만으로 심혈관질환, 고혈압, 당뇨병의 위험도가 높아진다[그림 8-10].

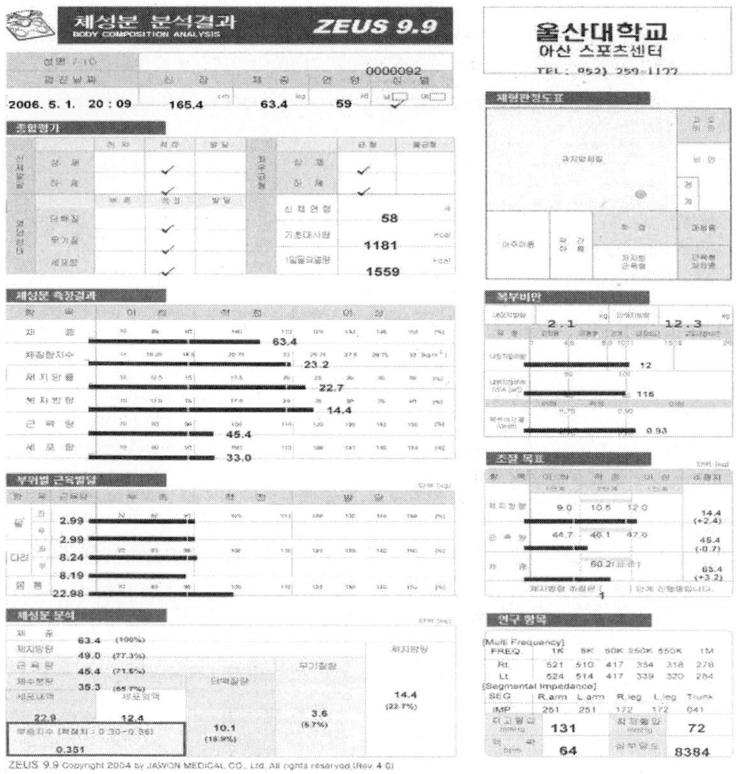
체성분 분석결과
BODY COMPOSITION ANALYSIS
ZEUS 9.9
울산대학교
아산 스포츠센터
2006. 5. 1. 20 : 09
165.4
63.4
59
종합평가
체성분 측정결과
부위별 근육발달
체성분 분석
체형판정도표
복부비만
조절 목표
연구 항목
ZEUS 9.9 Copyright 2004 by JAWON MEDICAL CO., Ltd. All rights reserved.

[그림 8-9] 생체저항을 이용한 간편한 체지방 측정법과 출력 결과지 예시

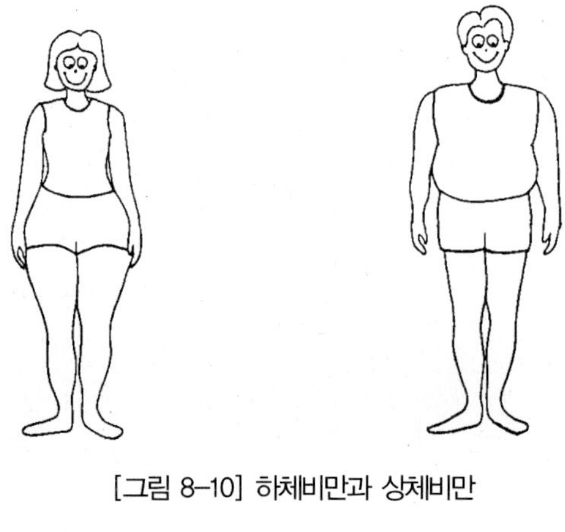

[그림 8-10] 하체비만과 상체비만

4. 식습관 및 식사 섭취조사

1) 식습관 조사

식사의 습관을 조사하는 것으로 아침, 점심, 저녁, 간식 등의 섭취 상태, 기호 식품, 섭취 장소, 섭취 빈도, 식품군별 섭취내용 등 식사와 관계된 습관을 조사하는 것으로 식사 태도나 문제성 등을 판정하도록 한다. [표 8-5]은 식습관조사표 보기로 1주일간의 식습관을 표시하여 총점에 따라 식습관의 정도를 판정하는 방법이다. [표 8-6]는 식습관 자가진단표로 각 항목에서 3번에 해당하는 것이 가장 바람직하므로 현 상태에서 1번이나 2번에 답하게 되는 항목에 대하여는 3번의 상태가 되도록 영양상담을 하도록 한다.

[표 8-5] 식습관 조사표 보기

연령 :　　세,　　성별 :

식 습 관	1주간의 섭취 일수 (해당란에 체그함)		
1. 아침은 매일 규칙적으로 먹는가?	0~2일	3~5일	6~7일
2. 식사는 언제나 적당한 양을 먹는가?			
3. 식사를 할 때는 식품 배합을 생각해서 먹는가?			
4. 당근, 시금치 등의 녹황색 채소를 매일 먹는가?			
5. 과일을 매일 먹는가?			
6. 채소류는 매일 먹는가?			
7. 1일 2끼 정도는 고기, 생선, 달걀, 콩제품 중의 어느 것인가를 먹고 있는가?			
8. 우유는 매일 마시는가?			
9. 미역, 생미역, 김 등의 해조류를 매일 먹는가?			
10. 기름을 넣어서 조리한 음식을 매일 먹는가?			

보고자의 신장:______ cm　체중:______ kg

체점기준	
0~2일	0점
3~5일	0.5점
6~7일	1점

총점평가	
9~10	대단히 좋다
7~8	좋다
5~6	조금 나쁘다
5 미만	나쁘다

각 항목에 대하여 1, 2, 3번 중 하나를 택하고 16개 전 항목에서 택한 번호를 합하여 점수를 계산하십시오.

[표 8-6] 식습관 자가 진단표

항목	1	2	3
1. 식사는 늘 배가 부르도록 먹습니까?	만복이 될 때까지 먹는 일이 많다.	많이 먹을 때도, 적게 먹을 때도 있다.	항상 8부 정도를 먹는다.
2. 식사 시에는 식품의 배합을 생각하여 먹습니까?	별로 관심이 없이 먹는다.	때로 배합을 생각하여 먹는다.	항상 균형을 생각하며 먹는다.
3. 잡곡밥	주 1회 이하 먹는다.	주 2~3회 정도	거의 매일
4. 녹황색 채소	주 2회 이하 먹는다.	주 3~4회 정도	거의 매일
5. 과일	주 2회 이하 먹는다.	주 3~4회 정도	거의 매일
6. 두부 및 콩제품	주 2회 이하 먹는다.	주 3~4회 정도	거의 매일
7. 생선	주 1회 이하 먹는다.	주 2~3회 정도	주 4회 정도
8. 해조류(미역, 김 등)	주 1회 이하 먹는다.	주 2~3회 정도	주 4회 이상
9. 육류요리(쇠고기, 돼지고기, 닭고기)	좋아하며 거의 매일 먹는다.	싫어하며 거의 먹지 않는다.	주 1~2회 먹거나 매일 먹어도 소량 먹는다.
10. 우유나 요구르트	거의 안 마신다.	주 2~3회 정도 마신다.	거의 매일 마신다.
11. 난류(달걀, 메추리알)	주 4회 이하 먹는다.	주 2~3회 정도	주 1~2회 이하
12. 튀김, 전(부침)류	주 4회 이하 먹는다.	주 2~3회 정도	주 1~2회 이하
13. 새우, 오징어, 소라 등	주 4회 이하 먹는다.	주 2~3회 정도	주 1회 이하
14. 라면, 인스턴트 식품	주 4회 이하 먹는다.	주 2~3회 정도	주 1회 이하
15. 술	좋아하며 주 4회 이상이며 주량도 많다.	주 2~3회 정도이나 한번에 많이 마시는 편이다.	주 1~2회나 그 이하 매일 마셔도 소량 마신다.
16. 음식의 간은 어느 정도로 합니까?	짜게 먹는 편이다.	보통으로 먹는다.	싱겁게 먹는다.

총 점		평 가	

*만점 : 48점, 평가 : 40점 이상 ; 좋음, 30~39점 ; 보통, 29점 이하 ; 나쁨

자료 : 고지혈증 치료지침 1996.
출처 : 장유경 등, 1998.

2) 식사 섭취량 조사(dietary survey)

식사조사는 식품섭취에 대한 조사를 말하며 신체 진단, 생화학적 검사 내용을 뒷받침해주고 영양상태와 관련된 식습관을 관찰할 수 있다.

(1) 회상법

조사대상이 조사 전 24시간 동안에 섭취한 식품의 종류와 양을 기억해 내는 기록법을 24시간 회상법(24 hours recall method)이라고 한다. 기록은 1일의 식사내용을 음식명과 재료명과 중량(g)을 [표 8-7]와 같이 자세히 기록하면 컴퓨터 프로그램에 의해서 열량 및 영양소의 분석과 권장량에 대한 비율을 산출할 수 있다.

(2) 평량법

3~7일(보통 3일간) 간에 걸쳐서 조리하기 직전의 원래 식품을 평량하고 섭취한 식품의 종류와 양을 식품군별로 집계하고 다시 식품 성분표를 사용하여 영양소의 양을 산출하는 것을 평량법(weighing method)이라고 한다. 평량법은 가구(household) 단위로 조사하는 것이 보통이다. 한국의 국민영양조사(national nutrition survey)에서는 이 방법을 사용한다.

(3) 식사 기록법

음식물의 섭취를 3~7일간 일기식으로 기록하는 방법을 식사 기록법(Diet record method)이라고 한다. 이 방법은 먹는 음식의 종류와 양을 정확하게 기록해야 하므로 식품에 대한 어느 정도의 지식이 필요하다.

(4) 간이 조사법

조사 대상자가 섭취한 식품을 기억하기 어렵거나, 많은 사람을 조사하는 경우 일정한 형식을 만들어 기입하는 형식으로 조사된 내용을 분석하여 영양섭취량을 산출하는데 우리 나라에서는 문수재가 개발한 간이조사법이 사용되고 있다 <부록 3 참조>.

어제 섭취한 음식과 간식을 <보기>와 같이 섭취량을 자세하게 적어보세요.
가능한 한 <보기>와 같이 정확하게 적어주셔야 정확한 분석이 나옵니다.
섭취분량은 껍질, 가시, 먹지 않고 남긴 부분을 빼고 실제 먹은 양만 적으십시오.

[표 8-7] 1일 식사 섭취량 조사의 예

시간	음식이름	재료이름	섭취분량	중량(g)	섭취장소
아침 7시30분	우유	우유	1컵	200	집
	토스트	식빵	2쪽	70	
		딸기잼	2찻숟가락	10	
	달걀후라이	달걀	1개	50	
		식용유	약간	5	
	과일	사과	중간크기1/2개	100	
간식 10시30분	과자	크렉카	5개	20	학교매점
	야쿠르트	야쿠르트	1개	70	
점심 12시00분	보리밥	보리밥	1공기	210	학교 (도시락)
	배추김치	배추김치	5점정도	40	
	김구이	김구이	작은것 8장	2	
	동그랑땡구이	동그랑땡 : 돼지고기	3㎝크기 5개	100	
		양파		30	
	멸치볶음	멸치볶음	1큰술정도	10	
간식 3시00분	아이스크림	아이스크림	1개	100	학교매점
저녁 7시 20분	쌀밥	쌀밥	1공기	210	집
	소고기무국	쇠고기무국	1대접		
		쇠고기		20	
		무		10	
		파		5	
	갈치구이	칼치	1토막	50	
	버섯볶음	버섯볶음	3큰술정도		
		느타리버섯		40	
		양파		20	
		피망		10	
		당근		20	
	콩나물무침	콩나물	1접시(소)	70	
	배추김치	배추김치	1접시	40	
밤참 10시10분	참외	참외	중간크기 1/4개	70	집

(5) 식품섭취 빈도조사

전반적인 식품의 조사부터 특정 영양소를 조사하기 위해 특정 식품을 선택하여 1일, 1주, 혹은 1년간 일정기간 동안 섭취한 식품의 빈도를 조사하는 방법(food frequency)이다.

3) 영양소 분석

식사섭취 조사에서 기록된 식품과 중량을 식품 분석표에 의거하여 분석한다. 각 개인의 적정 영양소 필요량에 적합한가를 판정하여 영양섭취의 적정여부를 판정한다. 최근에는 컴퓨터의 보급으로 분석 프로그램이 개발되어 신속히 분석되고 있으며, 인터넷 메뉴, 식단의 영양평가와 영양상담 프로그램으로는 식약처의 영양산출프로그램이 있으며 뉴트리소닉(NutriSonic)과 주식회사 뉴트리젠의 뉴트리웹(NutriWeb) 프로그램 등이 있으며, 어플리케이션 프로그램으로 식약처의 <칼로리코디>프로그램 등도 개발되었다.

(1) 영양산출프로그램 (식품의약품안전처)

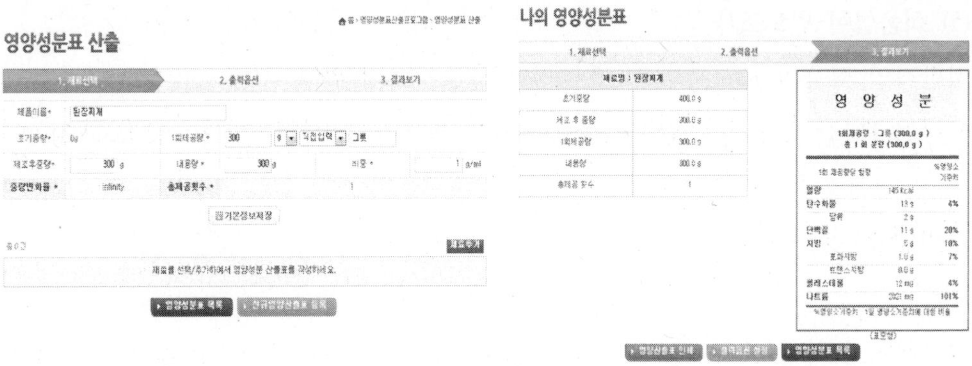

식품의약품안전처에서는 가공식품 뿐만 아니라 , 외식음식 등 식품재료와 조리 후 중량 등을 입력하여 영양표시를 할 수 있도록 영양산출프로그램을 제공하고 있다 (http://www.foodnara.go.kr/kisna/index.do).

사용자는 본 프로그램에 적용된 식품성분 데이터베이스를 선택하거나, 사용자가 보유하고 있는 특정식품성분 데이터베이스를 직접 입력하여 영양표시를 하고자 하는 제품의 최종 영양소 평균 함량을 추정하고, 영양표시용 '영양성분표'를 출력할 수 있다. 또한 사용자가 입력한 제품정보는 저장하였다가, 프로그램에서 다시 추가/삭제/변경 등이 가능하다.

(2) **뉴트리소닉** (NutriSonic, http://nutrition.ulsan.ac.kr/nutrisonic)

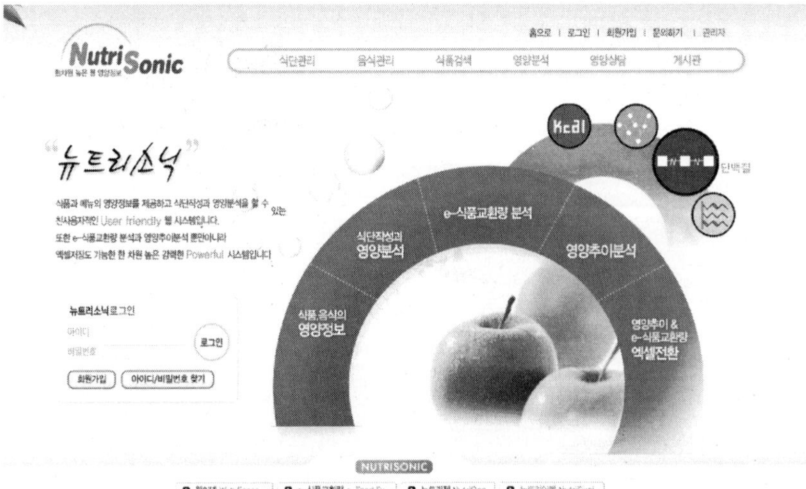

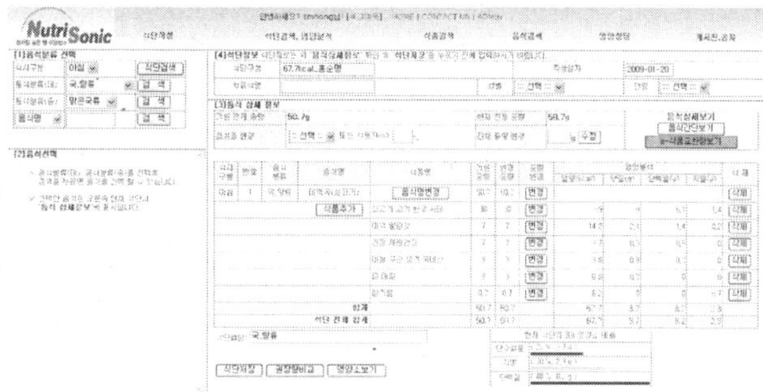

울산대학교의 뉴트리소닉을 이용하여 식단작성과 영양분석을 통하여 영양판정을 할 수 있으며 <e-식품교환량>을 산출할 수있다. 또한 영양진단과 영양교육상담을 제공하고 있다.

(3) NutriWeb(**뉴트리웹**)

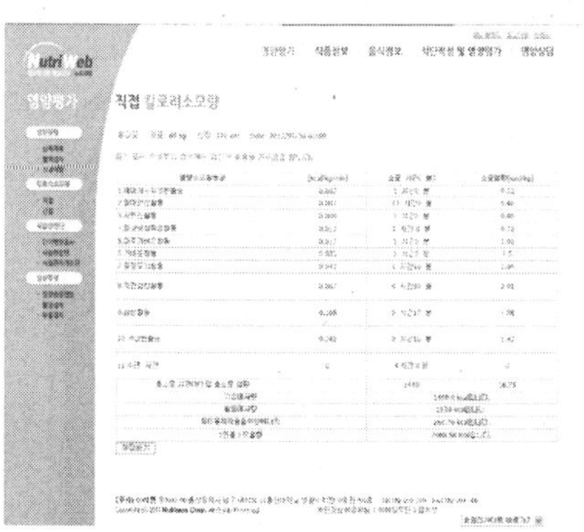

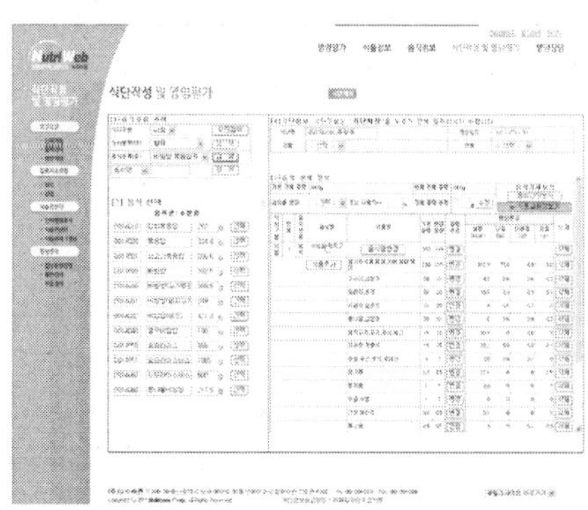

NutriWeb (뉴트리웹) : 웹 영양평가 및 영양상담 시스템은 현대인들이 영양섭취 과잉 및 불균형과 운동량 부족, 식생활 환경 변화로 비만, 당뇨병, 심혈관질환 등이 증가하고 영양 불균형이 심각하여 사회·경제적 비용 부담이 크므로 체계적으로 질환별 영양교육 상담을 지원하고 대상자와 관련정보를 데이터베이스화 및 온라인화한 시스템이다 . 웹 영양평가 및 영양상담 시스템은 고객의 일반사항, 신체계측, 칼로리소모량, 식사섭취 상태, 임상증상, 생화학적 자료에 의한 영양평가와 영양상담(처방)을 제공한다.

(http://nutrition.ulsan.ac.kr/nutriweb)

(4) 칼로리 코디 어플리케이션 프로그램

식품의약품안전처에서 직접 개발한 전국민 건강 관리 프로그램으로 칼로리 코디는 본인의 신체 정보(성별, 나이, 키, 몸무게)를 입력하고, 섭취한 음식 DB를 기록, 본인이 섭취한 칼로리 및 5대 영양소 정보를 확인할 수 있는 건강관리 어플리케이션이다.

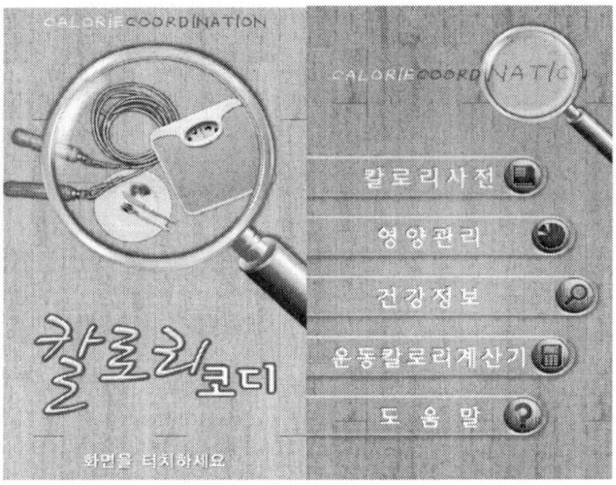

* 메인 메뉴는 총 5개 (칼로리사전, 영양관리, 건강정보, 운동 칼로리 계산기, 도움말)
칼로리 사전과 영양관리 화면입니다. 평소 먹는 음식이 목록으로 보인다.
이곳에서 식사한 목록을 클릭하면 섭취한 식사로 입력할 수 있다.
개인의 정보를 입력하면 더욱 자세히 확인할 수 있다.

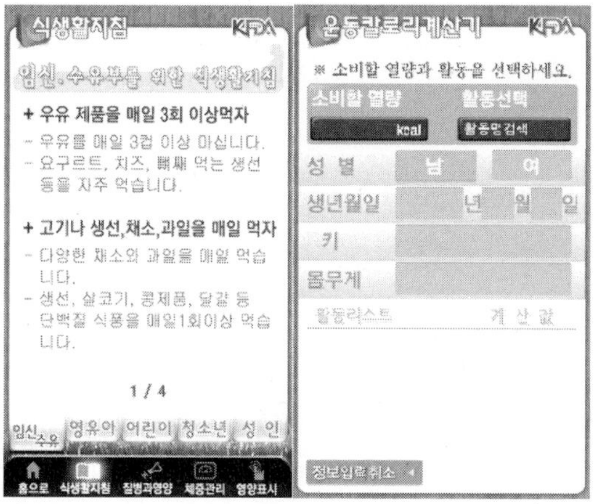

* '칼로리 코디(식품)' 애플리케이션은 안드로이드마켓(android market)과 애플스토어 (App Store)에서 '칼로리 코디'로 검색하여 다운받을 수 있다

5. 신체 에너지 필요량 조사

식사섭취 조사에 의한 열량 및 영양소 섭취량이 신체에너지 필요량에 충족되는지를 판정하기 위하여 에너지 소비량을 조사하는 것이 필요하다. 열량이 소비되는 것은 기초대사(basal metabolism), 활동대사, 성장을 위해 일어나는 체조직구성, 체온조절, 배설 및 분비과정, 육체적, 심리적 긴장, 그리고 임신 및 수유 등의 여러 가지 과정을 통해서 이다. 식품의 특이동적 작용(specific dynamic action of food)도 또한 열량소모에 영향을 주는 중요한 요소가 된다. 열량대사의 평형을 이루기 위해서는 식품에서 얻는 열량과 소모된 열량의 균형이 이루어져야 한다.

신체의 에너지 필요량은 기초대사량, 활동대사, 식품의 특이동적 작용에 필요한 에너지 등이 포함된다.

1) 기초대사량(basal metabolism)

기초대사량이란 신체 내에서 생명현상을 유지하기 위하여 무의식적으로 일어나는 불수의적 활동의 대사작용에 필요한 열량을 말한다. 즉 근육의 활동, 소화작용, 식품의 특이동작 작용을 제외하고 오로지 생명체의 기본활동인 심장 근육의 활동, 혈액순환작용의 계속성, 호흡작용, 신장기능의 작용, 간의 활동, 기타세포의 계속적인 대사작용, 특히 근육긴장의 유지, 내분비선 등에 필요한 열량 등을 말한다.

2) 활동대사(energy expended for physical activity)

1일 총 소모열량 중 육체적 또는 근육의 활동에 의해 하루에 소모되는 총 열량은 대부분의 사람에게 있어서 그렇게 큰 영향을 미치지 않는다. 보편적인 사람들에게는 1일 활동에 의한 열량소모는 총 소모열량의 약 30% 정도밖에 차지하지 않기 때문이다. 그러나 기초대사율과 달리 활동대사율은 활동량에 따라서 증감을 나타낼 수 있다.

[표 8-8] 각종 활동 강도에 따른 열량 소모량

열량소모활동군	활 동 상 태	kcal/kg/min
0. 수면(기초 대사량 수준에서 활동에 의한 열량 소모량을 더해 줄 필요가 없음)		
1. 깨어서 누워있는 정도의 활동		0.002
2. 앉아있는 활동	편안히 앉아있는 상태, 소리내어 책을 읽는 상태, 바느질하기, 글을 쓰는 상태, 먹는 상태, 공부하는 상태	0.007
3. 서있는 활동		0.008
4. 일상생활 작업활동	옷 입기, 옷 벗기, 세면, 목욕, 면도 등	0.012
5. 아주 가벼운 활동	자동차 운전, 부엌에서의 가사노동, 다림질, 세탁기에서 빨래하기, 타이프를 치는 상태, 실외에서 천천히 걷는 상태, 직장에서 앉아서 일을 하는 상태, 손빨래하기(가벼운 세탁물을 세탁하는 경우), 그림을 그리거나 가구의 페인트칠하기	0.017
6. 가벼운 활동	구두닦기, 중경도의 속도로 피아노 치기, 카펫을 청소하는 경우(청소기를 이용), 실외에서 중정도의 속도로 걷는 경우	0.025
7. 중정도의 활동	중경도의 속도로 자전거를 타는 경우, 골프나 야구 등의 운동을 하는 경우, 목공일, 춤을 추는 경우, 청소하는 경우, 약간 빠른 속도로 걷는 경우(3~3.5mph)	0.042
8. 약간 심한 활동	빠른 춤을 추는 경우, 말타기(말이 걷는 정도의 속도로), 탁구 치기, 스케이트 타기, 급히 걷는 경우	0.067
9. 심한 활동	나무 판자를 톱질하기, 테니스, 뛰는 말타기, 계단 오르고 내리기, 뛰기	0.108
10. 극심한 활동	권투, foot ball, 레슬링 등의 운동, 배를 저으면서 타기(중간속도), 수영, 달리기	0.142

[표 8-8]은 각종 활동의 강도에 따른 열량의 소모상태를 유사한 것끼리 묶어서 정리한 표이다. 우리가 소비하는 에너지가 활동량에 따라 어느 정도 소비되는가를 관찰하기 위해서는 24시간 동안의 활동량을 기록 관찰하여 [표 8-9]에 제시한 대로 정리하여 보면 활동에 의한 1일 열량대사율을 간접적으로 산출할 수 있다.

[표 8-9] 24시간의 활동량 기록표

때	시 간	활 동	열량 소모 활동군										
			0	1	2	3	4	5	6	7	8	9	10
오전	5:40	기상											
	5:40~6:10	세수, 양치질, 머리감기					30						
	6:10~6:20	아침식사			10								
	6:20~6:40	머리손질, 옷 갈아입기					20						
	6:40~6:45	걷 기							5				
	6:45~7:00	버스타기(서서)				15							
	7:00~7:10	걷 기							10				
	7:10~7:15	계단 오르기										5	
	7:15~8:40	공 부(도서관)			85								
	8:40~8:50	계단 내려오기										10	
	8:50~9:00	걷 기							10				
	9:00~10:50	수 업			110								
	10:50~11:00	계단 내려가기										10	
	11:00~11:25	수 업			25								
	11:25~11:30	걷 기							5				
	11:30~11:50	점심식사			20								
	11:50~12:00	걷 기							10				
오후	12:00~2:00	서서 실습 수업						120					
	2:00~2:10	걷 기							10				
	2:10~2:20	계단 오르기										10	
	2:20~2:30	걷 기							10				
	2:30~3:00	앉아서 친구와 대화			30								
	3:00~4:15	공 부			75								
	4:15~4:25	걷 기							10				
	4:25~6:00	수 업			95								
	6:00~6:10	걷 기							10				
	6:10~6:15	계단 오르기										5	
	6:15~8:20	공 부			125								
	8:20~8:30	계단 오르기										10	
	8:30~8:40	걷 기							10				
	8:40~9:00	버스타기(서서)				20							
	9:00~9:10	걷 기							10				
	9:10~9:20	씻기, 세수					10						
	9:20~9:40	저녁식사			20								
	9:40~10:00	양치질, 잠옷 갈아입기					20						
	10:00	취침											
합 계					595	35	80	120	100			50	

3) 식품의 특이동적 대사(specific dynamic action of food)

식품이 체내에서 대사될 때 역시 열량 대사를 자극하게 된다. 우리가 식품을 섭취하였을 때 식품이 지니고 있는 생리적 열량가를 완전히 공급받는 것이 아니라, 일부는 식품자체의 대사과정에 이용되고 있다. 이것은 식품이 소화되어 흡수된후 완전히 연소되는 과정이 또한 에너지를 필요로 하는 과정이기 때문에 일어난다. 이러한 현상을 식품의 특이동적 에너지(specific dynamic action of food, SDA 또는 deitary thermogenesis) 라고 한다. 이 식품의 특이동적 작용은 식품의 질에 따라서 차이가 있다. 보통 균형된 식사를 할 때 식품의 특이동적 작용에서 오는 열량의 상승은 총 섭취열량의 약 10% 이내로 보고 있다.

4) 1일 총 에너지 소요량 계산

기본적으로 필요한 것은 기초대사량, 총 활동대사량, 그리고 식품의 특이동적 작용의 세 요소에 준하여 산출한다.

간단하게 1일 총 에너지 소요량을 산출하여 보고자 할 때 다음의 방법으로 산출할 수 있다.

① 체중을 사용하여 24시간에 소모된 기초 대사량을 계산한다.

② 하루 동안의 여러 가지 활동 상태를 일일이 기록하여 둔다. 즉 기상시간부터 시작하여 취침시까지 그리고 수면시간도 기록한다. [표 8-10]에 표시한 것 같은 활동기록을 기준으로 24시간 동안의 총 활동대사량을 계산한다.

[표 8-10] 1일 에너지 소모량의 측정

연령 20 세　　　　이름 ______

신장 158 cm　　　　날짜 ______

현재의 체중 51 kg

이상적인 체중 51 kg

A. 기초대사량
남자 1.0kcal × ____ kg×24시간
여자 0.9kcal × 51 kg×24시간　　= 1,101.6kcal : 기초 대사량(A)

B. 활동 대사에 의한 열량 소모량

열량 소모활동군			소모시간(분)		소모열량(kcal/kg)
0. 수 면	기초대사 수준	×	460	=	(A에 포함) 0
1. 깨어서 누워있는 정도의 활동	0.002	×	0	=	0
2. 앉아있는 활동	0.007	×	595	=	4.165
3. 서있는 활동	0.008	×	35	=	0.28
4. 일상생활 작업활동	0.012	×	80	=	0.96
5. 아주 가벼운 활동	0.017	×	120	=	2.04
6. 가벼운 활동	0.025	×	100	=	2.5
7. 중정도의 활동	0.042	×		=	
8. 약간 심한 활동	0.067	×		=	
9. 심한 활동	0.108	×	50	=	5.4
10. 극심한 활동	0.142	×		=	
	합계		1440분 (24시간에 해당됨)		15.345 kcal/kg/24시간

총열량 : kcal/kg/24시간×체중(kg) = 782.60kcal(활동을 위한 열량) (B)

C와D; 특이동적 작용(sda)을 위한 허용량
C; BMR(kcal)(A) + 활동량 kcal(B) = 1,884.2 kcal (C)
D; C(기초 대사량 + 활동 대사 열량)의 10% = 188.4kcal (D) ; SDA
E; C+D: 1日 총 에너지 소모량 = 2,072.6kcal

6. 생화학 검사

영양상태 평가 중 신뢰도가 높은 방법이나 대상자의 혈액이나 소변을 채취하기가 힘들다. 혈액이나 소변 내 영양소 성분의 함유량을 측정하거나 체내 영양소 상태에 영향을 받는 효소, 대사물질 및 호르몬 등을 조사하여 영양상태를 판정하나 이러한 신체성분의 변화는 비교적 늦게 나타나는 문제점이 있다. 주로 혈액은 체내 혈당, 단백질 및 비타민, 빈혈 등을 평가하고 소변으로는 수용성 비타민, 단백질 등의 영양상태를 평가하게 된다. 최근에는 생화학적 검사를 위한 간편한 혈액 분석 기기들이 개발되어 스스로 영양관리를 하는데 많은 도움을 주고 있다. 혈당을 측정하는 기기로 당뇨환자들의 자가혈당을 측정하여 혈당조절에 도움을 줄 수 있다. [표 8-11]은 영양상태 판정에 사용하는 생화학적 분석항목과 참고치의 범위를 나타내고 있는데 검사방법에 따라 참고치의 범위가 약간 달라질 수 있다.

[표 8-11] 영양상태 판정에 사용하는 생화학적 분석 방법 및 참고치 범위

영양소/분석항목	참고치 범위
탄수화물	
혈중 포도당	70–110mg/dℓ(fasting)
단백질	
혈청 단백질	6–8g/dℓ
혈청 알부민	3.3–5.3g/dℓ(총단백질의 45–55%)
혈청 트랜스페린	180–260mg/dℓ
혈청 레티놀결합단백질	30–45μg/mℓ
크레아티닌/신장비	95%
질소밸런스	0–3g
소변내의 크레아티닌	1.2–2.0g/24시간 소변
지방	
혈청 콜레스테롤	120–270mg/dℓ
혈청 중성지방	44–166mg/dℓ
혈청 HDL-콜레스테롤	(남)30–65mg/dℓ, (여)35–80mg/dℓ
철분	
헤모글로빈	(남)14–18g/dℓ, (여)12–16g/dℓ
헤마토크리트	(남)40–54%, (여)37–47%
혈청 트렌스페린	200–400mg/dℓ
혈청 철분	70μ g/dℓ 이상
총철결합능력(TIBC)	150–336μ g/dℓ(18–59% 포화도)
혈청 페리틴	(남)20–300ng/mℓ,(여)20–120ng/mℓ
비타민 A	
혈청 카로틴	40μ g/dℓ 이상
혈청 레틴올	20–80μ g/dℓ
혈청 레틴올 결합단백질	37.2μ g/dℓ
비타민 D	14–42pg/mℓ
혈청 1,25-OH cholecalciferol	30–115 unit/L
혈청 ALP(alkaline phosphatase)	

비타민k	14-42pg/mℓ
혈액응고시간측정(prothrombin time test)	30-115 unit/L
비타민E	
혈장 알파-토코페롤	11-16초(기준치의 70-110%)
적혈구 용혈 검사	
비타민B1	5.5-17.0mg/L
적혈구내의 transketolase 활성도	
나이아신	
소변내 N'-methyl nicotineamide	15
비타민C	
혈중 아스코르브산	0.6μ g/g creatinine
	0.2mg/dℓ이상

장기의 기능검사	참고치 범위
간장	
혈청단백질/알부민 비	1.2-1.8
혈청 빌리루빈	0.15-1.0 mg/dℓ
ALP(SGPT)	(남)8-30 units/mℓ,(여)8-28 units/mℓ
ALP(SGOT)	(남)8-30 units/mℓ,(여)8-28 units/mℓ
A/G ratio	1.2-1.8
신장	
혈중비단백질소(BUN)	5-25 mg/dℓ
혈중 크레아티닌	0.6-1.5 mg/dℓ
혈중 요산	2.5-7.5 mg/dℓ
혈중 인	2.5-4 mg/dℓ
혈청 단백질/알부민 비	1.2-1.5
심장	
CK(CPK)	20-134 I.U./L
LD(LDH)	(남)52-127 I.U./L, (여)49-140 I.U./L
AST(SGOT)	(남)8-30units/mℓ,(여)8-28units/mℓ
혈중 Cholesterol	150-220 mg/dℓ
갑상선	
혈중 T4	4.8-13.2 μg/dℓ
혈중 PBI(protein-bound iodine)	3.6-8.8
내분비선	
Insulin	5-25μg
Glucagon	25-250pg/mℓ
Hemoglobin A_1C	3-4%

9장

한국인 영양소 섭취기준과 식단작성

1. 2015 한국인 영양소 섭취기준의 필요성
2. 2015 한국인 영양소 섭취기준의 구성
3. 2015 한국인 영양소 섭취기준 요약표
4. 영양성분 기준치와 영양 표시제
5. 영양소 섭취기준 활용
6. 식품교환표 활용 식단 작성법

영양소 섭취기준(dietary reference intakes, DRIs)은 건강한 개인 및 집단이 건강증진 및 생활습관 관련 질환을 예방하고 최적의 건강상태를 유지하기 위해 권장하는 에너지 및 각 영양소 섭취량에 대한 기준이다. 영양소 섭취기준의 설정 목적은 영양소 섭취부족과 과다섭취로 인한 건강위해를 예방하는 것이며, 영양소 섭취부족을 피하기 위한 목적으로 세워진 기준인 평균필요량(estimated average requirement, EAR), 권장섭취량(recommended nutrient intake, RNI) 및 충분섭취량(adequate intake, AI)과 과다섭취로 인한 건강위해를 피하기 위한 목적인 상한섭취량(tolerable upper intake level, UL)으로 구성되어 있다.

1. 2015 한국인 영양소 섭취기준의 필요성

한국인 영양소 섭취기준은 우리 국민들을 대상으로 식생활로 인해 발생할 수 있는 건강 문제를 예방하기 위해 설정하는 각 영양소의 섭취기준이므로, 우리나라에서 수행하는 모든 식생활 개선 정책 및 사업에 활용할 수 있다. 그러므로 영양소 섭취기준의 활용도와 효과를 높이기 위해서는 인체필요량에 대한 최신 연구결과와 우리 국민의 질병양상, 그리고 식생활 및 식생활 환경의 변화 등이 주기적으로 반영되어야 한다.

우리나라에는 영양 부족으로 인한 건강문제와 과잉으로 인한 건강문제가 공존하고 있는 것으로 확인되고 있다. 에너지와 지방을 과잉으로 섭취한 사람의 비율은 증가한 반면에, 칼슘, 철, 리보플라빈 등을 평균필요량 미만으로 섭취하는 사람의 비율은 여전히 높았다(질병관리본부, 2014). 이와 더불어 식생활과 밀접하게 관련되어 있는 것으로 알려진 비만, 당뇨병, 고콜레스테롤혈증 등의 유병률이 증가 추세를 보이고 있다(질병관리본부, 2014). 또한 1999년 이후에 암 발생률이 매년 증가하여, 2012년에는 10만 명당 445.3명으로 높아졌다(Jung 등, 2013; 보건복지부 등, 2014). 이에 우리 국민의 최근의 식생활 및 건강상태를 반영한 새로운 영양소 섭취기준을 제정하여 식생활과 관련된 건강문제를 예방하고 관리하기 위한 정책과 사업에 활용해야 할 필요성이 높아지고 있다.

우리나라에서는 그동안 보건사회연구원이나 한국영양학회와 같은 민간단체에서 영양소 섭취기준을 제정해 왔으나, 2010년에 국민영양관리법이 공포됨에 따라, 보건복지부에서 영양소 섭취기준의 제정관련 업무를 담당하게 되었다. 국민영양관리법 제14조(영양소 섭취기준 및 식생활 지침의 제정 및 보급) ①항에 따르면, '보건복지부장관은 국민건강증진에 필요한 영양소 섭취기준을 제정하고, 정기적으로 개정하여 학계·산업계 및 관련 기관 등에 체계적으로 보급하여야 한다.'라고 명시되어 있다. 국민영양관리법 시행규칙 제6조(영양소 섭취기준과 식생활 지침의 주요 내용 및 발간 주기 등) 제1항에, '법 제14조 제1항에 따른 영양소 섭취기준에는 다음 각 호의 내용이 포함되어야 한다.'라고 명시되어 있으며, 각 호의 내용은 '국민의 생애주기별 영양소 요구량(평균필요량, 권장섭취량, 충분섭취량 등) 및 상한섭취량, 영양소 섭취기준 활용을 위한 식사 모형, 국민의 생애주기별 1일 식사구성안, 그 밖에 보건복지부장관이 영양소 섭취기준에 포함되어야 한다고 인정하는 내용'을 포함하고 있다.

2. 2015 한국인 영양소 섭취기준의 구성

새로운 개념의 영양소 섭취기준(Dietary Reference Intakes, DRIs)은 각 영양소의 평균필요량(Estimated Average Requirement, EAR), 권장섭취량(Recommended Nutrient Intake, RNI), 충분섭취량(Adequate Intake, AI), 상한섭취량(Tolerable Upper Intake Level, UL)을 포함하고 있다(그림 9-1). 영양소에 따라 인체필요량에 대한 과학적 근거가 충분한 경우에는 평균필요량과 권장섭취량을 제정하였고, 과학적 근거가 충분하지 않은 경우에는 충분섭취량을 제정하였으며, 과잉섭취로 인한 유해영향에 대한 과학적 근거가 있는 경우에는 상한섭취량을 제정하였다. 따라서 영양소 중에는 평균필요량, 권장섭취량, 상한섭취량을 모두 설정한 것도 있고, 충분섭취량이나 상한섭취량 등의 일부 섭취기준만 제시한 것도 있다.

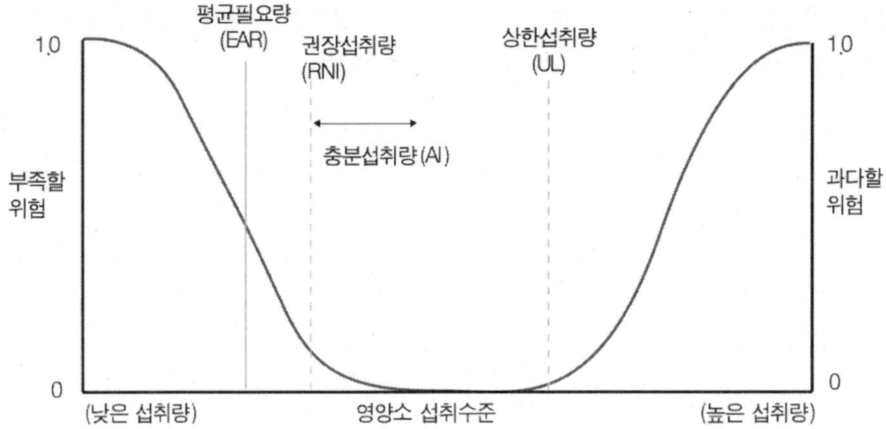

(IOM, 2008)

[그림 9-1] 영양소 섭취기준(Dietary Reference Intakes, DRIs)의 종류

1) 평균필요량과 권장섭취량

평균필요량은 건강한 사람들의 일일 영양소 필요량의 중앙값으로부터 산출한 수치이다. 영양소 필요량은 섭취량에 민감하게 반응하는 기능적 지표가 있고 영양상태를 판정할 수 있는 평가기준이 있을 때 추정할 수 있다. 모든 영양소의 기능적 지표가 알려져 있는 것이 아니므로, 일부 영양소에 대해서는 인체 필요량을 추정할 수 없었다.

권장섭취량은 인구집단의 약 97-98%에 해당하는 사람들의 영양소 필요량을 충족시키는 섭취수준으로, 평균필요량에 표준편차 또는 변이계수의 2배를 더하여 산출하였다.

2) 충분섭취량

충분섭취량은 영양소의 필요량을 추정하기 위한 과학적 근거가 부족할 경우, 대상 인구집단의 건강을 유지하는 데 충분한 양을 설정한 수치이다. 충분섭취량은 실험연구 또는 관찰연구에서 확인된 건강한 사람들의 영양소 섭취량 중앙값을 기준으로 정했다. 따라서 충분섭취량은 대상 집단의 영양소 필요량을 어느 정도 충족시키는지 확실하지 않기 때문에, 대상집단의 97-98%에 해당하는 사람들의 필요량을 충족시키는 양인 권장섭취량과는 차이가 있다.

3) 상한섭취량

상한섭취량이란 인체에 유해한 영향이 나타나지 않는 최대 영양소 섭취수준이므로, 과량을 섭취할 때 유해영향이 나타날 수 있다는 과학적 근거가 있을 때 설정할 수 있다. 상한섭취량은 유해영향이 나타나지 않는 최대 용량인 최대무해용량(No Observed Adverse Effect Level, NOAEL)과 유해영향이 나타나는 최저 용량인 최저유해용량(Lowest Observed Adverse Effect Level, LOAEL) 자료를 근거로, 불확실계수(Uncertainty Factor, UF)를 감안하여 설정하였다(상한섭취량(UL) = 최대무해용량 또는 최저유해용량/불확실계수). 나트륨과 같이 과잉 섭취하면 유해영향이 나타난다는 근거가 부족하지만 건강문제가 발생할 위험이 있는 영양소에 대해서는 목표섭취량(intake goal)을 설정하였다.

4) 에너지적정비율

에너지를 공급하는 탄수화물과 지질은 적정 섭취수준을 설정할 과학적인 근거가 부족하기 때문에 평균필요량이나 상한섭취량을 설정하지 않았지만 에너지 섭취비율이 건강과 관련성이 있다는 과학적 근거가 있기 때문에(Hu 등, 2012; Numao 등, 2012), 탄수화물, 지질, 단백질의 에너지적정비율을 설정하였다. 에너지적정비율은 각 영양소를 통해 섭취하는 에너지의 양이 전체 에너지 섭취량에서 차지하는 비율의 적정범위로 제시하였다. 각 다량영양소의 에너지적정범위는 무기질과 비타민 등의 다른 영양소를 충분히 공급하면서 만성질환 및 영양 불균형을 예방할 수 있는 에너지 섭취비율을 근거로 설정했다. 따라서 각 다량 영양소의 에너지 섭취비율이 제시된 범위를 벗어나는 것은 건강문제가 발생할 위험이 높아진다는 것을 의미한다.

5) 체위기준

영양소의 필요량은 생애주기에 따른 생리적 변화 및 신체크기에 영향을 받으므로, 체위기준이 함께 고려되어야 한다. 신체크기는 개인별로 차이가 크기 때문에, 성별, 연령별 집단의 표준 체위기준치를 설정한 후, 그 기준치에 맞추어 영양소 섭취기준을 설정한다.

[표 9-1] 2015 한국인 영양소 섭취기준 제정을 위한 체위기준

연령	2015 체위기준					
	신장(cm)		체중(kg)		BMI(kg/m2)	
0-5(개월)	60.3		6.2		17.1	
6-11	72.2		8.9		17.1	
1-2(세)	86.4		12.5		16.7	
3-5	105.4		17.4		15.7	
	남자	여자	남자	여자	남자	여자
6-8(세)	126.4	125.0	26.5	25.0	16.6	16.0
9-11	142.9	142.9	38.2	35.7	18.7	17.5
12-14	163.5	158.1	52.9	48.5	19.8	19.4
15-18	173.3	160.9	63.1	53.1	21.0	20.5
19-29	174.8	161.5	68.7	56.1	22.5	21.5
30-49	172.0	159.0	66.6	54.4	22.5	21.5
50-64	168.4	155.4	63.8	51.9	22.5	21.5
65-74	164.9	152.1	61.2	49.7	22.5	21.5
75 이상	163.3	147.1	60.0	46.5	22.5	21.5

연령 구분은 생리적 성장발달단계를 고려하여 영아기, 유아기, 아동기, 청소년기, 성인기 및 노인기로 분류하였다. 영아기는 다시 0~5개월과 6~11개월로, 유아기는 1~2세와 3~5세로 구분하였다. 아동기부터 남녀를 구분하였으며, 6~8세, 9~11세로 하였고, 청소년기는 12~14세, 15~18세 구간으로 하였다. 성인은 19~29세, 30~49세, 50~64세, 노인기는 65~74세와 75세 이상으로 구분하였다. 한편 생애주기별 기준 설정은 성인과 노인, 임신·수유부, 영아, 유아, 아동 및 청소년 순으로 기술하였다. [표 9-1]은 한국인 영양소 섭취기준 설정을 위한 연령구분과 각 연령구분별 남녀의 체위기준을 요약한 것이다.

3. 2015 한국인 영양소 섭취기준 요약표

[표 9-2] 2015 한국인 영양소 섭취기준 - 에너지적정비율

보건복지부, 2015

영양소		에너지적정비율			
		1-2세	3-18세	19세 이상	비고
탄수화물		55-65%	55-65%	55-65%	
단백질		7-20%	7-20%	7-20%	
지질	총지방	20-35%	15-30%	15-30%	
	n-6계 지방산	4-10%	4-10%	4-10%	
	n-3계 지방산	1% 내외	1% 내외	1% 내외	
	포화지방산	-	8% 미만	7% 미만	
	트랜스지방산	-	1% 미만	1% 미만	
	콜레스테롤	-	-	300 mg/일 미만	목표섭취량

[표 9-3] 2015 한국인 영양소 섭취기준 - 당류

보건복지부, 2015

총당류 섭취량을 총 에너지섭취량의 10-20%로 제한하고, 특히 식품의 조리 및 가공 시 첨가되는 첨가당은 총 에너지섭취량의 10% 이내로 섭취하도록 한다. 첨가당의 주요 급원으로는 설탕, 액상과당, 물엿, 당밀, 꿀, 시럽, 농축과일주스 등이 있다.

[표 9-4] 2015 한국인 영양소 섭취기준 - 에너지와 다량영양소

보건복지부, 2015

성별	연령	에너지 (㎉/일)				탄수화물 (g/일)				지방 (g/일)				n-6계 지방산 (g/일)			
		필요추정량	권장섭취량	충분섭취량	상한섭취량	평균필요량	권장섭취량	충분섭취량	상한섭취량	평균필요량	권장섭취량	충분섭취량	상한섭취량	평균필요량	권장섭취량	충분섭취량	상한섭취량
영아	0~5(개월)	550						60				25				2.0	
	6~11	700						90				25				4.5	
유아	1~2(세)	1,000															
	3~5	1,400															
남자	6~8(세)	1,700															
	9~11	2,100															
	12~14	2,500															
	15~18	2,700															
	19~29	2,600															
	30~49	2,400															
	50~64	2,200															
	65~74	2,000															
	75 이상	2,000															
여자	6~8(세)	1,500															
	9~11	1,800															
	12~14	2,000															
	15~18	2,000															
	19~29	2,100															
	30~49	1,900															
	50~64	1,800															
	65~74	1,600															
	75 이상	1,600															
임신부1)		+0 +340 +450															
수유부		+320															

성별	연령	n-3계 지방산 (g/일)				단백질 (g/일)				식이섬유 (g/일)				수분 (mL/일)				
		평균필요량	권장섭취량	충분섭취량	상한섭취량	평균필요량	권장섭취량	충분섭취량	상한섭취량	평균필요량	권장섭취량	충분섭취량	상한섭취량	평균필요량	권장섭취량	충분섭취량 액체	충분섭취량 총수분	상한섭취량
영아	0~5(개월)			0.3				10								700	700	
	6~11			0.8		10	15									500	800	
유아	1~2(세)					12	15					10				800	1,100	
	3~5					15	20					15				1,100	1,500	
남자	6~8(세)					25	30					20				900	1,800	
	9~11					35	40					20				1,000	2,100	
	12~14					45	55					25				1,000	2,300	
	15~18					50	65					25				1,200	2,600	
	19~29					50	65					25				1,200	2,600	
	30~49					50	60					25				1,200	2,500	
	50~64					50	60					25				1,000	2,200	
	65~74					45	55					25				1,000	2,100	
	75 이상					45	55					25				1,000	2,100	
여자	6~8(세)					20	25					20				900	1,700	
	9~11					30	40					20				900	1,900	
	12~14					40	50					20				900	2,000	
	15~18					40	50					20				900	2,000	
	19~29					45	55					20				1,000	2,100	
	30~49					40	50					20				1,100	2,000	
	50~64					40	50					20				900	1,900	
	65~74					40	45					20				900	1,800	
	75 이상					40	45					20				900	1,800	
임신부1)						+12 +25	+15 +30					+5					+200	
수유부						+20	+25					+5				+500	+700	

1) 에너지 임신부 1,2,3 분기별 부가량, 단백질 임신부 2,3 분기별 부가량

보건복지부, 2015

성별	연령	메티오닌+시스테인(g/일) 평균필요량	권장섭취량	충분섭취량	상한섭취량	류신(g/일) 평균필요량	권장섭취량	충분섭취량	상한섭취량	이소류신(g/일) 평균필요량	권장섭취량	충분섭취량	상한섭취량	발린(g/일) 평균필요량	권장섭취량	충분섭취량	상한섭취량	라이신(g/일) 평균필요량	권장섭취량	충분섭취량	상한섭취량
영아	0~5(개월)			0.4				1.0				0.6				0.6				0.7	
	6~11	0.3	0.4			0.6	0.8			0.3	0.4			0.3	0.5			0.6	0.8		
유아	1~2(세)	0.3	0.4			0.6	0.8			0.3	0.4			0.4	0.5			0.6	0.7		
	3~5	0.3	0.4			0.7	0.9			0.3	0.4			0.4	0.5			0.6	0.8		
남자	6~8(세)	0.5	0.6			1.1	1.3			0.5	0.6			0.6	0.7			1.0	1.2		
	9~11	0.7	0.8			1.5	1.9			0.7	0.8			0.9	1.1			1.4	1.8		
	12~14	1.0	1.2			2.1	2.6			1.0	1.2			1.2	1.5			2.0	2.4		
	15~18	1.1	1.3			2.4	3.0			1.1	1.3			1.4	1.7			2.2	2.7		
	19~29	1.0	1.3			2.3	3.0			1.0	1.3			1.3	1.6			2.4	3.0		
	30~49	1.0	1.3			2.3	2.9			1.0	1.3			1.3	1.6			2.3	2.9		
	50~64	1.0	1.2			2.2	2.7			1.0	1.2			1.2	1.5			2.2	2.8		
	65~74	0.9	1.2			2.1	2.6			0.9	1.2			1.2	1.5			2.1	2.7		
	75 이상	0.9	1.1			2.0	2.6			0.9	1.1			1.1	1.4			2.1	2.6		
여자	6~8(세)	0.5	0.6			1.0	1.2			0.5	0.6			0.6	0.7			0.9	1.2		
	9~11	0.6	0.7			1.4	1.7			0.6	0.7			0.8	1.0			1.2	1.5		
	12~14	0.8	1.0			1.8	2.3			0.8	1.0			1.1	1.3			1.7	2.1		
	15~18	0.8	1.0			1.9	2.3			0.8	1.0			1.1	1.3			1.7	2.1		
	19~29	0.8	1.1			1.9	2.4			0.8	1.1			1.1	1.3			2.0	2.5		
	30~49	0.8	1.0			1.8	2.3			0.8	1.0			1.0	1.3			1.9	2.4		
	50~64	0.8	1.0			1.8	2.2			0.8	1.0			1.0	1.2			1.8	2.3		
	65~74	0.7	0.9			1.7	2.1			0.7	0.9			0.9	1.2			1.7	2.2		
	75 이상	0.7	0.9			1.6	2.0			0.7	0.9			0.9	1.1			1.6	2.0		
임신부		+0.3	+0.3			+0.6	+0.7			+0.3	+0.3			+0.3	+0.4			+0.3	+0.4		
수유부		+0.3	+0.4			+0.9	+1.1			+0.5	+0.6			+0.5	+0.6			+0.4	+0.4		

성별	연령	페닐알라닌+티로신(g/일) 평균필요량	권장섭취량	충분섭취량	상한섭취량	트레오닌(g/일) 평균필요량	권장섭취량	충분섭취량	상한섭취량	트립토판(g/일) 평균필요량	권장섭취량	충분섭취량	상한섭취량	히스티딘(g/일) 평균필요량	권장섭취량	충분섭취량	상한섭취량
영아	0~5(개월)			0.9				0.5				0.2				0.1	
	6~11	0.5	0.7			0.3	0.4			0.1	0.1			0.2	0.3		
유아	1~2(세)	0.5	0.7			0.3	0.4			0.1	0.1			0.2	0.3		
	3~5	0.6	0.7			0.3	0.4			0.1	0.1			0.2	0.3		
남자	6~8(세)	0.9	1.1			0.5	0.6			0.1	0.2			0.3	0.4		
	9~11	1.3	1.6			0.7	0.9			0.2	0.2			0.5	0.6		
	12~14	1.7	2.2			1.0	1.3			0.3	0.3			0.7	0.9		
	15~18	2.0	2.4			1.1	1.4			0.3	0.4			0.8	0.9		
	19~29	2.7	3.4			1.1	1.4			0.3	0.3			0.8	1.0		
	30~49	2.7	3.3			1.1	1.3			0.3	0.3			0.7	0.9		
	50~64	2.6	3.2			1.0	1.3			0.3	0.3			0.7	0.9		
	65~74	2.4	3.1			1.0	1.2			0.2	0.3			0.7	0.9		
	75 이상	2.4	3.0			1.0	1.2			0.2	0.3			0.7	0.8		
여자	6~8(세)	0.8	1.0			0.5	0.6			0.1	0.2			0.3	0.4		
	9~11	1.1	1.4			0.6	0.8			0.2	0.2			0.4	0.5		
	12~14	1.5	1.8			0.9	1.1			0.2	0.3			0.6	0.7		
	15~18	1.5	1.9			0.9	1.1			0.2	0.3			0.6	0.7		
	19~29	2.2	2.8			0.9	1.1			0.2	0.3			0.6	0.8		
	30~49	2.2	2.7			0.9	1.1			0.2	0.3			0.6	0.8		
	50~64	2.1	2.6			0.8	1.0			0.2	0.3			0.6	0.7		
	65~74	2.0	2.5			0.8	1.0			0.2	0.2			0.5	0.7		
	75 이상	1.9	2.3			0.7	0.9			0.2	0.2			0.5	0.7		
임신부		+0.8	+1.0			+0.3	+0.4			+0.1	+0.1			+0.2	+0.2		
수유부		+1.5	+1.9			+0.4	+0.6			+0.2	+0.2			+0.2	+0.3		

[표 9-5] 2015 한국인 영양소 섭취기준 - 지용성 비타민

보건복지부, 2015

성별	연령	비타민 A (μg RE/일)				비타민 D (μg/일)				비타민 E (mg α-TE/일)				비타민 K (μg/일)			
		평균필요량	권장섭취량	충분섭취량	상한섭취량	평균필요량	권장섭취량	충분섭취량	상한섭취량	평균필요량	권장섭취량	충분섭취량	상한섭취량	평균필요량	권장섭취량	충분섭취량	상한섭취량
영아	0~5(개월)			350	600			5	25			3				4	
	6~11			450	600			5	25			4				7	
유아	1~2(세)	200	300		600			5	30			5	200			25	
	3~5	230	350		700			5	35			6	250			30	
남자	6~8(세)	320	450		1,000			5	40			7	300			45	
	9~11	420	600		1,500			5	60			9	400			55	
	12~14	540	750		2,100			10	100			10	400			70	
	15~18	620	850		2,300			10	100			11	500			80	
	19~29	570	800		3,000			10	100			12	540			75	
	30~49	550	750		3,000			10	100			12	540			75	
	50~64	530	750		3,000			10	100			12	540			75	
	65~74	500	700		3,000			15	100			12	540			75	
	75 이상	500	700		3,000			15	100			12	540			75	
여자	6~8(세)	290	400		1,100			5	40			7	300			45	
	9~11	380	550		1,500			5	60			9	400			55	
	12~14	470	650		2,100			10	100			10	400			65	
	15~18	440	600		2,300			10	100			11	500			65	
	19~29	460	650		3,000			10	100			12	540			65	
	30~49	450	650		3,000			10	100			12	540			65	
	50~64	430	600		3,000			10	100			12	540			65	
	65~74	410	550		3,000			15	100			12	540			65	
	75 이상	410	550		3,000			15	100			12	540			65	
임신부		+50	+70		3,000			+0	100			+0	540			+0	
수유부		+350	+490		3,000			+0	100			+3	540			+0	

[표 9-6] 2015 한국인 영양소 섭취기준 - 수용성 비타민

보건복지부, 2015

성별	연령	비타민 C (mg/일)				티아민 (mg/일)				리보플라빈 (mg/일)				니아신 (mg NE/일)[1]				
		평균필요량	권장섭취량	충분섭취량	상한섭취량	평균필요량	권장섭취량	충분섭취량	상한섭취량	평균필요량	권장섭취량	충분섭취량	상한섭취량	평균필요량	권장섭취량	충분섭취량	상한섭취량[2]	상한섭취량[2]
영아	0~5(개월)			35				0.2				0.3				2		
	6~11			45				0.3				0.4				3		
유아	1~2(세)	30	35		350	0.4	0.5			0.5	0.5			4	6		10	180
	3~5	30	40		500	0.4	0.5			0.5	0.6			5	7		10	250
남자	6~8(세)	40	55		700	0.6	0.7			0.7	0.9			7	9		15	350
	9~11	55	70		1,000	0.7	0.9			1.0	1.2			9	12		20	500
	12~14	70	90		1,400	1.0	1.1			1.2	1.5			11	15		25	700
	15~18	80	105		1,500	1.1	1.3			1.4	1.7			13	17		30	800
	19~29	75	100		2,000	1.0	1.2			1.3	1.5			12	16		35	1,000
	30~49	75	100		2,000	1.0	1.2			1.3	1.5			12	16		35	1,000
	50~64	75	100		2,000	1.0	1.2			1.3	1.5			12	16		35	1,000
	65~74	75	100		2,000	1.0	1.2			1.3	1.5			12	16		35	1,000
	75 이상	75	100		2,000	1.0	1.2			1.3	1.5			12	16		35	1,000
여자	6~8(세)	45	60		700	0.6	0.7			0.6	0.8			7	9		15	350
	9~11	60	80		1,000	0.7	0.9			0.8	1.0			9	12		20	500
	12~14	75	100		1,400	0.9	1.1			1.0	1.2			11	15		25	700
	15~18	75	95		1,500	1.0	1.2			1.0	1.2			11	14		30	800
	19~29	75	100		2,000	0.9	1.1			1.0	1.2			11	14		35	1,000
	30~49	75	100		2,000	0.9	1.1			1.0	1.2			11	14		35	1,000
	50~64	75	100		2,000	0.9	1.1			1.0	1.2			11	14		35	1,000
	65~74	75	100		2,000	0.9	1.1			1.0	1.2			11	14		35	1,000
	75 이상	75	100		2,000	0.9	1.1			1.0	1.2			11	14		35	1,000
임신부		+10	+10		2,000	+0.4	+0.4			+0.3	+0.4			+3	+4		35	1,000
수유부		+35	+40		2,000	+0.3	+0.4			+0.4	+0.5			+2	+3		35	1,000

[1] 1 mg NE(니아신 당량) = 1 mg 니아신 = 60 mg 트립토판 [2] 니코틴산/니코틴아미드

성별	연령	비타민 B_6 (mg/일)				엽산 (μgDFE/일)[3]				비타민 B_{12} (μg/일)				판토텐산 (mg/일)				비오틴 (μg/일)			
		평균필요량	권장섭취량	충분섭취량	상한섭취량	평균필요량	권장섭취량	충분섭취량	상한섭취량	평균필요량	권장섭취량	충분섭취량	상한섭취량	평균필요량	권장섭취량	충분섭취량	상한섭취량	평균필요량	권장섭취량	충분섭취량	상한섭취량
영아	0~5(개월)			0.1				65				0.3				1.7				5	
	6~11			0.3				80				0.5				1.9				7	
유아	1~2(세)	0.5	0.6		25	120	150		300	0.8	0.9					2				9	
	3~5	0.6	0.7		35	150	180		400	0.9	1.1					2				11	
남자	6~8(세)	0.7	0.9		45	180	220		500	1.1	1.3					3				15	
	9~11	0.9	1.1		55	250	300		600	1.5	1.7					4				20	
	12~14	1.3	1.5		60	300	360		800	1.9	2.3					5				25	
	15~18	1.3	1.5		65	320	400		900	2.2	2.7					5				30	
	19~29	1.3	1.5		100	320	400		1,000	2.0	2.4					5				30	
	30~49	1.3	1.5		100	320	400		1,000	2.0	2.4					5				30	
	50~64	1.3	1.5		100	320	400		1,000	2.0	2.4					5				30	
	65~74	1.3	1.5		100	320	400		1,000	2.0	2.4					5				30	
	75 이상	1.3	1.5		100	320	400		1,000	2.0	2.4					5				30	
여자	6~8(세)	0.7	0.9		45	180	220		500	1.1	1.3					3				15	
	9~11	0.9	1.1		55	250	300		600	1.5	1.7					4				20	
	12~14	1.2	1.4		60	300	360		800	1.9	2.3					5				25	
	15~18	1.2	1.4		65	320	400		900	2.0	2.4					5				30	
	19~29	1.2	1.4		100	320	400		1,000	2.0	2.4					5				30	
	30~49	1.2	1.4		100	320	400		1,000	2.0	2.4					5				30	
	50~64	1.2	1.4		100	320	400		1,000	2.0	2.4					5				30	
	65~74	1.2	1.4		100	320	400		1,000	2.0	2.4					5				30	
	75 이상	1.2	1.4		100	320	400		1,000	2.0	2.4					5				30	
임신부		+0.7	+0.8		100	+200	+220		1,000	+0.2	+0.2					+1				+0	
수유부		+0.7	+0.8		100	+130	+150		1,000	+0.3	+0.4					+2				+5	

[3] Dietary Folate Equivalents, 가임기 여성의 경우 400 μg/일의 엽산보충제 섭취를 권장함, 엽산의 상한섭취량은 보충제 또는 강화식품의 형태로 섭취한 μg/일에 해당됨.

[표 9-7] 2015 한국인 영양소 섭취기준 - 다량무기질

보건복지부, 2015

성별	연령	칼슘 (mg/일)				인 (mg/일)				나트륨 (mg/일)				
		평균필요량	권장섭취량	충분섭취량	상한섭취량	평균필요량	권장섭취량	충분섭취량	상한섭취량	평균필요량	권장섭취량	충분섭취량	상한섭취량	목표섭취량
영아	0~5(개월)			210	1,000			100				120		
	6~11			300	1,500			300				370		
유아	1~2(세)	390	500		2,500	380	450		3,000			900		
	3~5	470	600		2,500	460	550		3,000			1,000		
남자	6~8(세)	580	700		2,500	490	600		3,000			1,200		
	9~11	650	800		3,000	1,000	1,200		3,500			1,400		2,000
	12~14	800	1,000		3,000	1,000	1,200		3,500			1,500		2,000
	15~19	720	900		3,000	1,000	1,200		3,500			1,500		2,000
	20~29	650	800		2,500	580	700		3,500			1,500		2,000
	30~49	630	800		2,500	580	700		3,500			1,500		2,000
	50~64	600	750		2,000	580	700		3,500			1,500		2,000
	65~74	570	700		2,000	580	700		3,500			1,300		2,000
	75 이상	570	700		2,000	580	700		3,000			1,100		2,000
여자	6~8(세)	580	700		2,500	450	550		3,000			1,200		
	9~11	650	800		3,000	1,000	1,200		3,500			1,400		2,000
	12~14	740	900		3,000	1,000	1,200		3,500			1,500		2,000
	15~19	660	800		3,000	1,000	1,200		3,500			1,500		2,000
	20~29	530	700		2,500	580	700		3,500			1,500		2,000
	30~49	510	700		2,500	580	700		3,500			1,500		2,000
	50~64	580	800		2,000	580	700		3,500			1,500		2,000
	65~74	560	800		2,000	580	700		3,500			1,300		2,000
	75 이상	560	800		2,000	580	700		3,000			1,100		2,000
임신부		+0	+0		2,500	+0	+0		3,000			1,500		2,000
수유부		+0	+0		2,500	+0	+0		3,500			1,500		2,000

성별	연령	염소 (mg/일)				칼륨 (mg/일)				마그네슘 (mg/일)			
		평균 필요량	권장 섭취량	충분 섭취량	상한 섭취량	평균 필요량	권장 섭취량	충분 섭취량	상한 섭취량	평균 필요량	권장 섭취량	충분 섭취량	상한1) 섭취량
영아	0~5(개월)			180				400				30	
	6~11			560				700				55	
유아	1~2(세)			1,300				2,000		65	80		65
	3~5			1,500				2,300		85	100		90
남자	6~8(세)			1,800				2,600		135	160		130
	9~11			2,100				3,000		190	230		180
	12~14			2,300				3,500		265	320		250
	15~18			2,300				3,500		335	400		350
	19~29			2,300				3,500		295	350		350
	30~49			2,300				3,500		305	370		350
	50~64			2,300				3,500		305	370		350
	65~74			2,000				3,500		305	370		350
	75 이상			1,700				3,500		305	370		350
여자	6~8(세)			1,900				2,600		125	150		130
	9~11			2,100				3,000		180	210		180
	12~14			2,300				3,500		245	290		250
	15~18			2,300				3,500		285	340		350
	19~29			2,300				3,500		235	280		350
	30~49			2,300				3,500		235	280		350
	50~64			2,300				3,500		235	280		350
	65~74			2,000				3,500		235	280		350
	75 이상			1,700				3,500		235	280		350
임신부				2,300				+0		+32	+40		350
수유부				2,300				+400		+0	+0		350

1) 식품외 급원의 마그네슘에만 해당

[표 9-8] 2015 한국인 영양소 섭취기준 - 미량 무기질

보건복지부, 2015

성별	연령	철 (mg/일)				아연 (mg/일)				구리 (μg/일)				불소 (mg/일)			
		평균 필요량	권장 섭취량	충분 섭취량	상한 섭취량	평균 필요량	권장 섭취량	충분 섭취량	상한 섭취량	평균 필요량	권장 섭취량	충분 섭취량	상한 섭취량	평균 필요량	권장 섭취량	충분 섭취량	상한 섭취량
영아	0~5(개월)			0.3	40			2				240				0.01	0.6
	6~11	5	6		40	2	3					310				0.5	0.9
유아	1~2(세)	4	6		40	2	3		6	220	280		1,500			0.6	1.2
	3~5	5	6		40	3	4		9	250	320		2,000			0.8	1.7
남자	6~8(세)	7	9		40	5	6		13	340	440		3,000			1.0	2.5
	9~11	8	10		40	7	8		20	440	580		5,000			2.0	10.0
	12~14	11	14		40	7	8		30	570	740		7,000			2.5	10.0
	15~18	11	14		45	8	10		35	650	840		7,000			3.0	10.0
	19~29	8	10		45	8	10		35	600	800		10,000			3.5	10.0
	30~49	8	10		45	8	10		35	600	800		10,000			3.0	10.0
	50~64	7	10		45	8	9		35	600	800		10,000			3.0	10.0
	65~74	7	9		45	7	9		35	600	800		10,000			3.0	10.0
	75 이상	7	9		45	7	9		35	600	800		10,000			3.0	10.0
여자	6~8(세)	6	8		40	4	5		13	340	440		3,000			1.0	2.5
	9~11	7	10		40	6	8		20	440	580		5,000			2.0	10.0
	12~14	13	16		40	6	8		25	570	740		7,000			2.5	10.0
	15~18	11	14		45	7	9		30	650	840		7,000			2.5	10.0
	19~29	11	14		45	7	8		35	600	800		10,000			3.0	10.0
	30~49	11	14		45	7	8		35	600	800		10,000			2.5	10.0
	50~64	6	8		45	6	7		35	600	800		10,000			2.5	10.0
	65~74	6	8		45	6	7		35	600	800		10,000			2.5	10.0
	75 이상	5	7		45	6	7		35	600	800		10,000			2.5	10.0
임신부		+8	+10		45	+2.0	+2.5		35	+100	+130		10,000			+0	10.0
수유부		+0	+0		45	+4.0	+5.0		35	+370	+480		10,000			+0	10.0

성별	연령	망간 (mg/일)				요오드 (μg/일)				셀레늄 (μg/일)				몰리브덴 (μg/일)				크롬 (μg/일)			
		평균필요량	권장섭취량	충분섭취량	상한섭취량	평균필요량	권장섭취량	충분섭취량	상한섭취량	평균필요량	권장섭취량	충분섭취량	상한섭취량	평균필요량	권장섭취량	충분섭취량	상한섭취량	평균필요량	권장섭취량	충분섭취량	상한섭취량
영아	0~5(개월)			0.01				130	250			9	45							0.2	
	6~11			0.8				170	250			11	65							5.0	
유아	1~2(세)			1.5	2.0	55	80		300	19	23		75				100			12	
	3~5			2.0	3.0	65	90		300	22	25		100				100			12	
남자	6~8(세)			2.5	4.0	75	100		500	30	35		150				200			20	
	9~11			3.0	5.0	85	110		500	39	45		200				300			25	
	12~14			4.0	7.0	90	130		1,800	49	60		300				400			35	
	15~18			4.0	9.0	95	130		2,200	55	65		300				500			40	
	19~29			4.0	11.0	95	150		2,400	50	60		400	25	30		550			35	
	30~49			4.0	11.0	95	150		2,400	50	60		400	20	25		550			35	
	50~64			4.0	11.0	95	150		2,400	50	60		400	20	25		550			35	
	65~74			4.0	11.0	95	150		2,400	50	60		400	20	25		550			35	
	75 이상			4.0	11.0	95	150		2,400	50	60		400	20	25		550			35	
여자	6~8(세)			2.5	4.0	75	100		500	30	35		150				200			15	
	9~11			3.0	5.0	85	110		500	39	45		200				300			20	
	12~14			3.5	7.0	90	130		2,000	49	60		300				400			25	
	15~18			3.5	9.0	95	150		2,200	55	65		300				400			25	
	19~29			3.5	11.0	95	150		2,400	50	60		400	20	25		450			25	
	30~49			3.5	11.0	95	150		2,400	50	60		400	20	25		450			25	
	50~64			3.5	11.0	95	150		2,400	50	60		400	20	25		450			25	
	65~74			3.5	11.0	95	150		2,400	50	60		400	20	25		450			25	
	75 이상			3.5	11.0	95	150		2,400	50	60		400	20	25		450			25	
임신부				+0	11.0	+65	+90			+3	+4		400				450			+5	
수유부				+0	11.0	+130	+190			+9	+10		400				450			+20	

4. 영양성분 기준치와 영양표시제

1) 영양성분 기준치

식품의약품안전처에서는 정한 영양표시제의 기준이 되는 1일 영양성분 기준치는 [표 9-9]과 같다. 이러한 1일 영양성분 기준치는 일반인(4세 이상 어린이 및 성인)의 평균적인 1일 영양성분 섭취 기준량을 정해 놓은 것이다. 이는 한 가지 영양성분에 대해 성별, 연령별로 다른 권장량을 가지는 '한국인 영양소 섭취기준'을 영양표시의 기준으로 사용하기 어렵기 때문에 이용하는 수치이다 (식품의약품안전처 영양표시정보 https://www.mfds.go.kr/nutrition/content/view.do?contentKey=22&menuKey=143).

[표 9-9] 1일 영양성분 기준치(식품의약품안전처, 2016. 06. 15)

영양성분	기준치	영양성분	기준치	영양성분	기준치
탄수화물(g)	324	크롬(㎍)	30	몰리브덴(㎍)	25
당류(g)	100	칼슘(㎎)	700	비타민B12(㎍)	2.4
식이섬유(g)	25	철분(㎎)	12	비오틴(㎍)	30
단백질(g)	55	비타민D(㎍)	10	판토텐산(㎎)	5
지방(g)	54	비타민E(㎎α -TE)	11	인(㎎)	700
포화지방(g)	15	비타민K(㎍)	70	요오드(㎍)	150
콜레스테롤(㎎)	300	비타민B1(㎎)	1.2	마그네슘(㎎)	315
나트륨(㎎)	2,000	비타민B2(㎎)	1.4	아연(㎎)	8.5
칼륨(㎎)	3,500	나이아신(㎎ NE)	15	셀렌(㎍)	55
비타민A(㎍ RE)	700	비타민B6(㎎)	1.5	구리(㎎)	0.8
비타민C(㎎)	100	엽산(㎍)	400	망간(㎎)	3.0

※ 비타민 A, 비타민 D, 비타민 E는 기준치표에 따른 단위로 표시하되 괄호로 하여 IU 단위로 표시할 수 있다.

2) 영양표시제

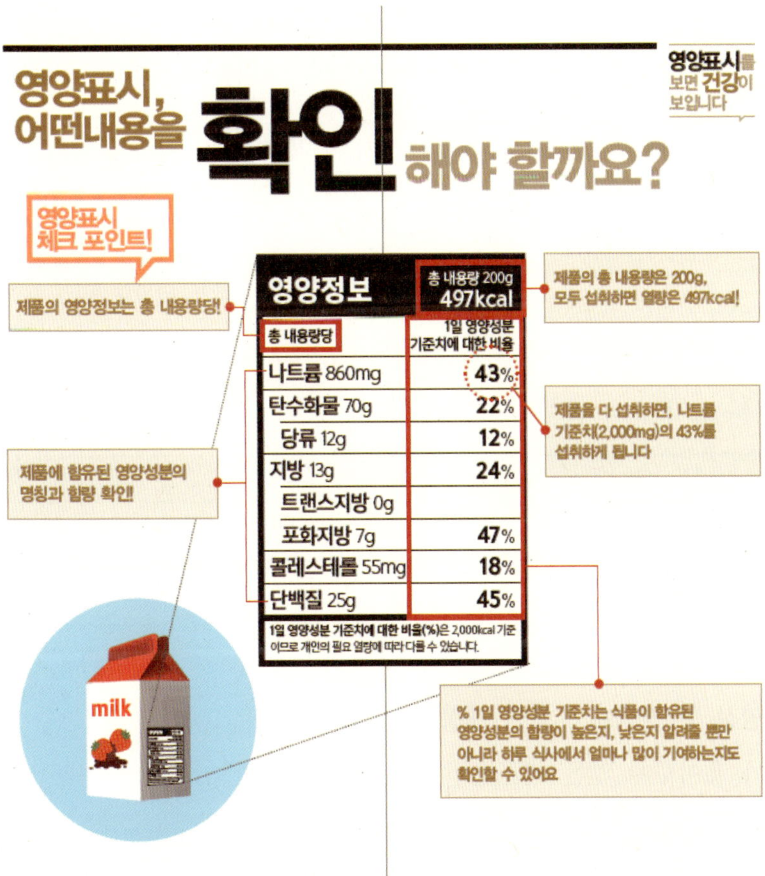

자료: 식품의약품안전처(2017)

[그림 9-2] 영양표시의 영양정보 내용과 확인사항

영양표시제도란 여러 가공식품에 어떤 영양성분이 얼마나 들어 있는지를 포장에 표시한 것을 말한다. 식품 포장지에는 '영양정보'라고 적힌 표이며, 가공식품에 들어있는 영양성분의 종류와 양을 정확하게 표기하여 우리가 어떤 영양성분을 얼마나 먹는지 쉽게 알 수 있다. [그림 9-2]는 영양표시의 영양정보 내용과 확인사항을 표시하고 있다.

3) 영양표시 주요 개정 내용

(1) 영양성분 표시단위 및 표시방법 개선

현 행	개 정
• 영양성분 함량은 **1회 제공량당, 100g(ml)당, 1포장당 함유된 값**으로 표시	• 영양성분 함량은 총 내용량(1포장)당 함유된 값으로 표시 단, 대용량제품*은 **100g(ml)당 표시 가능** ※총내용량이 100g(ml)를 초과하고 1회 제공기준량의 3배 초과 제품
• 봉지, 조각등으로 나눌 수 있는 제품은 **1회 제공기준량의 2/3~2배 범위내에서 1회 제공량을** 설정하여 1회 제공량당 표시	• 봉지, 조각등으로 나눌 수 있는 단위(이하 단위)제품은 **단위 내용량당 영양표시하고, 단위제품의 제공 개수를 표시** ※100g 또는 1회제공기준량 이상인 제품 (케이크, 빵류, 햄버거, 만두류 등)

(2) 영양성분 표시 순서 변경

현 행	개 정
• 에너지 급원 순으로 표시 ※**탄수화물**, 당류, **단백질, 지방,** 포화지방, 트랜스지방, 콜레스테롤, 나트륨	• 소비자 관심도가 높은 영양성분 우선 표시 ※나트륨, 탄수화물, 당류, 지방, 트랜스지방, 포화지방, 콜레스테롤, 단백질

(3) 용어 명칭 및 영양표시 도안 개정

• 구별이 용이하지 않는 전문용어 명칭 개정

현 행	개 정
• 1회 제공기준량 • 영양성분 기준치	• 1회 섭취참고량 • 1일 영양성분 기준치

• 간결하고 통일화된 표준 도안

현 행	개 정
• 영양표시 도안 제목 : '영양성분' • 복잡하고 용어가 중복된 표시 도안 • 열량 글자가 다른글자와 구분안됨 • 1일 영양성분 기준치에 대한 비율이 다른 글자와 구분안됨	• 영양표시 **도안 제목을 '영양정보'** • **간결하고 통일화된 표준 도안** • **열량** 글자를 크고 굵게하여 **다른 글자와 구분함** • **1일 영양성분 기준치**에 대한 비율을 굵게 하여 다른 글자와 구분

현행 도안

영 양 성 분

1회 제공량 00 (00g) ⓐ
총 00회 제공량(00g) ⓑ

1회 제공량 당 함량ⓒ		* %영양성분 기준치ⓓ
열량	000kcal	
탄수화물	00g	00%
당류	00g	
단백질	00g	00%
지방	00g	00%
포화지방	00g	00%
트랜스지방	00g	
콜레스테롤	00mg	00%
나트륨	00mg	00%

* %영양성분 기준치 : 1일 영양성분 기준치에 대한 비율

개정 도안

영양정보 총 내용량 00g **000kcal**

총 내용량당	1일 영양성분 기준치에 대한 비율
나트륨 00mg	**00%**
탄수화물 00g	**00%**
당류 00g	
지방 00g	**00%**
트랜스지방 00g	
포화지방 00g	**00%**
콜레스테롤 00mg	**00%**
단백질 00g	**00%**

1일 영양성분 기준치에 대한 비율(%)은 2,000kcal 기준이므로 개인의 필요 열량에 따라 다를 수 있습니다.

※ 영양표시 도안은 정부 3.0 국민디자인단(국민이 직접 정책에 참여하는 제도, 행자부주관)에서 제안한 의견을 반영하여 제작

(4) 알룰로오스의 열량 계수 신설

현 행	개 정
• 탄수화물은 1g 당 4kcal, 알콜 7kcal, 유기산 3kcal, 당알콜 2.4kcal, 에리스리톨 0kcal, 식이섬유 2kcal, 타가토스 1.5kcal	• 탄수화물은 1g 당 4kcal, 알콜 7kcal, 유기산 3kcal, 당알콜 2.4kcal, 에리스리톨 0kcal, 식이섬유 2kcal, 타가토스 1.5kcal, **알룰로오스 0kcal**

(5) 소분제품의 영양표시기준 개선

현 행	개 정
• 식품의 원래 표시사항 변경금지	• **소분된 내용량에 따라** 영양성분 함량을 변경하여 **표시**

4) 미국의 영양표시(Nutrition Facts)

미국의 경우에도 Original과 New Format의 도안이 변경되었으며 새로운 도안에 대한 설명은 [그림 9-3]와 같다. 새로운 영양표시에 따르면 '설탕 추가'(Added Sugars) 항목은 제조과정에서 설탕이 더해졌음을 확실히 알려준다. 당 성분에 대한 정확한 정보를 제공하여 소비자가 식품 선택시 당의 함량을 인식하여 신중하게 선택하여야 한다. 새로운 표시에서는 회당 제공량(portion size)을 보통사람이 한번에 먹는 양으로 바꾸기를 제안하고 있다(FDA, Food and Drug Adminstration. https://www.fda.gov/).

[그림 9-3] 새로운 영양표시 도안과 내용

Nutrition Facts

Serving Size 2/3 cup (55g)
Servings Per Container About 8

Amount Per Serving	
Calories 230	Calories from Fat 72
	% Daily Value*
Total Fat 8g	**12%**
Saturated Fat 1g	**5%**
Trans Fat 0g	
Cholesterol 0mg	**0%**
Sodium 160mg	**7%**
Total Carbohydrate 37g	**12%**
Dietary Fiber 4g	**16%**
Sugars 1g	
Protein 3g	
Vitamin A	10%
Vitamin C	8%
Calcium	20%
Iron	45%

* Percent Daily Values are based on a 2,000 calorie diet. Your daily value may be higher or lower depending on your calorie needs.

	Calories:	2,000	2,500
Total Fat	Less than	65g	80g
Sat Fat	Less than	20g	25g
Cholesterol	Less than	300mg	300mg
Sodium	Less than	2,400mg	2,400mg
Total Carbohydrate		300g	375g
Dietary Fiber		25g	30g

Nutrition Facts

8 servings per container
Serving size 2/3 cup (55g)

Amount per serving	
Calories	**230**
	% Daily Value*
Total Fat 8g	**10%**
Saturated Fat 1g	**5%**
Trans Fat 0g	
Cholesterol 0mg	**0%**
Sodium 160mg	**7%**
Total Carbohydrate 37g	**13%**
Dietary Fiber 4g	**14%**
Total Sugars 12g	
Includes 10g Added Sugars	**20%**
Protein 3g	
Vitamin D 2mcg	10%
Calcium 260mg	20%
Iron 8mg	45%
Potassium 235mg	6%

* The % Daily Value (DV) tells you how much a nutrient in a serving of food contributes to a daily diet. 2,000 calories a day is used for general nutrition advice.

[그림 9-4] 영양표시 도안의 변경 전과 변경 후 Nurition Facts

5. 영양소 섭취기준 활용

1) 식품구성자전거

우리가 섭취하고 있는 식품들의 종류와 영양소 함량에 따라 기능이 비슷한 것 끼리 묶어보면 곡류, 고기·생선·달걀·콩류, 채소류, 과일류, 우유·유제품류, 유지·당류의 6가지 식품군으로 구분된다. 식품구성자전거는 이러한 6가지 식품군 중 과잉 섭취를 주의해야 하는 유지·당류를 제외한 5가지 식품군을 매일 골고루 필요한 만큼 먹어 균형잡힌 식사를 해야 한다는 의미를 전달하고 있다. 여기에 앞바퀴는 매일 충분한 양의 물을 섭취해야하는 것을 표현하고 있으며 자전거에 앉은 사람의 모습은 매일 충분한 양의 신체활동을 해서 적절한 영양소 섭취기준과 함께 건강을 유지하고 비만을 예방할 수 있음을 의미한다.

[그림 9-5] 식품구성자전거

식품구성자전거의 뒷바퀴를 보면 곡류는 매일 2-4회, 고기·생선·달걀·콩류는 매일 3-4회, 채소류는 매 끼니 2가지 이상, 과일류는 매일 1-2개, 우유·유제품은 매일 1-2잔을 섭취하는 것을 표현하고 있다. 유지·당류는 조리 시 조금씩 사용하는 것을 권장하여 2015 개정 시에는 포함하지 않았다. 물론 각 개인에 하루 필요량에 따라 식품의 양과 종류를 조정할 수 있으며, 식사구성안(권장식사패턴)을 이용하면 편리하게 하루에 필요한 식품군의 섭취횟수를 정할 수 있다.

2) 식사구성안

식사구성안은 에너지, 비타민, 무기질, 식이섬유는 자신에게 필요한 양의 100% 섭취하며 한국인 영양소 섭취기준의 에너지적정비율인 탄수화물은 55-65%, 단백질은 7-20%, 지방은 15-30%(1-2세의 경우 20-35%)로 섭취하고 소금은 하루 5g 이하(나트륨으로 환산하면 2g 또는 2,000mg), 설탕이나 물엿과 같은 첨가당은 되도록 적게 섭취한다. 물론 일반인이 이러한 목표를 모두 맞추어서 식단을 구성하거나 평가하는 것은 매우 어려운 일이다. 따라서 식사구성안은 일반인이 복잡한 영양가 계산을 하지 않아도 한국인 영양소 섭취기준을 충족할 수 있도록 만든 1일 식단 작성법이다. 식사구성안을 활용하여 식단을 작성하면 한국인 영양소 섭취기준에서 제시한 영양목표에 가까운 식단을 일반인도 간단하고 편리하게 계획할 수 있다. 식단을 작성하는 방법에는 여러 가지가 있다. 이중 식품구성자전거와 권장식사패턴은 일반인들이 식품을 쉽게 이해하고, 자신에게 알맞은 식단을 작성할 수 있도록 고안된 방법이다.

[표 9-10] 식사구성안 영양목표와 일반적 개념의 목표

<table>
<tr><th colspan="2">섭취 허용</th><th colspan="2">섭취 주의</th></tr>
<tr><td>에너지</td><td>100% 에너지필요추정량</td><td rowspan="2">지방</td><td>1-2세
총 에너지의 20-35%</td></tr>
<tr><td>단백질</td><td>총 에너지의 약 7-20%</td><td>3세 이상
총 에너지의 15-30%</td></tr>
<tr><td>비타민 무기질</td><td>100% 권장섭취량 또는 충분섭취량
상한섭취량 미만</td><td rowspan="2">당류</td><td rowspan="2">설탕, 물엿 등의 첨가당 최소한으로 섭취</td></tr>
<tr><td>식이섬유</td><td>100% 충분섭취량</td></tr>
<tr><th colspan="4">일반적 개념의 목표</th></tr>
</table>

1. 건강인의 건강 증진을 위한 것이다.
2. 과학적인 근거를 기반으로 식사구성안을 개발해야 하며, 그러기 위해서는 최신 연구의 결과와 국민건강 영양조사의 최신 조사 결과를 반영해야 한다.
3. 식사구성안은 한국인의 식생활지침에도 부합되도록 전반적인 식생활을 포함하는 내용으로 권장한다.
4. 식사구성안은 일반인들이 사용하기 쉽고 간편해야 한다.
5. 식사구성안은 영양소 섭취기준의 목표가 실제 식생활에 적용이 가능해야 한다.
6. 식사구성안은 사용자의 개인 선호 식품에 따라 동일한 식품군 내에서는 식품의 변화를 주고자 할 때 식품의 대체가 용이하며, 변경한 식품은 식품간의 영양소가 충족되어야 한다.

3) 대표식품의 1인 1회 분량 설정

1인 1회 분량에 해당하는 섭취회수는 식품군의 에너지 함유량을 맞추는 방향으로 결정하였다. 1인 1회 분량이 각 해당 식품군의 에너지 함유량과 같다면 1회, 약 1/3 정도에 해당하는 분량이면 0.3회 임을 명시하였다. 예를 들어, 곡류에서 식빵 섭취량은 사분위수 범위(interquartile range)가 25에서 77g으로 1회에 100g이상을 섭취하는 사람들이 소수였다. 이에 식빵 1쪽에 해당하는 35g으로 결정하고 0.3 회라고 명시하여, 3배 정도 섭취 시 곡류의 에너지 함유량 300 kcal를 섭취한다는 것을 설명할 수 있게 하였다[표 9-11 ~ 표 9-16].

(1) 인지하기 쉬운 분량 고려

일상적으로 쉽게 인지하고 이해할 수 있는 분량을 고려하였다. 식품의약품안전처에서 고시하는 1회 제공기준량을 고려하여 포장 단위로 익숙한 분량으로 설정하였다. 식품의약품안전처에서 고시하는 1회 제공량은 소비계층이 통상적으로 1회 섭취하기에 적당한 식품의 양으로서(식품의약품안전처고시 제 2015-20호; 식품의약품안전처 고시 제2014-107호), 열량과 영양소에 대한 정보를 제공하는 영양표시에서 기준 단위로 사용되고 있

다. 예로 햄, 소시지, 베이컨의 경우 식품의약품안전처에서 고시하는 1회 제공기준량을 기초로 30 g으로 설정하였다. 개별로 섭취하는 식품의 경우 각 개별 단위를 고려하였다. 예로 쌀밥은 한 공기에 해당하는 백미 90 g을, 달걀은 1개 분량이 인지하기 쉽고 기준 단위로 적합하므로 달걀 60 g을 1회 섭취 분량으로 설정하였다.

(2) 식품군별 1인 1회 분량 설정

- 곡류의 대표 식품 분량 및 해당 횟수는 2010년 개정안과 같이 평균 에너지 함량 300kcal에 해당되도록 하였다[표 9-11]. 예로 식빵 1쪽 35g을 1회 분량으로 설정하면 약 100kcal에 해당되므로 0.3회라는 1인 1회 분량에 해당하는 횟수를 제시하였다.
- 고기·생선·달걀·콩류는 1인 1회 분량이 평균 에너지 함량 100kcal, 평균 단백질 함량 10 g에 해당한다. 육류의 경우 2010년 개정안과 마찬가지로 60g으로 설정하였으나, 가공식품인 햄, 소시지, 베이컨은 식품의약품안전처 고시 1회 제공량인 30g으로 설정하였다. 2010년 개정안과 비교하여 어묵, 게맛살과 어류젓은 다빈도 기준에 부합하여 추가되었다[표 9-12].
- 채소류는 1인 1회 분량이 에너지 함량 평균 15kcal에 해당하도록 하고, 2010년 개정안과 마찬가지로 김치를 포함하였다. 다른 생채소에 비해 에너지 함량이 높은 우엉은 40g으로 설정하였다[표 9-13].
- 과일류는 1인 1회 분량이 평균 에너지 함량 50kcal에 해당하고, 2010년 개정안과 비교하여 건포도, 대추(말린 것)이 다빈도 선정 기준에 포함되어 추가 하였다. 말린 과일은 평균 에너지 함량 50kcal와 식품의약품안전처 고시 1회 제공량을 고려하여 1인 1회 분량을 15g으로 설정하였다[표 9-14].
- 우유·유제품류는 1인 1회 분량이 에너지 함량 평균 125kcal에 해당하며 이는 우유 1잔(200mL)에 해당하는 분량이다. 2010년 개정안과 마찬가지로 요구르트(호상) 100g, 요구르트(액상)150g, 아이스크림 100g으로 설정하였다. 치즈의 경우 치즈 1회 제공량에 해당하는 20g으로 설정하였다[표 9-15].
- 유지·당류는 1인 1회 분량이 에너지 함량 평균 45kcal에 해당하며 2010년 개정안과 같은 값을 유지하였다[표 9-16].

[표 9-11] 곡류의 주요 식품, 1인 1회 분량 및 1회 분량에 해당하는 횟수

	품목	식품명	1회 분량(g)[1]	횟수[2]
곡류 (300 kcal)	곡류	백미, 보리, 찹쌀, 현미, 조, 수수, 기장, 팥	90	1회
		옥수수	70	0.3회
		쌀밥	210	1회
	면류	국수(말린 것)	90	1회
		국수(생면)	210	1회
		당면	30	0.3회
		라면사리	120	1회
	떡류	가래떡/백설기	150	1회
		떡(팥소, 시루떡 등)	150	1회
	빵류	식빵	35	0.3회
		빵(찜빵, 팥빵 등)	80	1회
		빵(기타)	80	1회
	씨리얼류	시리얼	30	0.3회
	감자류	감자	140	0.3회
		고구마	70	0.3회
	기타	묵	200	0.3회
		밤	60	0.3회
		밀가루, 전분, 빵가루, 부침가루, 튀김가루, 믹스	30	0.3회
	과자류	과자(비스킷, 쿠키)	30	0.3회
		과자(스낵)	30	0.3회

삭제한 식품 : 혼합잡곡, 삶은 면, 냉면국수, 메밀국수

1) 1회 섭취하는 가식부 분량임

2) 곡류 300 kcal에 해당하는 분량을 1회라고 간주하였을 때, 해당 1회 분량에 해당하는 횟수

[표 9-12] 고기 · 생선 · 달걀 · 콩류의 주요 식품, 1인 1회 분량 및 1회 분량에 해당하는 횟수

	품목	식품명	1회 분량(g)[1]	횟수[2]
고기·생선·달걀·콩류 (100 kcal)	육류	쇠고기(한우,수입우)	60	1회
		돼지고기, 돼지고기(삼겹살)	60	1회
		닭고기	60	1회
		오리고기	60	1회
		햄, 소시지, 베이컨, 통조림햄	30	1회
	어패류	고등어, 명태/동태, 조기, 꽁치, 갈치, 다랑어(참치)	60	1회
		바지락, 게, 굴	80	1회
		오징어, 새우, 낙지	80	1회
		멸치자건품, 오징어(말린 것), 새우자건품, 뱅어포(말린 것), 명태(말린 것)	15	1회
		다랑어(참치통조림)	60	1회
		어묵, 게맛살	30	1회
		어류젓	40	1회
	난 류	달걀, 메추라기알	60	1회
	콩 류	대두, 완두콩, 강낭콩	20	1회
		두부	80	1회
		순두부	200	1회
		두유	200	1회
	견과류	땅콩, 아몬드, 호두, 잣, 해바라기씨, 호박씨	10	0.3회

삭제한 식품 : 미꾸라지, 민물장어, 넙치, 삼치, 깨(유지류로)

1) 1회 섭취하는 가식부 분량임

2) 고기 · 생선 · 달걀 · 콩류 100 kcal에 해당하는 분량을 1회라고 간주하였을 때, 해당 1회 분량에 해당하는 횟수

[표 9-13] 채소류의 주요 식품, 1인 1회 분량 및 1회 분량에 해당하는 횟수

	품목	식품명	1회 분량(g)[1]	횟수[2]
채소류 (15 kcal)	채소류	파, 양파, 당근, 풋고추, 무, 애호박, 오이, 콩나물, 시금치, 상추, 배추, 양배추, 깻잎, 피망, 부추, 토마토, 쑥갓, 무청, 붉은고추, 숙주나물, 고사리, 미나리	70	1회
		배추김치, 깍두기, 단무지, 열무김치, 총각김치	40	1회
		우엉	40	1회
		마늘, 생강	10	1회
	해조류	미역, 다시마	30	1회
		김	2	1회
	버섯류	느타리버섯, 표고버섯, 양송이버섯, 팽이버섯	30	1회

삭제한 식품 : 고구마줄기, 근대, 쑥, 아욱, 취나물, 두릅, 머위, 가지, 늙은 호박, 나박김치, 오이소박이, 동치미, 갓김치, 파김치, 도라지, 토마토주스, 파래

[1] 1회 섭취하는 가식부 분량임

[2] 채소류 15 kcal에 해당하는 분량을 1회라고 간주하였을 때, 해당 1회 분량에 해당하는 횟수

[표 9-14] 과일류의 주요 식품, 1인 1회 분량 및 1회 분량에 해당하는 횟수

	품목	식품명	1회 분량(g)[1]	횟수[2]
과일류 (50 kcal)	과일류	수박, 참외, 딸기,	150	1회
		사과, 귤, 배, 바나나, 감, 포도, 복숭아, 오렌지, 키위, 파인애플	100	1회
		건포도, 대추(말린 것)	15	1회
	주스류	과일음료	100	1회

삭제한 식품 : 망고

[1] 1회 섭취하는 가식부 분량임

[2] 과일류 50 kcal에 해당하는 분량을 1회라고 간주하였을 때, 해당 1회 분량에 해당하는 횟수

[표 9-15] 우유·유제품류의 주요 식품, 1인 1회 분량 및 1회 분량에 해당하는 횟수

	품목	식품명	1회 분량(g)[1]	횟수[2]
우유·유제품류 (125 kcal)	우유	우유	200	1회
	유제품	치즈	20	0.3회
		요구르트(호상)	100	1회
		요구르트(액상)	150	1회
		아이스크림	100	1회

[1] 1회 섭취하는 가식부 분량임

[2] 우유 · 유제품류 125 kcal에 해당하는 분량을 1회라고 간주하였을 때, 해당 1회 분량에 해당하는 횟수

[표 9-16] 유지·당류의 주요 식품, 1인 1회 분량 및 1회 분량에 해당하는 횟수

	품목	식품명	1회 분량(g)[1]	횟수[2]
유지 · 당류 (45 kcal)	유지류	참기름, 콩기름, 커피프림, 들기름, 유채씨기름/채종유, 흰깨, 들깨, 버터, 포도씨유, 마요네즈	5	1회
		커피믹스	12	1회
	당류	설탕, 물엿/조청, 꿀	10	1회

삭제한 식품 : 옥수수기름, 당밀/시럽, 사탕

[1] 1회 섭취하는 가식부 분량임

[2] 유지 · 당류 45 kcal에 해당하는 분량을 1회라고 간주하였을 때, 해당 1회 분량에 해당하는 횟수

[표 9-17] 19-64세 남성 권장 식단(2,400 kcal, B타입)

(회 분량)

메뉴	분량	아침	점심	저녁	간식
		쌀밥 육개장 조기구이 콩자반 실파무침	잔치국수 동태전 느타리버섯볶음 시금치나물 가지나물	잡곡밥 미역국 수육 모듬쌈&쌈장 도토리묵무침 배추김치	시리얼 우유 배 단감 사과 군고구마 녹차
곡류	4회	쌀밥 210g (1)	국수(생면) 210g (1)	잡곡밥 210g (1) 도토리묵 70g (0.1)	시리얼 30g (0.3) 고구마 140g (0.6)
고기·생선·달걀·콩류	5회	소고기 30g (0.5) 조기 60g (1) 검정콩 20g (1)	동태, 달걀 60g (1)	돼지고기 90g (1.5)	
채소류	8회	숙주, 고사리, 무 70g (1) 실파 70g (1)	애호박 17g (0.25) 김 0.5g (0.25) 느타리버섯 30g (1) 시금치 70g (1) 가지 70g (1)	미역 15g (0.5) 상추, 고추, 깻잎 70g (1) 배추김치 40g (1)	
과일류	3회				배 100g (1) 단감 100g (1) 사과 100g (1)
우유·유제품류	1회				우유 200mL (1)

[표 9-18] 19-64세 여성 권장 식단(1,900 kcal, B타입)

(회 분량)

메뉴	분량	아침	점심	저녁	간식
		쌀밥 달걀국 땅콩멸치볶음 애호박나물 깍두기	보리밥 팽이버섯된장국 소불고기 콩나물무침 오이소박이	떡국 갈치카레구이 꽈리고추볶음 배추겉절이 양배추샐러드	우유 토마토 귤 포도
곡류	3회	쌀밥 210g (1)	보리밥 210g (1)	가래떡 150g (1)	
고기·생선·달걀·콩류	4회	달걀 30g (0.5) 건멸치(소) 15g (1) 땅콩 6g (0.2)	소고기 60g (1)	소고기 18g (0.3) 갈치 60g (1)	
채소류	8회	애호박 70g (1) 깍두기 40g (1)	팽이버섯 15g (0.5) 양파 35g (0.5) 콩나물 70g (1) 오이 70g (1)	꽈리고추 35g (0.5) 배추 35g (0.5) 양배추 70g (1)	토마토 70g (1)
과일류	2회				귤 100g (1) 포도 100g (1)
우유·유제품류	1회				우유 200mL (1)

구분	식단	식단사진	
		식사	간식
아침	쌀밥 육개장 조기구이 콩자반 실파무침		시리얼, 우유, 배 
점심	잔치국수 동태전 느타리버섯볶음 시금치나물 가지나물		단감, 사과 
저녁	잡곡밥 미역국 수육 모듬쌈&쌈장 도토리묵무침 배추김치		군고구마, 녹차 

유지·당류 6회는 조리시 소량씩 사용

구분	식단	식단사진	
		식사	간식
아침	쌀밥 달걀국 땅콩멸치볶음 애호박나물 깍두기		우유, 토마토 
점심	보리밥 팽이버섯된장국 소불고기 콩나물무침 오이소박이		귤 
저녁	떡국 갈치카레구이 꽈리고추볶음 배추겉절이 양배추샐러드		포도 

유지 · 당류 4회는 조리 시 소량씩 사용

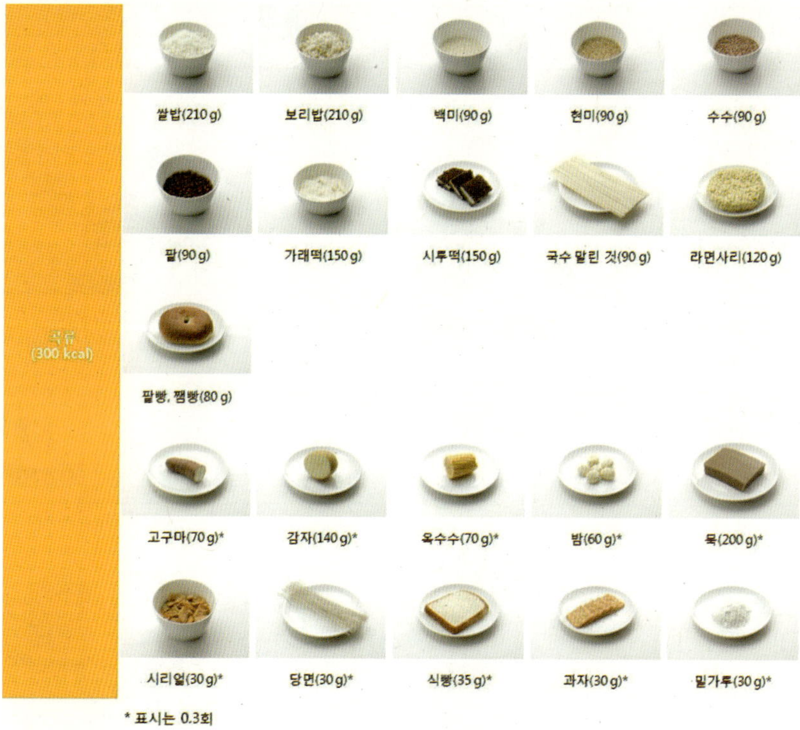

[그림 9-6] 곡류의 1인 1회 분량

[그림 9-7] 고기 · 생선 · 달걀 · 콩류의 1인 1회 분량

[그림 9-8] 채소류의 1인 1회 분량

[그림 9-9] 과일류의 1인 1회 분량

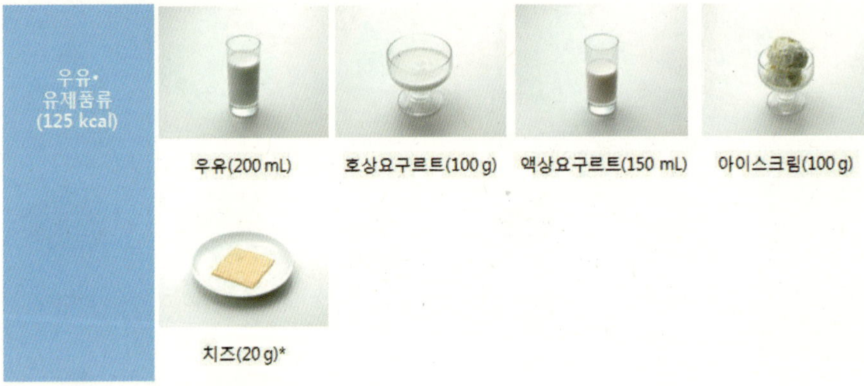

* 표시는 0.3회

[그림 9-10] 우유 · 유제품류의 1인 1회 분량

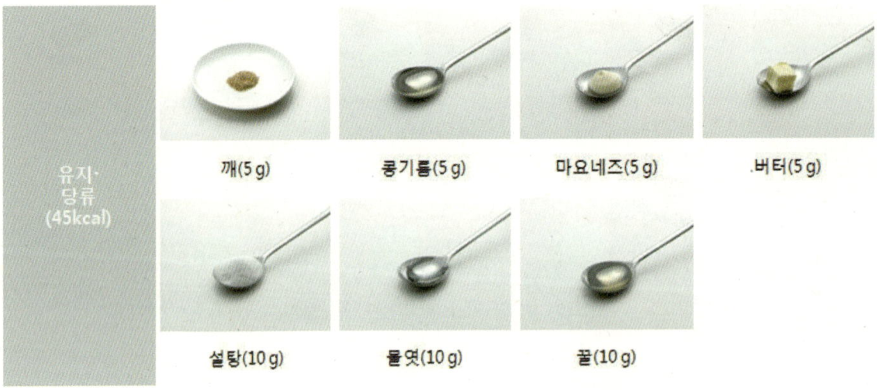

[그림 9-11] 유지 · 당류의 1인 1회 분량

(3) 식사기록지 작성과 평가

매일 섭취한 식품 및 음식을 식사(아침, 점심, 저녁)와 간식으로 구분하여 기입하고 자신의 1일 에너지필요량과 비교하여 현재 자신의 식사섭취가 적절 또는 부적절한지를 평가할 수 있다. 식사일기를 작성하기 위해서는 식품구성자전거에 대한 지식과 식품군별 대표 식품들의 1인 1회 분량을 전반적으로 파악하여 식품군별로 각 대표식품을 구분할 수 있어야 하므로 청소년과 성인이 활용하기 적합한 도구이다. 식품구성자전거에 식품군별로 대표되는 식품이 표현되어 있어, 식사일기를 위해서각 식품군에 속하는 식품을 찾지 않아도 되고 식품구성자전거 내에 권장섭취횟수를 기입하여 본인의 에너지필요량에 맞는 일기서식을 작성하므로 식사일기 작성이 간단하다는 것이 큰 장점이다.

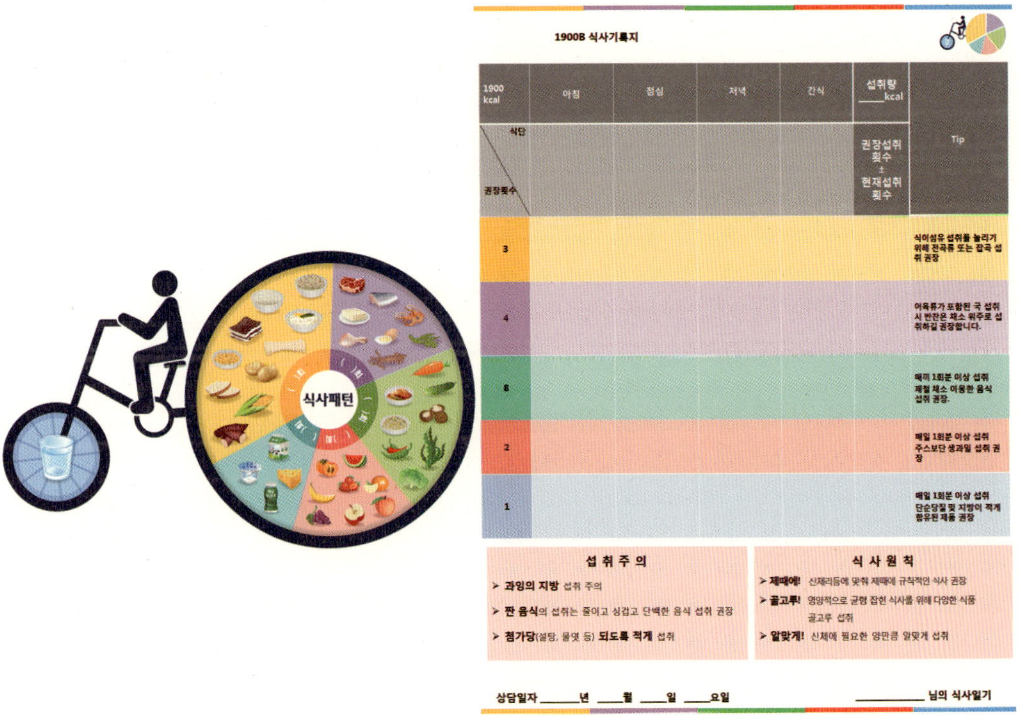

1900B 식사기록지

1900 kcal	아침	점심	저녁	간식	섭취량 ____kcal	Tip
식단 / 권장횟수					권장섭취 횟수 ± 현재섭취 횟수	
3						식이섬유 섭취를 늘리기 위해 전곡류 또는 잡곡 섭취 권장
4						어육류가 포함된 국 섭취시 반찬은 채소 위주로 섭취하길 권장합니다.
8						매끼 1회분 이상 섭취 제철 채소 이용한 음식 섭취 권장.
2						매일 1회분 이상 섭취 주스보단 생과일 섭취 권장
1						매일 1회분 이상 섭취 단순당질 및 지방이 적게 함유된 제품 권장

섭 취 주 의

- **과잉의 지방** 섭취 주의
- **짠 음식**의 섭취는 줄이고 싱겁고 단백한 음식 섭취 권장
- **첨가당**(설탕, 물엿 등) **되도록 적게** 섭취

식 사 원 칙

- **제때에!** 신체리듬에 맞춰 제때에 규칙적인 식사 권장
- **골고루!** 영양적으로 균형 잡힌 식사를 위해 다양한 식품 골고루 섭취
- **알맞게!** 신체에 필요한 양만큼 알맞게 섭취

상담일자 ______년 ____월 ____일 ____요일　　__________님의 식사일기

[그림 9-12] 식사기록지 1

1900B 식사기록지 예시

1900 kcal	아침	점심	저녁	간식	섭취량 ____kcal	Tip
식단 / 권장횟수	쌀밥 계란국 쇠고기두부볶음 오이소박이	국수장국 쌀밥 닭강정 양상추샐러드 배추김치	찹쌀밥 대구탕 돈사태찜 청경채버섯무침 깍두기	우유 포도 토스트	권장섭취 횟수 ± 현재섭취 횟수	
3	오곡밥 1회 / 1공기	국수 1회 / 1그릇 쌀밥 0.5회 / ½공기	찹쌀밥 1회 / 1공기	식빵 1회 / 2쪽	4.5 / (+)1.5	식이섬유 섭취를 늘리기 위해 전곡류 또는 잡곡 섭취 권장
4	계란 0.5회 / ½개 쇠고기, 두부 1회 / 1접시	닭고기 1.5회 / 1.5접시 (큰 1접시)	대구 1회 / 1그릇 돈사태 1회 / 1접시	햄 0.5회 / 1장	5.5 / (+)1.5	어육류가 포함된 국 섭취 시 반찬은 채소 위주로 섭취하길 권장합니다.
8	오이소박이 1회 / 1접시	양상추 1회 / 1접시 배추김치 1회 / 1접시	무, 파 1회 / ( )	양배추, 당근, 양파, 오이 1회 / 1접시	5 / (-)3	매끼 1회분 이상 섭취 제철 채소 이용한 음식 섭취 권장.
2				포도 1회 / ⅛송이	1 / (-)1	매일 1회분 이상 섭취 주스보단 생과일 섭취 권장
1				우유 2회 / 2컵	2 / (+)1	매일 1회분 이상 섭취 단순당질 및 지방이 적게 함유된 제품 권장

섭 취 주 의

- ➤ **과잉의 지방** 섭취 주의
- ➤ **짠 음식**의 섭취는 줄이고 싱겁고 단백한 음식 섭취 권장
- ➤ **첨가당**(설탕, 물엿 등) **되도록 적게** 섭취

식 사 원 칙

- ➤ **제때에!** 신체리듬에 맞춰 제때에 규칙적인 식사 권장
- ➤ **골고루!** 영양적으로 균형 잡힌 식사를 위해 다양한 식품 골고루 섭취
- ➤ **알맞게!** 신체에 필요한 양만큼 알맞게 섭취

상담일자 ______년 ____월 ____일 ____요일 __________ 님의 식사일기

[그림 9-13] 식사기록지 작성 예시

6. 식품교환표 활용 식단 작성법

1) 식품교환표란

식품교환표란 식품을 6가지 식품군별로 구분하여 같은 식품군의 당질, 단백질, 지방 및 열량에 맞는 식품을 교환해서 먹을 수 있도록 식품의 양을 표시한 것이다. 처음에는 미국의 당뇨병학회와 미국영양사협회가 식품교환표를 개발하였고 우리나라에서도 한국의 식품교환표가 개발되었다. 그러므로 개발된 초기에는 당뇨환자의 식사요법을 위해 주로 사용되었으나 이제는 비만, 암 등 환자뿐만 아니라 누구에게나 쉽게 식단작성과 식단의 영양평가를 할 수 있다.

식품교환표는 영양소에 따라 식품군을 분류하였다. 3개의 주분류는 탄수화물군, 어육류 그리고 지방군이다. 탄수화물군에는 곡류군, 과일군, 우유군, 채소군 등이 포함된다.

곡류군은 탄수화물을 주로 공급하는 식품군으로 대표적으로 쌀, 보리, 국수, 라면, 빵, 떡, 옥수수, 감자, 밤 설탕 등의 식품이 있다. 어육류는 주로 단백질을 공급하는 식품군으로 지방함량에 따라 저지방군, 중지방군, 고지방군으로 분류하고 있다. 어육류 저지방식품군은 지방이 적은 쇠고기(혹은 돼지고기, 닭고기 등), 굴비, 북어, 동태, 복어, 조기, 새우, 전복, 생굴, 낙지 등이 있다. 어육류 중지방 식품군은 돼지고기안심, 쇠고기안심, 달걀, 민어, 장어, 갈치, 두부 등이 있다. 어육류 고지방 식품군은 치즈, 소갈비, 삼겹살 등이 있다. 채소군은 주로 무기질과 비타민을 공급하는 식품으로 무, 배추, 상추, 열무, 오이, 당근, 미나리, 부추, 시금치, 콩나물, 버터, 호두, 땅콩 들이 있다. 우유군은 주로 칼슘 등의 무기질과 비타민을 공급하는 식품군으로 우유, 전지분유, 조제분유 등이 있다. 과일군은 주로 비타민과 무기질을 공급하는 식품군으로 사과, 배, 참외, 수박, 귤, 딸기, 토마토, 포토, 감 등이 있다. 이와 같이 같은 식품군에서는 주로 공급하는 영양소가 다르므로 식품교환표를 이용하여 6가지 식품군의 다양한 식품을 균형되게 선택하여 기호에 맞는 건강식단을 작성하여 즐거운 식사를 할 수 있다.

[표 9-19] 식품군별 식품 및 1교환단위량의 예

식품군		열량(kcal)	탄수화물(g)	단백질(g)	지방(g)	식품의 예
곡류군		100	23	2	–	밥 1/3공기(70g), 식빵 1쪽(35g), 삶은국수 1/2공기(90g), 감자 1개(140g). 고구마 1/2개(70g), 인절미 3개(50g), 콘플레이크 3/4컵(30g), 옥수수 중1/2개(70g), 크래커 5개(20g), 미숫가루 1/4컵(30g)
어육류군	저지방	50	–	8	2	소고기(사태) 로스용 1장(40g), 동태 1토막(50g), 잔멸치 1/4컵(15g)
어육류군	중지방	75	–	8	5	소고기(등심, 안심)로스용 1장(40g), 갈치 1토막(50g), 달걀 1개(55g), 검정콩 2큰술(20g), 두부 1/5모(80g), 닭다리 1개(40g), 북어 1/2토막(15g), 새우 중3마리(50g) 생선 소1토막(50g), 멸치 1/4컵(15g), 조갯살 1/3컵(70g)
어육류군	고지방	100	–	8	8	소갈비 1토막(40g), 비엔나소시지 5개(40g), 참치통조림 1/3컵(50g)
채소군		20	3	2	–	익힌 시금치 1/3컵(70g), 상추 소 12장(70g), 오이 1/3(70g), 김 1장(2g), 생표고버섯 3개(50g), 배추김치 6~7개(50g), 콩나물(70g), 미역(생 70g), 양배추(70g), 깻잎(40g), 느타리버섯(50g), 파프리카(70g)
지방군		45	–	–	5	참깨 1큰술(8g), 땅콩 8개(8g), 콩기름 1작은술(5g), 참기름(5g), 사우전드드레싱(10g), 잣(8g), 버터(5g), 마요네즈(5g), 호두(8g), 해바라기씨(8g)
우유군	일반	125	10	6	7	일반우유 1컵(200g), 무가당두유 1컵(200g)
우유군	저지방	80	10	6	2	저지방(2%)우유 1컵(200g)
과일군		50	12	–	–	사과 1/3개(80g), 포도 19알(100g), 귤(120g), 배(110g), 바나나(50g), 딸기(150g), 단감(50g), 수박(150g), 토마토(350g), 오렌지(100g)

출처 : 대한당뇨병학회, 전문가가 추천하는 당뇨병 이해와 관리, 2016

2) 식품교환량의 가식부 중량 확인하기

식품교환표에는 각 식품마다 1교환단위의 중량과 목측량이 제시되어 있다. 식품의 중량과 부피는 식품의 상태, 조리 전후의 변화 정도, 이용하는 용기의 크기나 음식을 눌러 담은 정도 등에 따라 다르므로 목측량을 이용하여 식사관리를 할 경우 실제 중량과 부피가 교환표에 제시된 양과 많은 차이가 날 수 있다. 따라서 식사관리시 여러 번 반복해서 식품을 계량하면서 목측량의 정확한 크기를 익히도록 하여야 한다.

식품의 중량을 측정하는 것은 부피로 식품을 측정하는 것보다 더 정확한 방법이며 많이 사용되고 있다. 식품의 중량은 저울을 사용하여 측정하며 용기를 놓고 0점을 맞추어 사용하는 저울을 사용하면 편리하다.

우유군, 지방군은 부피를 측정할 때는 계량컵이나 계량스푼을 사용한다. 계량컵은 200cc, 1T(큰술)은 15cc, 1t(작은술)은 5cc이다. 계량컵이나 계량스푼을 이용하여 식품의 부피를 측정할 때는 꾹 눌러 담거나 바닥을 두드려 다져지지 않도록 해야 한다.

식품교환표에 밥, 삶은 국수와 같이 익혀 놓은 상태의 중량이 제시되어 있는 경우에는 조리된 음식의 중량을 계량하지만, 대부분의 식품은 생식품의 상태로 1교환단위의 중량이 제시되어 있으므로 조리 전에 중량을 측정한다. 예를 들면 고기와 생선은 조리를 하면 중량이 줄어드는데, 식품교환표에 제시된 중량은 조리 전, 줄어들기 전의 중량이다.

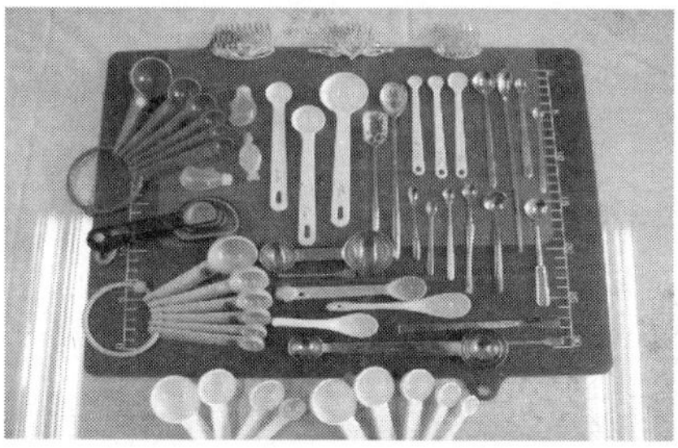

[그림 9-14] 1큰술(T, 15cc)과 1작은술(t, 5cc) 계량스푼과 다양한 계량스푼

[표 9-20] 어육류군 식품 조리후의 중량

구분	조리후 중량
소고기 40g 조리시	불고기 35g, 장조림 25g, 완자전 30g, 사태찜 30g, 로스구이 30g
닭고기 40g 조리시	닭조림 35g, 닭가슴살구이 30g
돼지고기 40g 조리시	목살구이 30g, 삼겹살구이 30g
생선류 50g 조리시	칼치구이 45g, 조기구이 45g, 삼치구이 45g 칼치조림 45g, 조기조림 50g, 삼치조림 50g

식품교환표의 1교환단위의 중량은 가식부의 중량으로 제시되어 있다. 생선의 경우 대부분 머리나 가시, 내장은 먹지 않으며, 닭고기도 뼈를 먹지 않는다. 따라서 이렇게 먹지 않는 부분은 중량을 잴 때 제거하여야 한다. 과일도 순수하게 먹는 부분의 중량만 달도록 한다. 영양분석은 음식의 가식부만 하므로 음식의 먹지 않는 부분, 예를 들어 뼈, 가시, 껍질 등은 영양분석에서는 제외하여야 하므로 폐기부를 제외한 가식부의 중량을 측정하여야 한다.

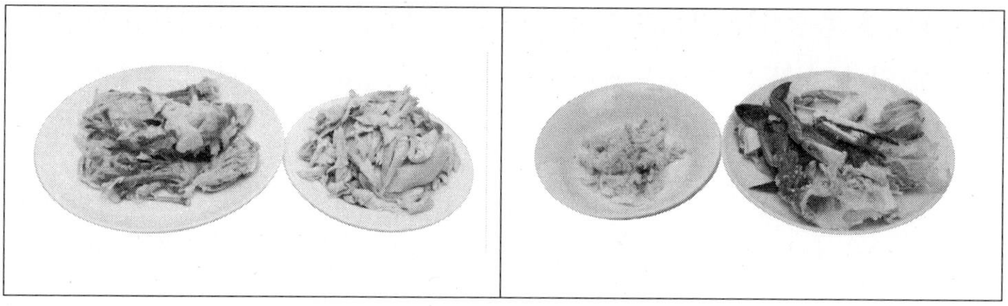

[그림9-15] 닭고기와 꽃게의 가식부와 폐기부의 사진

알코올 음료의 열량은 알코올 음료의 1교환단위의 영양소 기준을 열량 80칼로리, 알코올 9g으로 정하였다. 소주의 1교환단위는 소주 1잔(50cc)이며 맥주는 1컵(200cc), 막걸리 1컵(200cc), 포도주 1잔(100cc)이다. 당질 함량이 높은 단포도주는 곡류군 0.5단위, 칵테일은 곡류 1단위를 추가로 산정하여야 한다.

[표 9-21] 알코올 음료의 1교환단위

식품 목록	1단위 양	단위당 영양소			포장단위당 영양소			
		열량	알코올 (g)	당질 (g)	포장단위 (cc/병)	열량 (kcal)	당질 (g)	알코올 농도 (%)
막걸리	1컵(200cc)	92	9.4	3.6	750/병	345	13.5	6
맥주, 라이트, 일반맥주	1컵(200cc)	58	7.1	3.3	500/병	145	8.3	4.5
맥주, 생맥주	1/2잔(250cc)	93	8.2	7.8	500/잔	185	15.5	4.2
맥주, 일반맥주	1컵(200cc)	74	7.1	5.6	500/병	185	14	4.5
맥주, 흑맥주(스타우트)	1컵(200cc)	92	6.6	7.2	330/병	152	11.9	4.2
샴페인	1잔(100cc)	44	4.7	0.5	640/병	280	3.2	6
소주	1잔(50cc)	71	9.8	0	360/병	510	0	25
소주(순한소주)	1잔(50cc)	55	7.9	0	360/병	400	0	20
와인, 테이블용, 레드	1잔(100cc)	85	10.2	2.6	750/병	638	19.5	13
와인, 테이블용, 화이트	1잔(100cc)	83	10.2	2.6	750/병	623	19.5	13
위스키(패스포트)	1잔(30cc)	95	12.6	0	360/병	1140	0	40
청주	1잔(50cc)	76	9	3	300/병	390	12.6	16
포도주, 단포도주	1잔(100cc)	123	11	12.2	750/병	925	91.5	14
포도주, 백포도주	1잔(100cc)	74	9.4	2.4	750/병	555	18	12
포도주, 적포도주	1잔(100cc)	70	9.4	4.8	750/병	525	36	12
매실주	1잔(50cc)	78	5.6	10.4				13

출처 : 대한당뇨병학회, 2010

3) 식품교환표로 식단작성하기

식품교환표를 활용하여 간편하게 열량과 영양소를 고려하면서 다음과 같이 식단작성을 할 수 있다. 식품교환표를 활용한 식단작성 단계를 따라 가보자.

1단계 : 총열량과 단백질, 지방, 당질의 필요량을 산정
2단계 : 각 식품군별 교환 단위수의 결정
3단계 : 1일 교환 단위수의 끼니별 분배
4단계 : 식품교환군 목록에서 식품과 단위수를 선택

1단계에서 각 개인의 질병의 종류와 정도 및 체중을 고려하여 총열량과 단백질, 지방, 당질의 필요량을 결정하면 2단계에서는 교환 단위수를 결정하게 된다. 교환단위수의 계산 순서는 다음과 같다.

① 먼저 대상자에 맞도록 식성을 참고로 하여 우유군, 채소군, 과일군의 단위수를 결정한다.

예 : 우유군········ 2교환 단위
채소군········10교환 단위
과일군········ 2교환 단위

② 잠정적으로 정한 우유군, 채소군, 과일군의 당질, 단백질, 지방량을 계산한다.

③ 곡류군의 교환 단위수를 결정한다. …먼저 우유군, 채소군, 과일군의 당질함량을 합한 다음 이양을 처방된 당질 필요량에서 뺀다. 이렇게 해서 나온 당질량을 23g(곡류 1교환 단위의 당질량)으로 나눈다. 이 값이 하루에 필요한 곡류의 총 교환 단위수이다. 이 교환단위에서 당질과 단백질 값을 계산한다.

④ 당질 함량을 전부 합하여 3~4g정도가 처방된 양보다 많으면 채소류, 과일류, 곡류에서 조절한다.

⑤ 육류군의 교환 단위를 결정한다. … 우유군, 채소군, 곡류군의 단백질을 합하여 처방

된 단백질량에서 뺀다. 나머지 단백질량을 8g(육류군의 1교환 단위의 단백질량)으로 나누며 이렇게 해서나온 값이 육류군의 교환 단위수이다.

⑥ 지방군의 교환 단위를 결정한다. … 우유군과 육류군의 지방함량을 계산하여 처방된 지방함량에서 뺀다. 이 수를 5g(지방군 1교환 단위의 지방량)으로 나누며, 이 값이 지방 교환 단위수이다.

[표 9-22] 식품교환표를 이용한 계산의 예

당질 258g, 단백질 90g, 지방 42g, 열량 1790kcal

교환군	식품	심볼	단위수	당질(g)	단백질(g)	지방(g)	열량(kcal)
1	우유군		2	20	12	14	250
2	채소군		10	30	20		200
3	과일군		2	24 (260−74=186)			100
4	곡류군		8	184	16 (90−48=42)		800
5	어육류군 저지방 중지방		4 2		32 16	8 10 (40−32=18)	200 150
6	지방군		2			10	90
				258	90	42	1790

식품교환표를 이용하여 식품교환 단위수가 정해지면 3단계로 1일 식품교환 단위수를 끼니별로 적당하게 분배하도록 한다.

[표 9-23] 식품교환표를 이용한 계산의 예

당질 258g, 단백질 90g, 지방 42g, 열량 1790kcal

	곡류군	어육류군		채소군	지방군	우유군	과일군
아침	2	2	저지방	3	1	1	
점심	3	2	중지방① 저지방①	4	1		1
저녁	3	2	중지방① 저지방①	3	1	1	1
총량	8	6		10	3	2	2

이처럼 끼니별 배분이 끝나면 4단계로 실제로 식품을 선택하여 단위 수만큼 섭취할 수 있도록 식단을 작성한다.

[표 9-24] 식품교환표를 이용한 끼니별 식품교환수표

	곡류군	어육류군		채소군	지방군	우유군	과일군
		저지방	중지방				
아침	2	2		3	1	1	
점심	3	1	1	4	1		1
저녁	3	1	1	3	1	1	1
총량	8	6	6	10	3	2	2

이와 같이 같은 식품군에서는 주로 공급하는 영양소가 다르므로 식품교환표를 이용하여 6가지 식품군의 다양한 식품을 균형되게 선택하여 기호에 맞는 건강식단을 작성할 수 있다.

[표 9-25] 열량별 식품군별 식품교환단위수

열량 (kcal)	곡류군	어육류군			채소군	지방군	우유군	과일군
		저지방	중지방	고지방				
1,200	6	3	1		7	1	1	1
1,500	7	4	1		8	2	1	2
1,800	9	4	2		8	3	1	2
2,000	10	5	2		10	3	1	3
2,200	11	5	2	1	10	3	1	3
2,400	13	5	2	1	10	3	1	3

젓국찌개, 나박김치, 우유, 포도로 하였으며 식단의 총 식품군별 식품교환수를 알 수 있으며 열량 및 영양소도 알기 쉽도록 하였다. 샘플식단의 식품군별 심볼과 색깔로 나타내어 누구나 흥미롭고 쉽게 응용할 수 있도록 하였다.

[표 9-26] 일상음식의 식품군별 식품교환수

음식명	곡류군	어육류군			채소군	지방군	우유군	과일군
		저지방	중지방	고지방				
비빔밥	3.5	0.5	0.5					
국수장국	2.0	0.5				0.5		
생선찌개		1.0	0.5		2.5			
돼지갈비찜기본	0.5		2.0		1.5	2.0		
생선양념구이		2.5			1.0	0.5		
제육구이				1.5	0.5	0.5		
생선전	0.5	1.0	0.5			1.0		
육원전	1.0	1.0	0.5		1.0			
칠절판	0.5	0.5	0.5		1.0	1.0		
두부조림기본			1.0			1.0		
무생채기본					1.0			
보쌈김치기본					2.5			

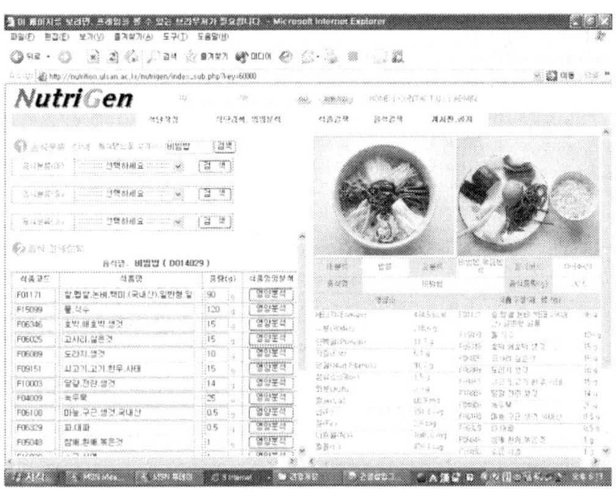
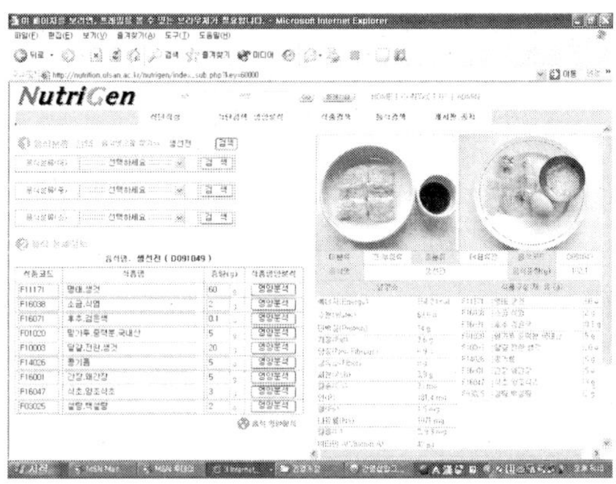

[그림 9-16] 뉴트리젠의 음식영양정보(비빔밥과 생선전) http://nutrition.ulsan.ac.kr 음식검색

비빔밥 : 475kcal(323g)

국수장국 : 247.5kcal(418g)

생선찌개 : 125kcal(350g)

돼지갈비찜기본 : 311kcal(198g)

생선양념구이 : 170kcal(155g)

제육구이 : 194kcal(77g)

생선전 : 154kcal (102g)

육원전 : 231kcal(128g)

칠절판 : 209kcal(137g)

두부조림기본 : 123kcal(89g)

무생채기본 : 25kcal(62g)

보쌈김치기본 : 94kcal(122g)

[그림 9-17] 일상음식의 열량(중량)

아침:538kcal(단백질 20g, 지방 21g)

점심:820kcal(단백질 38g, 지방 21g)

저녁: 553kcal(단백질 26g, 지방 9g)

[그림 9-18] 영양이 균형된 1일 건강식단((1911kcal, 단백질 84g, 지방 51g)

10장

건강체중과 비만관리

1. 비만의 평가
2. 비만성 염증과 대사질환
3. 비만개선을 위한 전략
4. 비만과 관련된 심리적 섭식장애
5. 체중부족의 영양관리

비만 (obesity) 은 단순히 체중이 증가된 상태를 말하는 것이 아니라 과다한 체지방 축적으로 인해 체중이 증가된 것을 말한다. 비만이 심각한 건강문제로서 질병차원에서 관리되어야 하는 이유는, 비만이 고지혈증, 제2형 당뇨병, 고혈압, 동맥경화, 간 질환, 담낭질환, 암, 알러지, 관절염, 우울증 등 다양한 질병의 위험인자로 작용하기 때문이다 (그림 10-1). 비만한 성인의 경우 정상 체중에 비해 고혈압 발생율이 5.6배, 고지혈증은 2.1배, 당뇨병은 2.9배가 높았다. 또한 암 발생율(특히 대장암, 직장암, 유방암, 자궁암)도 증가하였으며 심혈관계 질환으로 인한 사망률 또한 높게 나타났다. 따라서, 비만제어는 이들 질병의 예방 및 치료를 위해 무엇보다도 중요하다고 할 수 있다.

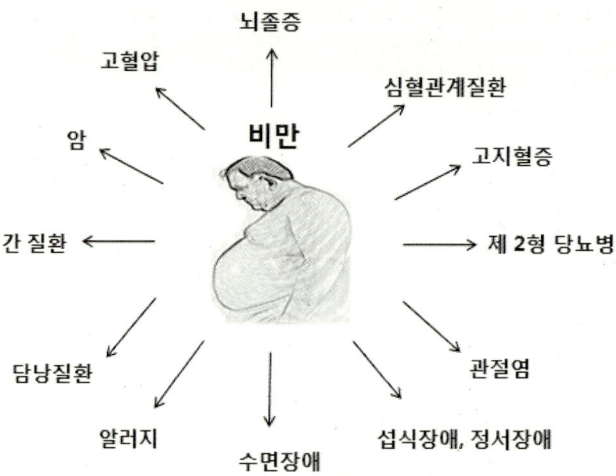

[그림 10-1]

1. 비만의 평가

비만의 정도를 평가하는 방법에는 신체계측법, 체지방량을 측정하는 법, 지방분포를 측정하는 법 등이 있으며, 일반적으로 널리 사용되는 비만도 측정법은 신체계측법이다. 신체계측법 가운데 간편한 방법으로는, 변형 브로카 법 (broca) 을 사용하여 (예: 이상체중 =(신장-100)×0.9) 이상체중을 설정한 후, 얻어진 이상체중을 기준으로 현재의 체중이 이상체중의 20%를 초과하면 비만, 10-20%이면 과체중으로 평가하는 방법이 있다. 또 다른 간편한 방법으로는 체질량지수, 허리둘레, 피하지방층 두께를 측정하는 법을 들 수 있다. 체질량지수 (body mass index, BMI kg/m^2)는 체중을 신장의 제곱으로 나눈 값을 말하며, 특히, 비만성 질환과의 발생의 위험도를 예측하는 척도로 널리 사용된다. 아시아-태평양 비만진단기준을 근거로 하여 이 값이 18.5 이하이면 저체중, 18.5-22.9 이면 정상, 23-25이면 과체중, 25 이상이면 비만으로 평가한다 (표 10-1). 또한, 허리둘레 (waist circumference)는 복부내장지방의 축적 정도를 잘 반영하므로 비만도 평가를 위해 중요한 척도로 사용된다. 특히, 복부비만인 사람에게서는 제2형 당뇨병이나 동맥경화 질환 발생율이 증가하므로, 허리둘레만으로노 건강위험도를 예측 평가할 수 있다. 허리둘레를 기준으로 하는 복부비만도 평가는 남성의 경우 90 cm이상, 여성의 경우 80 cm이상을 복부비만으로 평가한다. 피하지방층 두께 (skinfold thickness test)는 캘리퍼 (caliper)라는 기구를 사용하여 삼두박근, 견갑골하부, 장골하부의 두께를 측정한다. 그밖에도, 임상적으로는 생체전기저항법 (bioelectrical impedance analysis, BIA), 컴퓨터 단층촬영 (computer tomography, CT)과 자기공명영상 (magnetic resonance image, MRI)등을 사용하여 체지방량과 체지방 분포를 측정할수 있다.

[표 10-1] BMI에 따른 체중분류

분류	BMI 범위	비만 관련 질환의 위험
저체중	〈18.5	낮음
정상체중	18.5~22.9	보통
과체중	≥23	
위험체중	23.0~24.9	위험증가
비만 1 단계(obese class Ⅰ)	25.0~29.9	중등도 위험
비만 2 단계(obese class Ⅱ)	≥30	고도 위험
비만 3 단계(obese class Ⅲ)	≥40	극심한 위험

출처: 대한비만학회, 2004. 11.

2. 비만성 염증과 대사질환

비만은 과다한 체지방이 지방세포 내에 축적됨으로써 지방세포의 수와 크기가 비정상적으로 증가된 상태이다. 소아비만인 경우에는 지방세포의 수가 늘어나서 성인비만까지 연결될 수 있기 때문에 관리가 매우 중요하다. 성인의 경우에는 체중이 증가되면서 지방세포의 크기가 증가되기 쉽다. 지방세포는 중성지방의 형태로 에너지를 저장하는 저장 세포로서 기능을 할 뿐 만 아니라, 다양한 생리활성 단백질 (아디포카인/adipokine 또는 adipocytokine이라고 부름)을 분비하는 내분비 세포로도 기능을 한다. 아디포카인은 에너지대사조절, 식욕조절작용 등 대사적 항상성 유지에 기여하지만, 비만에 따른 아디포카인의 분비이상은 지방조직내로 염증세포의 축적및 활성화를 유도하여 지방조직 염증반응을 증가시킨다. 비만도(특히 복부비만도)가 증가할수록 대표적인 염증성 단백질 (c-reactive protein, TNFa, IL-6등)의 혈중 수준이 증가하고 염증성 신호전달계 (NF-kB signalling)가 활성화 된다. 따라서, 비만은 낮은 수준의 전신성 염증 상태 (a low-grade systemic inflammatory state)로 간주되며, 이같은 염증성 환경은 비만을 수반하는 다양한 대사성 질환 발생의 원인 또는 촉진 (당뇨/동맥경화 합병증 유발등) 하는 역할을 한다. 실제로, 비만환자의 체중 감소는 혈중 염증성 단백질 수준 감소와 함께 관련 대사질환의 진행을 지연시킨다. 따라서, 비만성 염증관리는 이들 비만성 대사질환의 예방차원에서 무엇보다도 중요하다.

3. 비만의 영양관리

비만은 에너지 섭취량과 에너지 소모량이 불균형한 상태로 [그림 10-2], 에너지 균형의 정상화를 위해서는 식사요법과 운동요법을 병행해야 한다. 또한, 극단적으로 에너지 섭취량을 줄이기보다는 충분한 양질의 단백질 공급과 적당량의 탄수화물 섭취가 필요하며, 필수지방산의 공급을 위한 지방질의 보급과 부족한 열량 섭취로 인한 부족한 무기질, 비타민을 충분히 보충하고 꾸준하게 식사요법을 실행하도록 한다. [표 10-2]은 비만인을 위한 저열량 1끼 식단(384kcal)이며 음식명과 재료 그리고 영양성분은 다음과 같다.

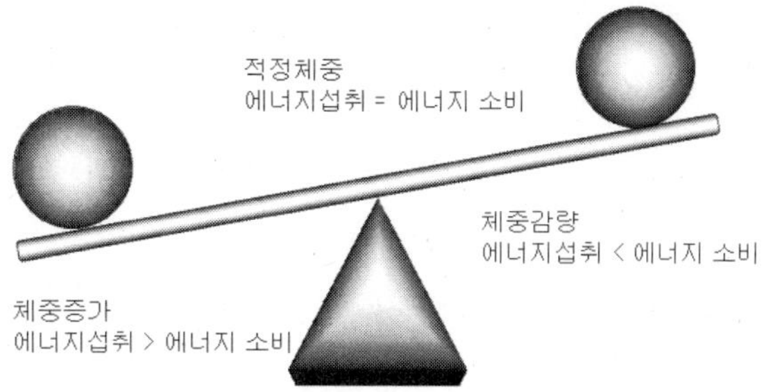

[그림 10-2] 비만과 에너지 균형

[표 10-2] 저열량 식단의 예와 영양소 분석

음 식 명	재 료 명(g)
강남콩밥	강낭콩 5
	쌀 50
무 들깨국	무 25
	들깨 1
	멸치다시다 0.5
	건다시마 1.5
쇠고기버섯볶음	쇠고기 40
	표고버섯 5
	간장 5, 설탕 1
	대파 4, 양파 4
	마늘 1, 참기름 1
미나리무침	미나리 50, 소금 2
	참기름 2
배추김치	배추김 50
사과	국광 100

영 양 소 명	함 량
열 량	384kcal
단 백 질	16g
지 방	9.3g
탄수화물	60g
섬 유 소	2.5g
칼 슘	90mg
철 분	4.8mg
나 트 륨	1,792mg
칼 륨	859mg
비 타 민 A	162R.E.
비 타 민 B_1	0.2mg
비 타 민 B_2	0.3mg
나 이 아 신	4.6mg
비 타 민 C	24.2mg
콜 레 스 테 롤	19.6mg

1) 열량

비만인의 열량구성원칙은 섭취 열량을 감소시키면서 균형된 식사를 제공하는 것이다. 체중 감량은 1주일에 0.5kg이나 1개월에 2~4kg의 체중감소가 바람직하다. 신체의 지방 1kg은 약 7,000㎉에 해당하므로 1주일에 0.5kg의 체중을 줄이기 위해서는 1일에 약 500㎉의 열량 섭취를 줄여준다. 또한 활동량을 증가시켜 소비 에너지양을 늘림으로 체중을 감소시킬 수 있다. 감량 초기에는 물과 글리코겐이 빠지게 되므로 꾸준히 지속해야만 지방을 제거할 수 있다. [그림 10-3]은 활동량 pyramid로 food guide pyramid와 같은 형식으로 구성되어져 있다. 그림에서 보면 매일하는 활동, 일주일에 3-5회 혹은 일주일에 2-3회 정도 하는 활동이며 TV나 컴퓨터게임 등 앉아서 하는 활동은 줄이도록 한다. 보통 1300-1500kcal 식사를 권장하나, 지나친 저열량식은 일시적 감량은 가능하나 장기적으로 계속하기 어렵다. 개인의 연령, 성별, 신장, 체중 등과 개개인의 환경이나 기호 차이에 따라 적절한 식사 내용을 구성하며, 담백한 식사로 수분이 많은 조리방법인 굽기, 끓이기, 찜 요리를 이용하며, 볶거나 튀긴 음식은 피한다.

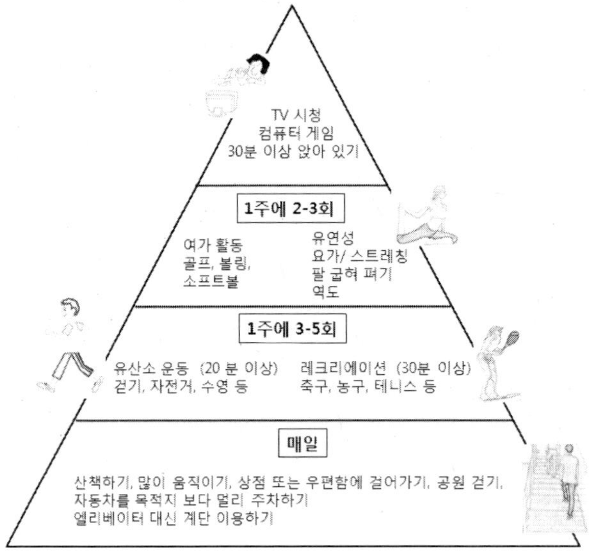

[그림 10-3] 활동량 Pyramid

2) 단백질

총 열량의 감소로 단백질이 부족되기 쉬우므로 양질의 단백질을 충분히 공급한다. 이는 열량 감소에 의한 질소균형의 부(-)현상을 억제하고 체지방만 감소시키기 위함이다. 단백질 필요량은 표준체중 kg당 1-1.5g, 총열량의 20%정도이나, 최저 60g은 공급하여야 한다.

3) 지방질

지방질은 소화가 느리므로 만복감을 유지시키고, 지용성 비타민 섭취를 위해 필요하므로 불포화지방산이 많은 식물성 기름을 적절히 섭취해 주는 것이 바람직하다.

4) 탄수화물

탄수화물의 과잉섭취는 체내에서 지방으로 저장되므로 제한해야 한다. 일반적으로 비만인은 공복 시 혈당이 높고 내당능이 저하되어 있으므로 장기간의 탄수화물 중심의 식사는 당뇨병의 위험이 있다. 그러나 1일 최소 80g-100g은 섭취해야하며, 지나친 탄수화물 제한은 혈액산성화의 원인이 되므로 정제된 곡류보다는 섬유소가 풍부한 거친 음식으로 만복감을 느끼면서 저열량이 되도록 한다.

• 섬유소
  주로 채소류, 과일류, 곡류에 포함된 비소화성 물질로서 민복감을 주고, 변비를 방지하며 혈액중의 지질 및 포도당 조절을 도와준다.

• 섬유소가 많이 함유된 식품들
  곡　류 : 통밀, 통밀빵, 보리빵, 현미 후레이크, 오트밀, 현미밥 등
  견과류 : 땅콩, 호두, 잣, 아몬드 등
  과일류 : 사과, 딸기, 무화과, 배, 대추, 건포도, 오얏(자두) 등
  채소류 : 껍질콩, 브로컬리, 양배추, 당근, 샐러리, 상추, 완두콩, 호박 등

5) 비타민과 무기질

열량제한 식사에서 무기질, 비타민이 부족 되기 쉽다. 특히 비타민 B_1, B_2부족에 유의한다. 되도록 식품으로 공급하나 부득이한 경우 보충제로 공급한다. 또한 칼슘과 철분이 부족되기 쉬우므로 무기질 함량이 많은 음식 공급에 노력한다. 염분의 섭취는 제한하며, 수분은 충분히 공급한다. 비만인은 빨리 식사하는 경향이 있으므로 천천히 먹도록 교육한다.

3. 비만개선을 위한 전략

비만관리의 어려운 점은 체중이 감량한 후에 다시 이전의 체중 또는 그 이상으로 살이 찌는 '요요현상'이 발생하는 것이다. 따라서, 비만관리의 목표는 체지방 감소를 통한 체중 감소와 그 이후의 정상체중 유지에 있다. 비만관리를 위해서는 비만인의 비만 발생 원인을 파악한 후 그에 따라 적합한 관리를 해야 한다. 일반적인 비만관리요법으로는 식사요법, 운동요법, 행동수정요법이 활용되며, 비만의 심각성에 따라서는 약물요법, 외과적 수술요법도 병행할 수 있다. 특히, 비만인 자신이 식품성분의 열량/에너지 (칼로리)에 대한 기본 개념을 이해하는 등 기초영양지식을 습득하여 비만관리를 위한 올바른 식품선택을 할 줄 알아야 한다.

1) 식사요법

섭취열량/에너지를 소모열량/에너지 보다 적게 함으로써 체내 지방에 축적된 열량을 소모시킴으로써 체지방을 감소시킬 수 있다. 비만의 정도에 따라, 저열량식 (low energy diet), 초저열량식 (very low energy diet)을 실시한다. 저열량식은 하루 필요한 열량에서 500kcal 적은 열량을 섭취하도록 조절하는 식사요법인데, 이 식사요법을 실시함으로써 일주일에 0.5kg의 체중감량을운동요법 할수 있다. 초저열량식은 하루에 400-800kcal 에 해당하는 열량을 섭취하는 극도의 열량제한 식사요법으로, 심각한 비만자의 경우에만 의사의 관리하에서 단기간 (12-16주) 만 실시하는 것을 권장한다. 단기간의 무리한 다이어트는 건강을 잃게 하거나, 요요현상으로 비만을 오히려 악화시킬 수 도 있다. 섭취열량을 줄일 수 있는 일반적인 방법을 요약하면, ① 규칙적으로 일일 세끼 식사를 하고, 끼니때마다 식사량을 감소시킨다. ② 잡곡밥 (팥, 콩, 수수, 조, 보리 등을 혼합)이나 채소밥 (무밥, 버섯밥, 비빔밥)으로 식이섬유소와 부피가 많은 밥을 먹는다 ③ 간식 (특히, 아이스크림, 케익, 쵸콜렛, 과자류 등) 과 밤참을 먹지 않는다 ④ 술을 마시지 않는다 ⑤ 반찬으로 식이섬유소가 많은 채소류 (나물류, 샐러드)와 해조류 (미역, 다시마 등)를 먹는다 ⑥ 고기를 먹을 때 기름부위를 제거하고, 닭 껍질은 벗기고 먹는다 ⑦ 햄, 소세지등의 가공식품이나 튀김류의 섭취를 피한다 ⑧청량음료 대신 녹차와 우롱차를 마시고, 키토산, 고추, 식이섬유소 등의 섭취를 증가시킨다.

2) 운동요법

비만을 치료하기 위해서는 식사를 통한 열량섭취를 감소시키는 식사요법과 육체적 활동을 통해 열량소모를 증가 시키는 운동 요법을 함께 실시하는 것이 효과적이다. 체지방 분해에 효과적인 운동 형태는 30분 이상의 가벼운 유산소 운동 (걷기, 조깅, 수영, 에어로빅, 자전거 타기, 배구, 테니스 등) 이 효과적이다. 운동은 소비열량 증가, 체지방 감소, 근육량 증가, 기초대사율 증가를 통해 체중감량에 기여할 뿐 만 아니라, 심리적 스트레스 해소, 심장과 폐 기능 향상, 집중력 향상 등 을 가져온다.

3) 행동수정요법

성공적인 비만관리를 위해서는 먼저 비만인의 생활습관을 파악하고, 이를 토대로 식사 및 운동습관을 변화시켜 새로운 습관을 확립해 나가도록 한다. 즉, 먹는 음식과 먹는 행동에 영향을 주는 조건들을 추적하는 과정, 장소, 시기, 마음상태를 함께 일기형식으로 기록하는 자기감시 (self monitoring), 먹고자하는 자극을 최소화하기 위해 환경을 변화시키는 (예: 음식이나 군것질꺼리가 눈에 띠지 않도록 치워둠) 자극조절 (stimulus control), 그리고 체중감량 성과에 대한 보상의 3단계로 진행된다.

4) 약물요법

비만치료에 사용되는 약물로는 식욕억제제와 지방흡수 억제제가 있다. 식욕억제제는 포만감을 증가시키고 지방분해와 열발생 증가를 통한 에너지 소모 증가작용을 나타내는 작용을 한다. 부작용으로는 두통, 변비, 불면증, 무력감등이 경험할수 있다.

지방흡수억제제는 지방의 소화흡수 시 필요한 지방분해효소인 리파아제의 작용을 억제하여 지방 (약 30%정도) 이 흡수되지 못하고 배출되도록 하는 약제이다. 지용성 비타민의 흡수가 저해되므로 보충해주어야 한다.

5) 항비만 활성을 나타내는 기능성 식품성분의 활용

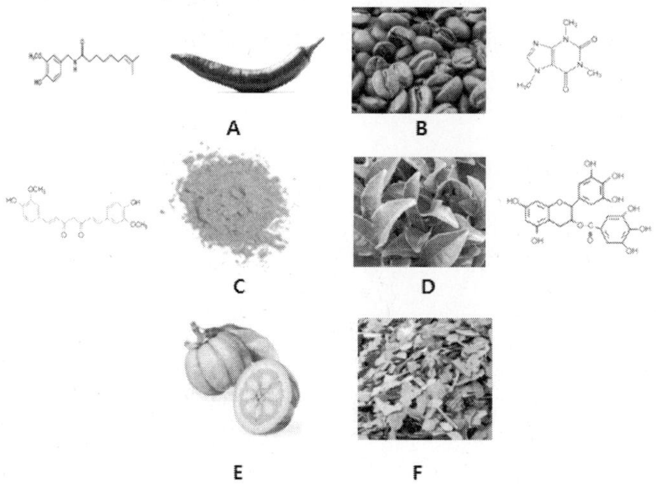

[그림 10–4] 고추의 캡사이신 (A), 커피의 카페인 (B), 카레의 커큐민(C), 녹차의 카테킨 (D), 그린마떼 (E), 가르시니아 캄보지아 (F)

비만개선, 즉 체중감량에 효과가 있는 성분들은 섭취지방의 흡수 저하, 식욕억제, 지방산화 유도, 열 발생 (thermogenesis) 증가 등을 유도한다. 식품성분 가운데 항비만활성을 나타내는 기능성 성분들로는 녹차의 카테킨, 커피의 카페인, 카레의 커큐민, 키틴과 키토산, 고추의 캡사이신 등이 있다. 과일이나 해조류에 풍부한 식이 섬유소는 만복감을 유발함으로써 식욕을 억제하는 효과가 있다. 차류 (녹차, 커피, 우롱차, 홍차)의 카페인 성분은 열 발생을 증가시키고, 또한, 차류의 카테킨 성분은 지방흡수를 저하시킬 뿐만 아니라 지방산화 증가와 열 발생을 증가시키는 작용을 하므로 비만개선 효과가 있다. 고추의 매운맛 성분인 캡사이신은 아드레날린 분비증가를 유도함으로써 열발생 증가 및 지질대사 항진시키는 작용을 하며 지방조직 중량을 감소시켜 체중조절 작용을 나타내고, 혈청 콜레스테롤, 혈청 중성지질 수준을 감소시켜 혈중 지질개선효과가 있다. 또한, 고추의 캡사이신, 카레의 커큐민은 비만으로 유도된 지방조직 염증 개선효과 및 인슐린 저항성 개선효과가 있다. 뿐만 아니라, 그밖에도, 개별 인정형 건강기능식품으로서 열대성 과일나무인 가르시니아 캄보지아 껍질 추출물, 남미에서 마시는 전통차 그린마떼 추출물, 깻잎 추출물등이 체중감량효과가 인정된다 [그림10-4].

4. 비만과 관련된 심리적 섭식장애

1) 폭식증(bulimia)

한꺼번에 많은 양의 음식을 먹고 나서, 의도적으로 구토를 유도하거나 설사약을 복용하여 위장을 비우는 일을 반복하는 행위를 말한다. 종종, 체중조절을 위해 아주 소량의 식사만 하다가, 어느날 식욕을 억제하지 못하고 남몰래 폭식을 하고, 절제를 하지 못한 것에 대한 수치심과 죄책감으로 절망하여 자살충동을 느끼기도 한다. 폭식과 위장 비우기를 비밀리에 하기 때문에 주위에서 알기 어렵고, 따라서 심각한 상황까지 발전할 수 있다. 정신과 상담치료를 병행하는 것이 바람직하다.

2) 마구먹기장애(binge-eating disorder)

가장 흔히 관찰되는 섭식장애로서, 체중감량을 여러차례 시도했으나 실패한 경험이 있는 사람들에게서 자주 발생한다. 장시간 계속 먹는 유형과, 단시간 폭식하는 유형으로 구분된다. 마구먹기 장애의 경우에는 위장을 인위적으로 비우는 행위를 하지 않는 점에서 폭식증과 구별되며, 비만인 사람에게서 마구먹기장애가 더 자주 발생한다.

3) 거식증(anorexia nervosa)

사춘기 소녀에게서 발생하기 쉬우며, 지나치게 날씬한 체형에 집착하여, 계속 자신이 뚱뚱하다고 느끼므로 음식섭취를 기피한다. 극도로 수척해 질 때까지 먹는 것 을 거부하므로 방치하면 생명이 위험할 수 있다. 극심한 체중 감소, 체지방감소, 체온과 맥박수 감소, 빈혈, 백혈구수 감소, 탈모, 변비, 월경중단등의 신체적 증상이 나타난다. 치료를 위해서 가족의 협조 및 정신과 상담이 필수적이다.

5. 체중부족의 영양관리

체중 부족은 정상인의 체중보다 10~15% 적은 경우를 말하며, 병적 증후와 질환의 원인이 되기도 한다. 체중이 적은 경우 병에 대한 저항력 감소, 성장 지연, 소화흡수력의 감퇴 등의 증세를 일으키며, 극심한 경우에는 쉽게 피로해지며, 추위에 민감하고, 감정이 약해진다.

1) 원인과 증상

체중 부족은 사람의 활동에 필요한 식품의 양과 질의 불충분, 섭취식품의 흡수 부족, 다양한 식품섭취의 부족, 결핵이나 갑상선 비대증 등의 소모성 질환, 정신적인 긴장, 걱정, 심리적 불안감, 신경성 식욕 부진 등이 원인이 되며 영양실조의 사람들에게는 뇌하수체, 갑상선, 생식선, 부신의 기능 저하도 나타나므로 내분비 장해가 저영양의 원인이 된다.

2) 임상검사

체중부족은 체지방이 적으며, 혈액검사에서 저단백혈증, 저알부민혈증 혹은 빈혈 등이 나타날 수 있다. 소화기계 질병이 있는 경우에는 흡수불량이 있을 수 있으므로 위장계통을 검사한다.

3) 영양대사 장애

열량 및 영양소의 부족으로 체내의 글리코겐, 지방, 단백질이 분해되어 탄산가스, 물, 에너지를 내므로 체조직이 소모되어 체중이 감소한다.

4) 체중부족의 식사요법

우선 체중부족의 근본 원인을 파악하여 원인이 소모성 질환이라면 우선 병을 치료해야 하며, 또한 신경성 식욕 부진인 경우에는 근본적인 근심과 불안감을 없애며, 균형 잡힌 식단으로 음식을 섭취해야 하는데 먹기가 어려울 때는 음료형태나 경관급식, 정맥영양 공급을 통해서라도 필요한 영양을 공급해야 한다.

저체중인은 먹어도 살이 안 찐다고 하지만 주관적으로 많이 먹는다고 생각하거나 앞에서 말한 질병이 원인일 경우가 많다. 소화흡수가 잘되는 음식을 선택하며, 영양이 풍부한 식사로 일정한 시간에 규칙적으로 잘 계획된 식사를 공급한다. 만약 흥분하였을 때는 마음의 평온을 찾을 때까지 식사를 미루어야 한다. 정신적인 긴장은 저체중인 사람들에게 큰 문제가 된다.

(1) 열 량

체지방의 축적을 위하여 권장량에 500~1000㎉의 열량을 첨가한다. 먹을 수 있는 것보다 많은 음식을 섭취하도록 강요받으면 양적으로 압도되어 많이 먹을 수 없으므로 많은 열량을 공급하려면 농축된 형태로 주어야 한다.

(2) 단백질

저체중인은 고열량, 고단백질 식사로 체조직의 재생해야 하므로 하루 100g 이상의 단백질 섭취가 필요하다. 충분한 음식을 섭취할 수 없는 극심한 영양실조인 경우, 구강이나 정맥으로 아미노산을 공급한다.

(3) 지방질

체중을 증가시키기 위해서 지방질과 같은 고열량 음식섭취가 필요하다. 특히 기름류, 마요네즈, 마아가린, 크림, 고열량의 후식 등 농축된 열량식품을 첨가시킨다. 적당량의 지방질은 식욕을 돋우고 지용성 영양소의 흡수를 증진시키는 역할을 한다.

(4) 무기질과 비타민

비타민과 무기질 권장량은 최적의 수준을 유지할 수 있어야 한다. 특히 비타민 B군 보충은 식욕을 증진시키고, 열량 증가에 따라 필요량도 증가된다.

(5) 식사의 열량증가를 위한 예

① 밥을 기름이나 버터에 섞어 먹는다(예: 볶음밥).

② 토스트가 뜨거울 때 버터나 마가린을 바르거나 잼, 젤리 등을 첨가하고 치즈, 케이크, 푸딩과 같은 다른 후식에도 잼, 젤리 등을 첨가한다.

③ 우유에 미숫가루, 크림, 농축된 무당연유, 분유, 탈지유 등을 첨가한다. 우유는 하루에 2컵 이상 마신다.

④ 채소류나 기타 음식은 기름을 넣어 무치거나 볶든지 혹은 튀겨서 먹도록 한다.

⑤ 후식에 거품낸 크림이나 아이스크림을 첨가한다.

⑥ 마른 과일은 무기질과 비타민의 좋은 급원인 동시에 고열량 식품이므로 첨가하며, 식사 사이에 땅콩을 준다.

⑦ 푸딩, 커스터드, 케익, 아이스크림과 같은 후식을 준다.

⑧ 소화가 잘되는 곡류, 감자, 마카로니, 국수는 충분히 먹도록 한다.

⑨ 식사 시간을 규칙적이며 계획적으로 꾸준히 행한다.

체중 부족인 사람을 매일의 음식 섭취량에 [표 10-3]의 예와 같이 500kcal 정도를 첨가하여 식사 후 1시간 후나 취침 전에 먹도록 한다.

[표 10-3] 열량을 증가시키는 조리음식 예

식품군	조리음식
곡류	볶음밥, 버터바른 빵, 프랜치 토스트, 케이크, 잼·젤리·크림을 이용한 빵, 샌드위치
어육류	맑은 국보다 어육류를 이용한 국이나 찌개, 튀김류, 전류, 볶음 등을 이용한 음식
채소류	마요네즈를 이용한 샐러드, 기름을 이용한 튀김, 볶음을 이용한 음식
우유·유제품	우유, 치즈, 아이스크림
과자류	캐러멜, 쿠키, 스낵과자류
견과류	잣, 땅콩, 호두

[표 10-4] 열량을 증가시키는 조리음식의 예

식품	분량	열량(㎉)
우유 설탕 코코아	2컵 3T 2t	250 180 35
		=465
토스트 버터 달걀 반숙 우유	2조각 (70g) 15g 1개 (50g) 1컵 (200g)	200 135 75 125
		=535

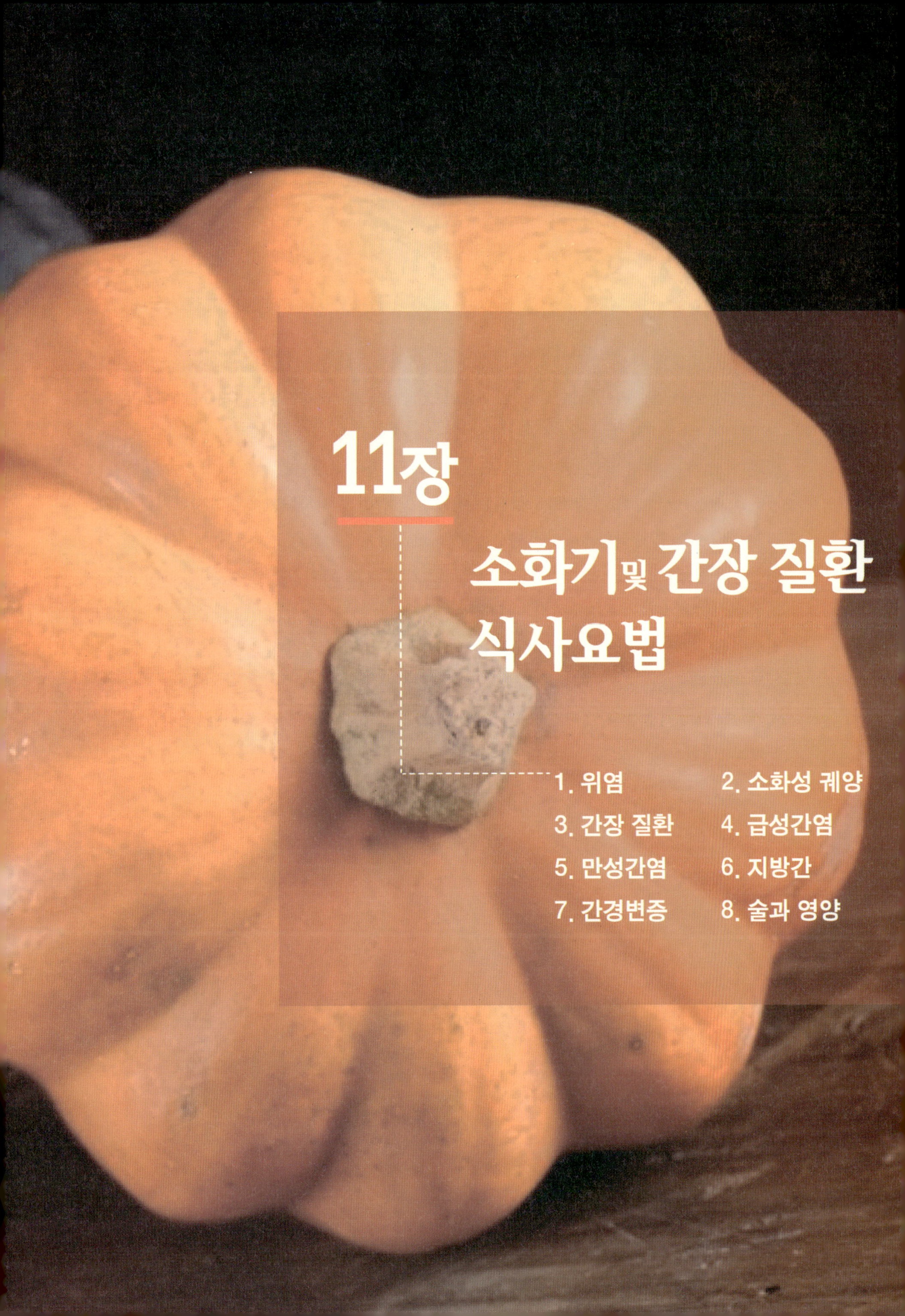

11장

소화기 및 간장 질환 식사요법

1. 위염
2. 소화성 궤양
3. 간장 질환
4. 급성간염
5. 만성간염
6. 지방간
7. 간경변증
8. 술과 영양

위장관 질환은 식도, 위, 소장, 대장 및 항문까지에 이르는 기관에 발생하는 질병으로 영양소의 소화 흡수와 밀접한 관계가 있으므로 매우 중요하다. 우리나라 사람에게는 위장 질환과 대장질환이 흔한 질병이다. 변비는 대변을 보기 힘들거나 횟수가 드문 것을 말하며, 설사는 비정상적으로 자주 보는 액성의 대변이다. 변비는 흔히 적은 양의 식사시나 노인들에서 많이 발생하며, 설사는 정신적인 원인 흔히 불안 때문에 생기거나 기질적인 질환으로 발생한다. 기능성 장증후군(functional bowel syndrome)은 변비, 설사 및 경련성 복통을 일으킨다. 염증성 대장증후군 중 가장 흔한 바이러스성 장염(intestinal flu)은 오심, 구토 및 설사가 있다. 위장기관의 기능장애는 영양소의 섭취와 흡수작용에 지장을 일으켜 결국 영양소의 부족을 가져온다. 그러므로 위장질환의 식사요법은 질환의 종류와 정도에 따라 손실되는 영양소를 충분히 보충하도록 식사를 조절한다. 식사요법의 원칙은 첫째, 손상된 위장을 자극하지 않는 식사, 둘째, 저하된 소화흡수 능력에 알맞은 음식, 셋째, 최대한으로 영양을 공급하여 체력을 증가시킬 수 있는 식사를 해야 한다.

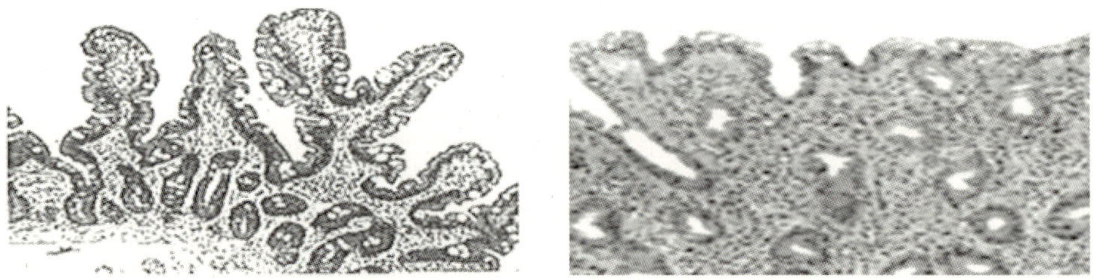

정상　　　　흡수불량증

[그림11-1] 소장점막의 비교

1. 위염(gastritis)

위염은 위벽, 특히 위점막에 발생하는 염증성 질환으로 급성위염과 만성위염으로 분류할 수 있다.

1) 원인과 증상

급성 위염은 갑작스럽게 발생하는 위점막의 염증으로써 외인성 원인으로서는 약제(항생제, 철분제재 등), 알코올, 지나치게 차거나 뜨거운 식품, 커피, 담배 등이 있다. 또한 양념이 진한 음식이나 속식, 또는 너무 피곤하거나 정신적 스트레스 상태, 식사 내용 등이 원인이 될 수 있다. 위점막에 염증에 의하여 발적, 종창, 궤양이 생기고 때로는 출혈도 있다. 증상으로는 위팽만감, 구역질, 구토, 식욕부진, 상복부통증이 있다. 중증에서는 토물에 혈액이나 담즙이 섞이는 수가 있다.

만성위염은 급성 위염이 장기화될 때 나타나거나 처음부터 만성형으로 진행되는 경우도 있다. 외인성 원인으로는 불규칙적인 생활습관(식사, 수면), 저작 불량으로 인한 섭취량 감소, 뜨거운 음식이나 알코올, 담배의 과용, 항생물질 등 약물의 장기복용 등이 있으며 내인성 원인으로는 생활환경, 타 질환과의 관계(갑상선 기능저하, 당뇨병, 철결핍성 빈혈) 자가면역기전 등이 있다. 만성 위염의 경우에도 상복부통증, 위팽만감, 가슴쓰림, 구역질, 구토 등이 있고 장기적으로 증상이 지속된다.

2) 임상 검사

일반적으로 위내시경과, 위 X-선 검사를 하며, helicobacter pylori균의 존재 유무를 파악하기위해 조직검사나 혈액검사를 시행한다.

3) 위염의 식사요법

(1) 급성 위염의 식사요법

발병의 원인을 제거하고 1~2일 정도는 절식을 하고 위점막을 보호한다. 물도 제한하여 적은 양의 보리차나 더운 물을 준다. 2일 후부터 우유, 과즙, 미음에서 시작하여 죽, 토스트, 삶은 달걀 등의 식품들을 사용하여 단계적으로 정상 음식을 먹도록 한다. 만약 동통, 구역질, 구토 등이 심할 때는 식욕이 저하되므로 증상이 가라앉고 식욕이 생기면 당질을 주로 하는 유동식으로 시작하여 연식(무른 음식), 일반식으로 서서히 바꾸어 준다. 음식은 싱겁고 자극이 적게, 식사는 1일 5~6회 공급하며 한번에 먹는 양을 적게 한다. 발병 원인을 제거하고 식사의 분량과 형태를 조절하면서 안정을 취하면 비교적 단기간에 치유된다.

[표 11-1]의 영양소 기준량을 고려하여 식단을 작성하여 아침, 점심, 저녁 및 간식으로 적절하게 분배하며, 식품 종류를 다양화하여 영양소가 결핍되지 않도록 한다. 음식 맛이 단조롭지 않게 기호에 맞도록 조리하며 그릇에 담는 모양, 환자의 기분 등에 주의하여 가능한 맛있게 먹도록 한다.

[표 11-1] 급성위염의 영양소 기준

	열량(kcal)	단백질(g)	지방질(g)
발병 첫날 절식			
2일	150~250	6~10	0~ 7
3일	500~800	20~30	10~15
4일 후	1,000~1,500	50~60	15~30

(2) 만성위염의 식사요법

만성 위염은 위액의 산농도의 차이에 따라 과산성 위염, 저산성 위염으로 구분한다. 과산성 위염은 위, 십이지장궤양 식사요법에 따르고, 저산성 위염은 체력 증진을 도모하고 소량으로 영양가가 높고 위점막을 정상으로 회복시킬 식사로 탄수화물을 주로 섭취하며 단백질과 지방질을 적당량 섭취한다. 특히 비타민류가 충분하고, 식욕을 자극할 수 있는 조리법을 이용하고 장기 치료에 따라 식단 작성에 변화를 준다.

열량은 2,000~2,300㎉, 단백질 85g, 지방질 40~50g, 탄수화물 350g 정도의 식단을 작성한다. 특별히 금지나 제한 식품은 없고, 식욕 증진을 위하여 소량의 향신료, 과일, 야채 등을 적절히 사용한다. 계란, 우유, 유제품 등 소화가 잘되는 생선 흰살, 지방을 제거한 육류를 사용하여 단백질을 섭취하도록 한다. 위액분비가 불충분하다는 점을 고려하여 단백질 식품 선택에 있어서는 선도가 높은 것으로 소화가 잘되게 요리한다. 만성 위염은 치료기간이 오래 걸리므로 느긋하게 마음먹고 꾸준한 식사요법을 행하도록 한다. 신경질적이고 소극적인 사람에게 흔한 이 질환은 금연과 함께 감미가 강한 식품은 피하며 수면 부족이 없도록 한다. 재발의 주 원인균으로 helicobacter pylori균 여부를 체크하여 제균 치료를 병행한다.

2. 소화성 궤양(peptic ulcer)

소화성 궤양은 위궤양과 십이지장궤양을 일컫는 말이며 소화성 궤양은 염산과 단백질 융해효소를 함유한 위분비액에 의해 점막이 손상되어 야기되는 만성궤양이다.

1) 원인과 증상

최근에 와서 스트레스가 소화성 궤양의 주 원인이라는 설이 가장 강력하게 대두되고 있으며 스트레스 요인으로 심신피로, 정신피로, 화상, 외상, 대수술, 각종질환 등을 들 수 있다. 또한 약물에 의한 궤양으로서는 부신피질 호르몬제가 알려져 있고 아스피린(aspirin)도 궤양의 원인이 될 수 있다. 이들 원인에 의하여 위점막이 허혈상태가 되고, 염산(HCl), 펩신(pepsin)이 작용하여 소화가 일어나 궤양이 생긴다. 증상을 보면 명치끝이 아픈데 위궤양에서는 식후 1~2시간, 십이지장 궤양에서는 공복시에 통증을 느끼며 위부 팽만감, 구역질, 구토, 식욕저하, 토혈, 하혈, 혈변, 가슴쓰림 등의 증상이 있다[그림 11-2].

[그림 11-2] 소화성 궤양의 증상

2) 임상검사

X-선 촬영과 내시경을 통하여 위벽이나 십이지장벽의 환부의 궤양을 볼 수 있고, 궤양 부위에 함몰상태가 보인다. 출혈이 있으면 빈혈이 생기게 되므로 혈액검사를 통하여 적혈구수, 헤모글로빈 농도, 헤마토크릿치 등을 검사한다. 위출혈이 다량일 경우는 토혈 또는 탈상변이 생긴다. 그러나 소량의 출혈인 경우는 대변에서 육안 관찰로는 확인이 되지 않아 잠혈반응검사를 하여 양성일 경우는 출혈성 궤양이라 볼 수 있다.

3) 소화성 궤양의 식사요법

식사요법은 궤양 부위에 직접 자극을 주지 않으면서 위 운동, 위액분비를 억제하고 각종 영양소를 충분히 공급하여 궤양 부위의 치료를 촉진하고 영양상태를 증진시키는데 목적이 있다.

① 위내에서의 정체시간이 짧고 통증을 가라앉히는 우유, 생크림 등의 부드러운 음식을 섭취한다.
② 위 운동이나 위액 분비를 촉진시키는 식품은 피한다(알코올 음료, 향신료, 신맛이 강한 식품, 방향성이 강한 식품, 지방질이 많은 식품).
③ 궤양 부위를 직접 자극하는 음식을 피한다(지나치게 찬 것, 지나치게 뜨거운 것, 찌꺼기가 많은 것, 딱딱한 것, 매운 것, 짠 것).
④ 소량이라도 영양가가 높은 식품을 고른다.
⑤ 위를 오래 비우지 않게 시간을 정하여 자주 먹는다(1일 4~6회).
⑥ 전분이 많은 식품과 야채는 잘 익혀서 먹고 단백질 식품은 지나치게 익히지 않도록 한다.
⑦ 소화가 잘되는 식품을 선택하여 소화하기 쉬운 형태로 조리한다.

출혈 후 시간경과에 따라 절식, 유동식의 단계를 거쳐 일반식으로 이행한다. 열량은 초기에는 1일 100~500kcal로 제한하고, 밥알이 섞인 미음이나 묽은 죽을 공급할 때는 1일 약 1,000kcal를 기준으로 한다. 된죽 이후로는 1일 1,500kcal를 주며, 열량은 가능하면 높은 것이 바람직하고 안정기에서는 1일 1,600~2,000kcal(35~40kcal/kg), 단백질도 체중 kg당

1.5~2.0g을 공급하도록 한다.

대출혈시기(토혈 또는 하혈)에는 절대안정과 함께 절식한다. 대부분은 주사수액에 의한 경장영양법을 이용한다. 지혈이 되면 미음, 우유, 난황 등 유동식으로 3~7일 정도 먹는다. 초기에는 유동식으로 위액분비를 억제하고 하루에 미음을 400~500㎖, 계란 노른자 또는 계란반숙을 1~4개와 야채스프 200㎖정도를 먹도록 한다.

그 후 반유동식으로 밥알이 떠 있는 미음을 약 400~500㎖, 우유, 계란 외에 식빵 1개 정도를 먹도록 한다. 그 후 반고형식으로 된죽으로 1일 450~700g, 야채 거른 것 50g, 생선이나 닭고기의 살코기를 다져서 50g 정도 첨가한다. 이 시기에는 식욕이 생기므로 갑자기 고형식이나 많은 양을 먹지 않도록 조심한다. 전죽상태에서는 식품 가지 수도 늘리고 흰살생선을 쓰고 야채는 섬유소가 적은 것을 사용한다. 항상 식품은 입안에서 죽같이 되도록 씹는다. 그러나 암이나 기타 원인에 의한 무산, 저산의 경우에도 출혈될 수가 있는데, 이럴 때는 생활전반에 걸쳐 규칙성을 유지하고 항상 안정된 생활과 충분한 수면을 취하고 변통을 좋게 하여 생활 리듬을 안정시키는 것이 중요하다. 식사는 여유 있게 잘 씹어 먹고 너무 많이먹지 않게 한다. 아침을 거르거나 결식, 편식, 불규칙한 식사, 과식하는 것 등은 삼가야 한다. 특히 위장 질환은 정신적 스트레스의 이완으로 마음 상태를 편안하게 가지는 것이 빠른 회복의 지름길이다.

[표11-2] 출혈 후 궤양식 식사요법 단계

식사형태	경과일자
절식	2~3일
유동식	3~5일
반유동식	3~5일
반고형식	6~10일
고형식	10~20일
상식	20일이후

3. 간장 질환

간장은 신체의 장기 중 가장 큰 장기이며, 그 무게는 1100~1500g(평균 1200g)이 되는데 여러 가지 영양소의 대사에 중요한 역할을 한다. 소화 흡수 시 대부분의 영양소는 문맥을 통해 간으로 운반된다. 흡수된 단당류는 혈당을 공급해 주고 과량은 글리코겐이나 지방으로 전환시키고 아미노산은 여러 조직에 필요한 단백질을 합성하며, 특히 알부민, 글로블린, 피브리노겐, 프로트롬빈을 만든다. 그러므로 간질환이 일어나면 단백질 합성이 저하되고 단백질이 부족하게 되어 빈혈, 부종의 원인이 되고 또한 혈액응고에 관여하는 단백질인 프로트롬빈이 부족하여 출혈이 일어나기 쉽다. 간장은 비타민 A, B_2, B_{12} 등 많은 비타민을 저장하며, 간에서 활성화되어 대사에 관여하므로 간질환이 있을 때는 비타민의 결핍을 초래하기도 한다. 간 질환에 따른 간기능저하는 담즙 생성 부족을 초래하므로 지용성 비타민 A, D, E, K의 흡수가 저해되기도 한다. 그밖에도 간 질환시 해독기능이 저하되므로 식품첨가물, 방부제, 약제 등 여러 가지 유기화합물 등의 배설작용이 저하된다.

지방 섭취과다, 비만, 또는 지방 대사의 이상은 간에 지방의 과다 축적을 초래하여 지방간(fatty liver)상태가 되며 이를 방치하면 지방간증 간염을 일으킬 수 있다. 바이러스성 간염(hepatitis)은 간질환 중 가장 흔하며 오래전부터 우리나라에서도 큰 문제가 되고 있다. 회복되는 경우가 많으나 가끔 오래 지속되거나 드물지만 심각한 만성 염증을 일으켜 간경변증으로까지 진행할 수도 있다. 간경변증(liver cirrhosis)은 간의 섬유화로 간이 굳어지는 현상을 말하며 원인에 관계없이 심각한 만성 간기능 장애를 일으키는 것이 특징적이다. 또한 간경변증은 간암으로 이행될 수도 있다. 만성알코올 중독은 일부에서만 심각한 간경변증으로 발전된다. 간암(hepatoma)은 우리나라에서는 비교적 흔하며 40대에 다발하여 큰 문제가 되고 있다.

1) 원인과 증상

간장질환의 원인으로는 영양불량, 바이러스, 체질, 스트레스, 술, 비만 등을 들 수 있으며, 증상으로는 식욕이 없고, 메스껍고, 쉽게 피로하고, 빈혈 및 피부가 거칠어지는 등의 증상이 나타난다 [그림 11-3].

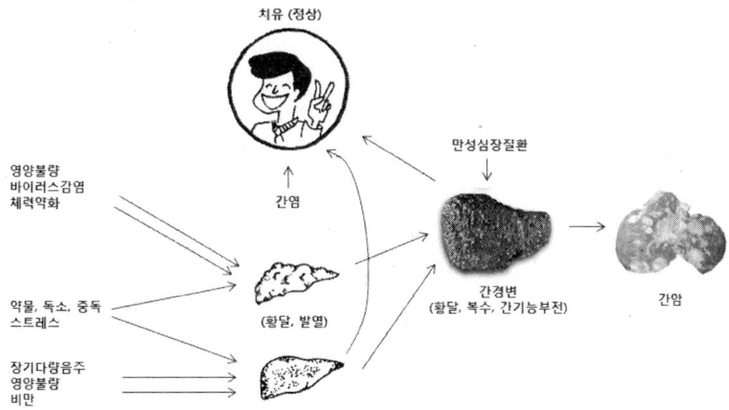

[그림 11-3] 간질환의 원인과 진행

2) 임상검사

간장 질환에 관한 임상 검사는 담즙 색소 대사에 관한 검사, 혈청내 효소 검사, 단백질/당질/지질 대사에 관한 검사 등이 있다[표 11-2].

일반적으로 간질환의 간세포의 손상정도를 측정하는 효소로 아미노기 전이효소(transaminase)인 GPT(glutamic pyruvic transaminase), GOT(glutamic oxaloacetic transaminase)는 장해를 받은 세포에서 혈중으로 유출되어 혈중농도가 높아진다. GPT는 간조직에 GOT는 심근, 간조직에 많다. 정상시는 GOT>GPT로 되어 있으나 급성간염일 경우는 GPT>GOT로 되어 GPT 의 활성이 현저히 증가한다.

중증 간염에서는 GOT, GPT가 급격히 상승되다가 급격히 저하되어 사망한다. 이는 세포가 심하게 파괴되며 효소가 모두 유출되고 세포 재생이 불가능하기 때문이다. 그러나 만성간염이 되면 GOT, GPT의 증가는 적고 GOT>GPT의 상태로 된다. 간경변 시에 정지기는 GOT>GPT로 큰 변화가 없고 진행되면서 GOT>GPT가 약간 상승하나 악화되면 GPT>GOT로 바뀐다.

[표 11-2] 간질환 진단에 사용되는 중요한 임상검사법

검사내용	정상치	판정내용
Bilirubin 대사		
뇨 bilirubin 검출	음성	황달 존재
혈청 bilirubin 정량	1.0mg/dℓ 이하	황달 정도
혈청황달지수	4-8	
뇨중 urobilinogen 검출	음성, 약양성	간 장해
대변의 색깔	갈색	폐쇄성 황달
단백대사		
혈청 단백질	7.0-9.0g/dℓ	
혈청 A/G 비	1.2-1.8	간실질 상해
혈청 단백분비 측정	Al 60% 이상	간경변증
혈청효소 활성화 측정		
GOT	40 이하	간실질 상해
GPT	30 이하	간실질 상해
Alkaline Phosphatase		폐쇄성황달, 간암
Cholinesterase		간실질 상해

알칼리성 인산 가수분해효소(alkaline phosphatase)는 간조직, 골아세포, 태반 및 소장 등에서 생성되며 담즙으로 배설되고 폐쇄성 황달이 있을 때 혈중 내에 증가하고 간세포성 황달에서는 변화가 없어 진단에 이용된다. 간장 장해가 있으면 요소 합성이 불가능하게 되어 혈중 요소질소량은 저하되고 혈중 암모니아 질소량이 증가된다. 프로트롬빈 시간(prothrombin time)이 길어지는데 프로트롬빈은 간 조직에서 생합성되기 때문에 간조직에 장해가 있으면 합성에 지장이 생겨 혈액응고시간이 길어진다.

3) 영양대사 장애

(1) 탄수화물 대사

간은 소화 흡수된 포도당, 과당 및 유당을 받아 글리코겐으로 저장하고 체내에서 포도당이 필요할 때 글리코겐을 포도당으로 변화시켜 혈당을 조절하는데 간질환으로 인해 소화흡수가 어렵고 저장형 글리코겐이 부족하기 쉬워 간장의 저항력을 떨어뜨리게 된다.

(2) 단백질 대사

간은 혈중 단백질, 특히 알부민을 합성하므로, 간세포 장해로 인한 혈청 알부민의 감소

가 나타난다. 그 외에 피브리노겐, 프로트롬빈 및 효소 등의 생산 장해도 나타난다. 프로트롬빈의 반감기는 알부민(14일)보다 짧아 합성에 지장이 생기면 혈중 농도가 급속히 감소한다. 효소합성도 이상이 생겨 콜린에스테르 가수분해효소, 알칼리성 인산 가수분해효소 등이 저하된다. 한편 알칼린 포스파테이즈는 담즙으로 배설되므로 담즙 배설에 이상이 있으면 혈중 농도가 높아진다.

(3) 지방대사

인지질이나 콜레스테롤은 간 조직에서 합성되므로 이상이 생기면 그들의 합성이 저하되어 혈중농도가 저하된다. 한편 콜레스테롤은 담즙으로 배설되므로 담도 폐쇄성 장해가 있으면 혈액으로 역류하여 혈중 농도가 증가한다.

(4) 복수

복강 내에 체액이 저류된 상태를 복수(ascites)라 하며 간경변, 심부전, 복막염 등에서 나타난다. 간경변일 때의 복수 발생은 문맥압의 항진으로 복강 내 모세혈관압력이 상승하여 혈장성분이 복강 내로 유출되고 저알부민혈증에 의한 삼투압 저하 및 모세혈관 투과성 항진과 세뇨관에서의 나트륨 재흡수 촉진, 항이뇨 호르몬 증가에 의한 나트륨과 수분의 체내 저류 등을 들 수 있다. 그래서 나트륨과 수분 섭취를 제한하여야 한다. 또한 간경변인 경우에는 알부민 생합성에 지장이 생겨 저알부민 혈증이 되며 이런 경우는 고단백식을 통해 알부민 생산을 도와야 한다.

(5) 간성 혼수

간염 또는 간경변의 말기에 나타날 수 있는 정신장애증을 말한다. 단백질 분해에 의해서 생기는 암모니아는 정상인 경우에는 독성이 적은 요소로 합성되지만 간장 장해가 심하면 요소 합성이 되지 않아 암모니아의 혈중농도가 높아지고 그로 인하여 뇌조직 대사에 장해를 초래하여 의식장해가 생기므로 이럴 때는 단백질의 섭취를 제한하여야 한다.

4. 급성간염(acute hepatitis)

1) 원인과 증상

유행성 간염인 A형 간염은 A형 간염 바이러스에 의해서 발생되며, 주로 환자 배설물 등으로 오염된 음식류, 음료수에 의하여 전염된다. 혈청 간염인 B형 간염은 B형 간염 바이러스에 의해서 발병되는데 감염된 혈액의 수혈, 주사침 등에 의하여 비경구적으로 전염되나 소변, 대변, 타액, 땀 등에 의한 경구감염도 의심되고 있다. 항생물질, 설파제, 경구 당뇨병치료제, 항갑상선제 등의 약에 의한 간세포 장해가 일어날 수 있다.

간장은 커지고 간세포가 염증으로 괴사되어 간기능이 저하되고 혈중 빌리루빈치가 높아지고 황달이 발생한다. 황달의 극기가 지나면서 간세포가 재생되며 치유 시에는 간세포 구조가 정상화된다. 그러나 괴사가 진행되고 회복되지 못하면 간경변증으로 이행, 사망하게 된다.

증상으로 전신 권태감, 식욕부진 등이 갑자기 나타나고 구역질, 구토 및 상복부의 압박감, 동통, 미열이 있다. 증상이 3~10일 경과하면 황달이 생긴다. 황달은 급격히 심해지다가 점차로 치유된다. 경과는 4~6주간 계속되고 피부에 가려움증이 있으나 황달이 없어지면 회복되며 식욕도 좋아진다. 무황달 간염은 경증인 경우가 많다. 극심한 증상의 간염은 간괴사가 급격히 광범위하게 나타나서 강한 자각증상과 의식장애가 나타나는 간부전증 상태가 된다.

[그림 11-4] 소결절성 알코올성 간경변증(A)과 대결절성불규칙 괴사후성 간경변증(B) 및 혼합형(C)

2) 임상검사

GOT, GPT와 alkaline phosphatase 등을 검사한다. 혈청 빌리루빈은 경도, 중등도 정도로 증가하고 GOT와 GPT는 심한 상승으로 GOT<GPT의 상태가 된다. 알칼리성 인산 가수분해효소는 약하게 상승하고 혈청 알부민, 콜레스테롤 등의 저하나 혈액응고 시간은 연장은 심하지 않다.

3) 급성간염의 식사요법

일반적으로 발병 초기에는 위장 증상과 함께 심한 식욕부진이 되는 때가 많다. 파괴된 간세포를 회복시키기 위해서는 고열량, 고단백, 고비타민식을 권장한다. 그러나 위장 증세를 보이는 경우는 고탄수화물, 저단백식으로 시작하여 가능하면 빠른 시기에 고열량, 고단백, 고비타민 식사로 이행토록 한다. 먹을 수 없을 때는 경관영양법이라도 취한다.

(1) 총열량

비만이나 지방간을 예방하고 체중과 운동량을 감안하여 적당량으로 정한다(30~40㎉/kg/day).

(2) 단백질

체중 kg당 1.3~2.0g 정도를 증상에 따라 필요량을 결정한다. 단백가가 높은 양질의 단백질을 선택하는데, 예를 들면 우유, 생선, 육류, 계란 등의 동물성 단백질을 1/2정도 섭취한다.

(3) 지방

심한 위장장해나 식욕부진 시를 제외하고는 제한할 필요는 없다. 필수 지방산 섭취를 위하여 식물성 기름, 마요네이즈, 크림 등을 권한다.

(4) 탄수화물

열량 원으로 중요하며, 소화 흡수가 쉬운 형태로 미숫가루, 사탕, 꿀, 식혜, 쥬스류 등을 자주 먹도록 한다.

(5) 비타민, 무기질

대사이상과 간의 비타민 저장 능력이 감퇴되었으므로 비타민 A, B_1, B_2, C, K 등을 충분히 보충한다. 적당한 섬유소 섭취로 변비를 예방한다.

5. 만성간염(chronic hepatitis)

1) 원인과 증상

급성 바이러스간염에 이환된 경우 대부분의 경우는 2~3주 만에 치유되나 간기능 장애가 계속되어 만성화되며 이를 만성간염이라 하며, 원인은 급성간염과 동일하다. 만성간염에서는 간비대가 중등도이고 수년에 걸쳐 치유되기도 하며 일부는 간경변증으로 이행되기도 한다. 전신 권태감, 상복부 불쾌감, 구역질, 식욕부진 등이 있고 황달은 적다.

2) 임상검사

GPT는 중등도(100~200U)로 증가하고 GOT도 증가하며 GPT > GOT가 된다. 활동성인 경우 GPT, GOT, 빌리루빈치가 상승한다.

3) 만성간염의 식사요법

만성간염은 전체적으로 급성간염 때와 같이 식욕 변화가 심하지 않고 소화 흡수도 좋은 편이나, 비만을 경계하면서 고열량, 고단백, 고비타민식을 목표로 한다. 그러나 간성혼수가 있을 때에는 고암모니아 혈증을 경계하면서 저단백식이나 무단백식을 제공하고, 체단백 분해를 막기 위하여 고열량식을 공급한다. 혼수상태에는 경구 식사는 불가능하고 경관 영양을 권장한다.

6. 지방간(fatty liver)

지방간이란 지방이 지나치게 많이 축적되어 간세포의 1/3 이상이 지방으로 포화상태가 되어 간세포가 부풀어 오르는 상태를 말한다. 지방간은 비만성인이나 어린이에게서 많이 발생하고, 영양부족, 과음 등에 의해 발병된다. 3대 열량원인 탄수화물, 단백질, 지방이 과잉 섭취되면 지방으로 전환된다.

1) 원인과 증상

지방간의 원인은 과음 및 비만증, 빈혈 등의 영양불량일 때 일어나고, 그 외에 폐결핵 등의 감염성 질환, 약제의 중독으로 나타난다. 영양장애로는 저단백질, 고지방식, 기아, 비타민 부족, 단백질이나 당질의 과잉 섭취를 들 수 있다. 산소부족으로는 빈혈, 간의 울혈증을 들 수 있으며, 당뇨병 등에서도 일어날 수 있다. 증상은 특이한 증상이 없고, 피로감, 식욕부진, 오심, 구토, 복부포만감, 간비대 증상 등이 일어난다.

2) 임상검사

지방간의 임상검사로는 혈액검사를 실시하여 GOT, GPT, 중성지방, 콜레스테롤 등을 검사한다.

[표 11-3] 지방간 종류에 따른 검사 및 치료

질병종류	생화학적 검사	치료법
알코올성	GTP, GPT total cholesterol증가 GOT>GPT(GOT 100이하)	금주
비만, 과영양	GOT, total cholesterol증가 GOT<GPT(모두 100이하)	식사요법 체중조절
당뇨병	GOT, GPT의 이상은 경도	체중조절

3) 영양대사 장애

과잉의 탄수화물 섭취는 탄수화물대사를 위한 효소의 사용이 많아지므로 단백질의 고갈이 발생된다. 따라서 간에서 지방을 분해하는 효소 역시 부족하게 되며 간에 지방이 점차 축적 되어 발생한다. 과음도 지방 분해 효소의 부족으로 지방이 제대로 이용되지 못해 결국 지방간이 된다. 고지방의 섭취는 간에 지방을 축적하게 된다.

4) 지방간의 식사요법

지방간은 원인에 따라 다르나 원인을 제거한 후 고단백, 고열량의 식사요법을 잘 행하면 빠른 회복이 가능하다. 양질의 단백질은 하루에 100g정도 섭취한다. 비만자는 당질과 지방질을 제한한다.

[표 11-4] 지방간의 식사기준

영양 / 식사구분	에너지(Kcal)	단백질(g)	탄수화물(g)	지방(g)	비고
경 증	2,000	80	320	50	간경변증식이의 심할 때는 단백질 제한
중등증	2,400	100	400	50	
중 증	2,400	120이상	400이상	50 이상	

7. 간경변증(liver cirrhosis)

1) 원인과 증상

급만성 간염에서 이행되거나 알코올 등의 약물이나 영양결핍, 심부전 등 순환장애로 발생한다. 담즙유출 장애 등이 지속되어 간세포가 파괴되고 이의 회복을 위해 결체조직이 과잉 증식하여 간조직이 굳어지고 혈관계를 압박하여 문맥압 항진이 생긴다. 혈행

장애와 더불어 알부민, 프로트롬빈의 생성 장해, 복수, 부종이 나타난다. 또 대사 장애로 암모니아가 축적되고 장내 세균에 의하여 생긴 암모니아, 아민의 흡수로 의식 장해와 간성 혼수상태가 나타난다.

간기능이 어느 정도 유지될 때 전신 권태감, 식욕부진, 복부 팽만 등이 나타나고 안색이 황토색으로 변한다. 기능장애가 진행되어 증상은 황달, 복수, 부종 및 정신 증상 등이 나타난다. 또한 프로트롬빈 생성 저하로 출혈, 점막과 피부에 출혈반이 생긴다. 간성혼수는 간질환 말기에 나타나며 매우 위험하다.

2) 임상검사

GOT와 GPT의 상승율은 적고 GOT > GPT의 상태가 된다. 알칼리성 인산 가수분해효소는 약간 상승하며, 빌리루빈치의 상승은 적다. 단백질 분해물인 암모니아가 요소로 생성되지 못해 혈중 요소 질소량은 감소하며 혈중 암모니아 질소는 증가하는데 간성 혼수 때는 필수적 검사법이다. 혈청 알부민은 저하되고, 글로불린은 증가하여 A/G 비율이 적어진다. 프로트롬빈 타임(prothrombin time)은 간세포장애에 의해 연장되어 혈액응고 장애가 일어난다.

3) 간경변증의 식사요법

간경변증의 경우는 만성간염의 식사요법에 따르며 고열량(35~40kcal/kg/day), 고단백(1.5~2.0g/kg/day), 고비타민식으로 한다. 간기능이 극도로 저하된 경우를 제외하고는 불포화지방산을 충분히 섭취케 하고 단백질을 충분히 공급한다. 충분한 단백질 공급은 간기능외에 다른 장기 기능을 원활히 하는데 도움을 준다. 내당능에 이상이 있을 때는 식사횟수를 하루 4~5회로 늘린다. 간경변 시, 때로는 간성혼수가 나타나는데 간경변 특유의 혈액순환의 이상으로 장관에서 흡수된 아민이나 암모니아 등의 질소 함유물질이 흡수되어 직접 뇌조직에 도달하기 때문이다. 이때에는 단백질을 제한한다.

8. 술과 영양

1) 알코올의 체내 흡수 및 대사

섭취된 알코올은 대부분 십이지장과 소장에서 흡수되고 문맥을 통해 간장으로 운반되며 대부분이(90%이상) 간장에서 대사된다. 알코올은 간장에서 알코올 탈수소효소(alcohol dehydrogenase)와 미크로솜 에탄올 산화계에 의해 아세트알데히드(acetaldehyde)가 되고 이어서 아세트산로 변화한 후 아세틸 CoA를 형성한다. 이렇게 형성된 아세틸 CoA는 citric acid cycle을 통해 산화되어 열량을 발생한다[그림 11-5].

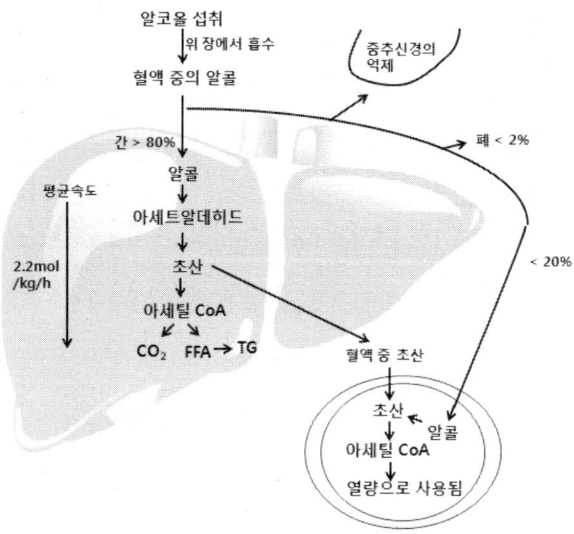

[그림 11–5] 알코올의 주요 대사 경로

이 때 간에서의 알코올의 산화속도는 대략 알코올 0.1g/kg/h이라 한다. 그러므로 체중이 60㎏인 사람이 맥주 한 병(500㎖, 4%알코올농도)을 마시는 경우, 알코올이 대사되는데 걸리는 시간은 약 3시간 정도이며, 소주 한 병(360㎖, 25%알코올 농도)를 마신 경우는 약 15시간이 소요된다.

알코올은 "빈 열량(Empty calories)원"이라고 하는데, 이것은 알코올 속에 열량이 없다는 뜻이 아니라 비타민, 무기질 등의 영양소가 들어 있지 않다는 의미이다[표 11-5]. 실제로 알코올은 7㎉/g의 열량을 발생한다. 따라서, 알코올은 체내에서 포도당이나, 혹은 글리코겐으로 변화되지 않는다. 급격한 알코올 섭취 또는 과잉섭취는 간에서의 포도당 신생합성을 심하게 저해하기 때문에 그 결과 저혈당(hypoglycemia)이라는 혈당결핍증을 유발한다. 이러한 알코올의 영향은 격렬한 근육운동이나, 결식 등 식사 섭취량이 적은 경우 특히 발생하기 쉽다. 격심한 육체노동 후 알코올을 섭취하면 혈당치가 정상값의 30~40%로 저하된다. 저혈당은 뇌기능에 유해하다. 조난을 당하거나 해서 지치고 허기진 사람에게 브랜디나 위스키를 준다고 하는 예로부터의 습관은 생리학적으로 보아 바람직하기는 커녕 오히려 위험하다.

[표 11-5] 알코올음료의 영양가 함량

영양소 성분	하루 섭취량		
	맥주(8~10oz)	위스키(15oz)	포도주(32oz)
열량(kcal)	1,200	1,050	820
알코올열량(kcal)	730	1,050	665
단백질(g)	9	0	1
지방(g)	0	0	0
탄수화물(g)	100	0	40
Thiamin(mg)	미량	0	0
Niacin(mg)	17.4	0	1
Riboflavin(mg)	17.4	0	0.1
Ascorbic acid(mg)	0	0	0
Folic acid(mg)	0	0	0

2) 알코올이 영양소 대사에 미치는 영향

(1) 수분과 전해질

어느 정도 술을 마신 사람은 누구나 수 시간 이내에 이뇨현상을 느끼게 된다. 이것은 혈중 알코올 수준이 증가하면 나타나는 항이뇨호르몬(antidiuretic hormone ; ADH)분비의 감소 때문이다. 만성 알코올 중독자에게 마그네슘이 결핍된다고 알려져 있으며, 알코올 중독 상태 후의 치료에 마그네슘 보충이 필요하다. 마그네슘이 결핍되면 저칼슘혈증이 올 수 있어서 뼈에서 부갑상선 호르몬에 의한 칼슘의 이동에 장애를 주고 그 호르몬의 분비를 감소시킨다. 오랜 기간 과음하면 저인산혈증(hypophosphatemia)에 걸린다고 알려져 있으며, 여러 가지 나쁜 영향을 주기도 한다. 또한 저칼륨혈증(hypokalemia), 알칼리성

증(alkalosis)등은 알코올 음주에 의한 또 다른 전해질 대사장애로 알려지고 있다.

(2) 단백질

알코올의 과잉섭취로 인한 단백질 영양의 불균형은 protein-energy malnutrition(PEM)상태로 나타난다. 과음으로 인해 발병되기 쉬운 간질환은 저단백혈증을 일으키고 혈청 중 측쇄 아미노산의 양을 감소시킨다. 또한 methionine 등이 분해되어 혈중 butyric acid가 상승되고 혈장 중 방향족 아미노산이 증가한다.

(3) 비타민류

대부분의 음주가에게 엽산 결핍증상이 나타나고, 그 결과 빈혈이 온다. 부적절한 식사, 소장의 흡수장해, 간에 엽산 저장의 부족 등, 모두 엽산 결핍을 유발한다. 알코올 섭취는 또한 비타민 B_{12}의 흡수를 방해한다. 이 두 가지 비타민 결핍으로 인해 거대적아구성 빈혈이 생긴다. 알코올 중독자에게는 부적절한 식사와 흡수장애로 인해 thiamine 결핍이 나타나며, 심각한 결핍일 경우 Wernicke-Korsakoff 증상(베르니케 : 실어증, 코르사코프 : 알코올 중독증)을 일으킨다. 이 증상은 초기에는 thiamine보충으로 치유될 수 있으므로, 이 증후의 예방과 알코올성 다발성신경염 및 신장성 각기 등을 예방하기 위해 thiamin을 강화한 알코올 음료를 제안하고 있다. 또, 알코올 산화과정에 의해 pyridoxine 대사가 방해받아 빈혈을 일으키며, 만성 알코올 중독자에게 펠라그라(pellagra)나 나이아신 결핍도 드물지 않다. 알코올에 의한 간질환에 걸리면 비타민 A, 비타민 C의 저장량이 감소된다.

3) 주요 장기에 미치는 영향

(1) 간조직

간은 알코올대사가 진행되는 주요 기관이다. 따라서 장기간 음주가에게 흔히 지방간, 알코올성 간염 및 간경화 등이 나타난다. 간은 지방산보다 알코올을 열량원으로 먼저 이용하는데, 이 때는 열량대사 보효소인 나이아신과 thiamine을 써버려 포도당의 산화를 억제하며, 단백질 합성은 저하되어 알코올의 산화 결과 NADH/NAD+비율이 증가된다. 이는 또한 lactic acid/ pyruvic acid 비율이 증가되어 젖산이 체내에 쌓이면 체내에 산도가 높아져 산혈증을 유발하기도 하며, 신장의 요산 배설능력이 약화된다. 요산의 증가는 통풍을 초래할 수 있으며, 열량대사의 보효소 부족으로 뇌의 열량원인 포도당의 이용이 원활하지 못하여 혼수상태나 사망에까지 이를 수도 있다. 또한 간의 지방 이용이 억제되어 지방간을 초래할 수 있고, 간의 혈액순환이 방해되면 영양소와 산소운반 부족으로 간세포가 죽어 간의 조직괴사나 간경변증이 되기도 한다. 실제로 간경변증 및 지방간에 의한 사망률은 알코올 소비량과 정비례하고 있다. 또한 산화되지 못한 알코올이 혈중에 돌아다니면 뇌의 언어와 시각중추를 마비시키기도 하고, 수의근에 영향을 주어 걸음을 제대로 걷지 못하게 된다. 간질환이 진행되면 단백질의 과잉 섭취나 위장관의 출혈에 의해 간성혼수가 생긴다.

만성 알코올 중독자에 나타나는 간경변증과 간의 손상은 영양불량과 알코올의 직접적인 독성효과에 의한 것으로 간주된다. 따라서 후자의 경우 균형식으로 영양불량을 수정해 주어도 간경변증과 간의 손상이 회복되지 않는다. 알코올과 acetate의 중간 대사 물질인 acetaldehyde가 알코올 남용의 병리적 결과와 부작용의 원인으로 간주되기도 한다.

(2) 위장

알코올은 영양소의 흡수, 저장, 대사를 방해하여 영양불량을 일으킨다. 알코올은 식욕을 감소시켜 식품 섭취를 감소시키기도 하고, 또한 알코올 중독자는 식품보다는 알코올 음료를 사는데 돈을 더 쓸 것이다. 알코올이 2차석 영양불량에 기여하는 기전 중의 하나가 엽산, 비타민 B_{12} 및 thiamine의 장내 흡수장애이다. 알코올중독자에게는 또한 장내 흡수, 장내 점막의 효소농도 및 장의 형태 등에 변화가 나타난다.

(3) 췌장

알코올중독 결과 흔히 췌장염이 나타난다. 단백질과 비타민 결핍과 같은 영양불량은 만성적 췌장장애를 일으킨다. 음주를 많이 하는 중독자에게 나타나는 췌장 기능의 저하는 단백질의 결핍 결과라고 추측된다. 이러한 췌장 기능의 손상은 알코올 중독자에게 흔히 보이는 흡수불량을 초래한다.

(4) 심장혈관계

고혈압이 알코올중독과 관련되어 있다고 여겨지고 있으나, 적당량의 술은 관상동맥질병과 심근경색증에 방어효과가 있다고 한다. 이것은 적당량의 알코올 사용이 관상동맥경화증에 방어 작용을 하는 HDL의 혈중수준을 높이기 때문이다. 그러나 과량의 알코올은 고중성지방혈증을 일으키므로 무조건 권장할 수는 없다.

(5) 신경계

알코올 중독자에게 나타나는 많은 신경장애는 영양결핍, 특히 비타민 B군의 결핍 때문이다. 알코올성 다발성 신경염은 다른 종류의 말초신경병의 증상과 비슷하고 thiamine, pyridoxine, pantothenic acid 및 비타민 B_{12}의 결핍과 관계가 있다. 그밖에 알코올과 관련된 신경장애로 알코올성 치매증상이 있다.

(6) 면역계

알코올 섭취는 면역반응과 숙주 방어에 손상을 준다. 알코올 중독자는 폐렴에 걸리기 쉽다. 영양상태가 좋은 알코올 중독자에게는 면역반응이 잘 유지되나 영양보충을 받지 않는 알코올 중독자에게는 감소하는 경향이 있다. 그러나 영양상태가 좋더라도 만성적으로 알코올을 섭취하면 새로운 항원에 대한 항체반응의 손상이 따르게 된다.

(7) 조혈계

알코올 중독자에게 나타나는 빈혈은 여러 요인에 의한다. 엽산 결핍, 헤모글로빈 합성시 철분 이용의 손상, 그리고 구리, 철분 및 단백질 결핍 등이 그것이다. 또한 알코올은 영양섭취가 적절하다 하여도 골수에 직접적인 독성효과를 보인다. 만성 알코올 중독자에게는 혈소판 기능이 손상되고 알코올을 갑자기 다량 섭취하면 백혈구의 이동에 손상을 주어 조혈작용에 지장이 생긴다.

4) 숙취해소에 이로운 음식

숙취는 술을 마신 후 잠들었다가 일어났을 때 특이한 불쾌감이나 심신의 작업능력

감퇴, 두통 등이 1-2 일 동안 지속되는 일을 일컬으며, 술을 많이 마시는 사람이든 거의 술을 마시지 못하는 사람이든 누구나 경험할 수 있다. 숙취에 영향을 미치는 요인은 미처 대사되지 못한 알코올, 아세트알데히드, 술에 들어 있는 이물질, 유전적 소인 등이 있다. 음주 후 과일, 과일주스, 꿀물, 콩나물국 등 섭취 시 숙취해소 및 간보호에 이로운 효과를 보인다.

콩나물 국: 예로부터 숙취를 해소하기 위해서는 술을 마신 다음날 콩나물 국을 끓여 먹었다. 콩나물에 들어 있는 아스파르트산 (aspartic acid) 이라는 아미노산은 알코올을 분해하는 조효소의 생성을 도와 알코올의 대사를 촉진시키는 작용을 한다.

꿀물: 알코올은 포도당의 합성을 방해하므로 과음한 다음날엔 식사를 해도 혈당수치가 크게 높아지지 않는다. 이 때문에 허기를 느끼고 무엇인가를 많이 먹게 된다. 술 마신 다음날엔 꿀물, 오렌지 주스 등으로 당 성분을 보충해 주는 게 좋다.

수분섭취: 술을 많이 마시면, 신장의 재흡수 기능이 줄고 수분 배설량이 늘어 탈수 증상이 나타나므로 수분을 보충해 주면 혈액 등 체액이 정상적인 상태로 되돌아오는데 도움이 된다. 즉 물을 많이 마시는 것도 간단한 숙취해소방법이다. 특히 무기질과 비타민이 많이 함유하고 있는 차를 마시면 알코올 섭취로 부족해진 무기질과 비타민을 보충해주고 체내 수분을 유지시켜 준다.

5) 그 밖의 영향

(1) 알코올과 비만

알코올은 체내에 7㎉/g이라는 높은 열량을 낸다. 더구나 술을 마시면서 섭취한 식품중의 영양소, 특히 지방, 탄수화물류 등의 섭취로 인해 잉여 에너지가 축적되면 결과적으로 비만해지기 쉽다.

(2) 알코올과 통풍

알코올이 대사되면 아세트알데히드로 변한다. 알코올 섭취량이 많으면 아세트알데히드 생성량이 증가하여 혈액의 산도가 산성에 기울어져 산혈증(ketosis)이 된다. 이로 인해 신장에서의 요산의 배설이 억제되어 고뇨산혈증을 일으키게 된다. 특히, 식사내용이 육류 등 요산치를 높이기 쉬운 것을 다량 섭취하면 상승 효과로 인해 고뇨산증을 일으키기 쉽다. 소위 미식가인 음주가에게서 통풍 발생율이 높은 것은 이 때문으로 해석된다.

(3) 알코올과 고밀도지단백 (HDL)

에탄올로 환산하여 48g/day 이하를 마시는 음주자는 비음주자에 비해 심근경색 발생율은 낮다. 그 이유로서 적당량의 술을 마시는 사람은 HDL이 증가하기 때문이라고 해석되고 있다. HDL이 증가하면 세포로부터 운반되는 콜레스테롤 양이 증가하여 동맥경화를 방지한다. 그러나, 대량으로 마시는 경우는 혈중의 중성지방(트리글리세리드, triglyceride)을 증가시켜 고지혈증이 되기 쉬우며 따라서 혈관 내피세포에 손상을 일으켜 동맥경화의 원인이 된다.

(4) 알코올중독

소위 알코올중독 상태를 최근에는 알코올 의존성으로 취급한다. 원래 중독이란 말은 식중독이나 약물중독의 경우를 말하며, 알코올의 경우는 대량음주에 따른 급성 알코올중독이 해당된다. 알코올 양으로서 150g/ day 이상의 상습 음주자는 술을 마시지 않고는 견딜 수 없는 알코올 의존성 예비군이라고도 할 수 있다. 술을 마시지 않을 때 나타나는 경련은 혈중 마그네슘량의 저하에 기인한다.

(5) 알코올과 임신

흡연과 마찬가지로 임신중 알코올의 섭취는 기형아 등 태아에게 치명적인 영향을 미칠 우려가 있으므로 주의해야 한다. 여성은 남성에 비해 알코올이 위장에서 흡수되기 전에 알코올을 1차적으로 대사시키는 위장 점막의 알코올 탈수소효소의 활성이 남성의 1/2정도이다. 따라서 같은 양의 술을 마시더라도 여성은 남성보다 알코올의 피해를 더 많이 받게 된다.

임신기간 중 알코올 섭취는 태아 성장발달에 심각한 영향을 준다. 과량의 알코올 섭취는 태아 알코올 증후군 (fetal alcohol syndrome, FAS)을 유발한다. 태아 알코올 증후군을 보이는 신생아는 자궁 내 성장부진으로 인해 신장, 체중, 머리둘레가 작으며 이는 영유아기와 아동기에 회복되지 않는다. 또한 안면기형으로 얼굴 모양이 비정상적이며, 눈이 작고 사시이며, 코가 작고 콧날이 짧다. 윗입술이 아랫입술보다 길고 가늘며 인중이 희미하고 안면의 입체감 감소가 있다. 임신시 알코올은 태반을 쉽게 통과하며, 분해산물인 아세트알데히드가 태아의 세포성장을 저해하고, 모체로부터 태아로의 성장발달에 필요한 영양소 운반을 저해한다. 태아조직에는 알코올을 분해시킬 수 있는 효소체계가 발달되어 있지 않다. 따라서 다량의 알코올은 태아의 뇌조직 신경기관의 장애를 유발하여 행동발달과 지능 발달장애를 일으킬 수 있다.

〈알코올 중독 선별 검사와 절주 교육 캠페인 자료〉

[표 11-6] 알코올 선별검사(CAGE, cutting, annoyance, guilty, eye-opener)

1) 당신은 술을 끊어야 한다고 생각한 적이 있습니까?
2) 당신은 술을 마시는 것을 비난하는 사람들 때문에 귀찮을 때가 있습니까?
3) 음주 때문에 죄책감을 느끼거나 기분이 나쁠 때가 있습니까?
4) 술을 마신 다음날 아침 불쾌감을 없애고 기운을 차리기 위해 해장술을 마실 때가 있습니까?

▸ 진단기준 : 4항목 중 1개 이상일 때 음주 문제, 2개 이상 해당될 때 알코올 중독일 가능성이 높다.

[표 11-7] 한국형 알코올중독 간이선별검사(AUDIT-K)

질문	0점	1점	2점	3점	4점
1. 얼마나 자주 술을 마십니까?	전혀안마심 ( )	월1회 미만 ( )	월2~4회 ( )	3주 2~3회 ( )	주4회 이상 ( )
2. 술을 마시면 한번에 몇 잔정도 마십니까?	한두잔 ( )	3~4잔 ( )	5~6잔 ( )	7~9잔 ( )	10잔 이상 ( )
3. 한번에 소주1명 이상 혹은 맥주4병 이상 마시는 경우는 얼마나 자주 있습니까?	없음 ( )	월1회 미만 ( )	월1회 ( )	주1회 ( )	거의 매일 ( )
4. 지난 1년간 한 번 술을 마시기 시작하면 멈출 수가 없었던 때가 얼마나 자주 있었습니까?	없음 ( )	월1회 미만 ( )	월1회 ( )	주1회 ( )	거의 매일 ( )
5. 지난 1년간 평소 할 수 있었던 일을 음주 때문에 실패한 적이 얼마나 자주 있습니까?	없음 ( )	월1회 미만 ( )	월1회 ( )	주1회 ( )	거의 매일 ( )
6. 지난 1년간 술을 마신 다음날, 일을 위해 해장술이 필요했던 적은 얼마나 자주 있었습니까?	없음 ( )	월1회 미만 ( )	월1회 ( )	주1회 ( )	거의 매일 ( )
7. 지난 1년간 음주 후에 죄책감이 들거나 후회를 한 적이 얼마나 자주 있었습니까?	없음 ( )	월1회 미만 ( )	월1회 ( )	주1회 ( )	거의 매일 ( )
8. 지난 1년간 음주 때문에 전날 밤의 일이 기억나지 않았던 일이 얼마나 자주 있었습니까?	없음 ( )	월1회미만 ( )	월1회 ( )	주1회 ( )	거의 매일 ( )
9. 음주로 인해 자신이나 다름 사람이 다친 적이 있습니까?	없음 ( )	–	있지만 지난 1년간에는 없었음 ( )	–	지난 1년간 있었음 ( )
10. 가족, 의사 혹은 주변에서 술 마시는 것을 걱정하거나 술 끊기를 권유한 적이 있습니까?	없음 ( )	–	있지만 지난 1년간에는 없었음 ( )	–	지난 1년간 있었음 ( )
점 수 누계	( )	( )	( )	( )	( )
총 점 수	( )				

■ 판정기준(점수기준)
0~11점 : 정상 음주 자 범위
12~19점 : 상습적인 과음 자. 주의를 요함.
20~23점 : 문제 음주 자 혹은 잠재적인 알코올중독환자임.
24점 이상 : 알코올중독 환자로 분류됨.

[표 11-8] 알코올 중독 선별검사 (NAST, National Alcoholism Screening Test)

1. 자기연민에 잘 빠지며 술로 이를 해결하려 한다.
2. 혼자 마시는 것을 좋아한다.
3. 술 마신 다음날 해장술을 마신다.
4. 취기가 오르면 술을 계속 마시고 싶은 생각이 지배적이다.
5. 술을 마시고 싶은 충동이 일어나면 거의 참을 수 없다
6. 최근에 취중의 일을 기억하지 못하는 경우가 있다(최근6개월 내 2회 이상)
7. 대인관계나 사회생활에 술이 해롭다고 느낀다.
8. 술로 인해 직업기능에 상당한 손상이 있다.
9. 술로 인해 배우자(보호자)가 나를 떠났거나 떠난다고 위협한다.
10. 술이 깨면 진땀, 손 떨림, 불안이나 좌절 혹은 불면을 경험한다.
11. 술이 깨면서 공포나 몸이 심하게 떨리는 것을 경험하거나 혹은 헛것을 보거나 헛소리를 들은 적이 있다.
12. 술로 인해 생긴 문제로 치료받은 적이 있다.

(문항 수로 '그렇다' 가 1개 이상일 경우 문제 음주일 가능성이 있다 . '그렇다' 가 4개 이상이면 알코올 중독일 가능성이 높은 것으로 전문적인 치료가 필요하다. 금단증상을 나타내는 10번과 11번 항목에 해당될 경우 다른 반응의 유무에 관계없이 알코올 중독으로 진단한다)

[그림 11-6] 절주 홍보 팜플렛과 포스터 (홍순명(2004) '술, 없어서 좋아요' 팜프렛 , 울산 중구보건소, 울산대 생활과학연구소 영양교육상담실)

12장 생활습관병 식사요법

1. 당뇨병
2. 동맥경화와 고지혈증
3. 심장질환
4. 고혈압
5. 암과 영양

생활습관병 (life style-related diseases)이란 평소에 좋지 않은 생활습관 요인들이 (식습관, 운동, 흡연, 음주, 스트레스, 그리고 휴식등) 이 복합적으로 작용하여 발생하는 질환을 말한다. 환경 및 생활양식의 변화에 따라 발생할 수 있는 잘못된 생활습관에서 비롯된 비만, 당뇨, 고혈압, 고지혈증, 동맥경화증, 협심증 등이 이에 해당된다. 이 질병들은 당장 눈에 보이는 증상이 드러나거나 그 자체로서는 치명적인 영향을 주지 않지만, 장시간 방치해두면 심장마비, 뇌졸중, 간경화, 암 등의 치명적인 질병으로 발전되어 생명을 위협할 수 있다. 생활환경의 개선과 의학의 진보로 인해 우리나라의 평균수명은 세계 수준에 달하고 있으나, 고령화 인구의 급속한 증가와 따른 암, 심장병, 뇌졸중, 당뇨병 등의 생활습관병 환자수가 증가함에 따라, 건강을 증진시키고 질병 발생을 예방하는 '일차예방'에 비중을 둘 필요가 있는데, 잘못된 생활습관 교정은 생활습관병 예방을 가능하게 한다.

1. 당뇨병

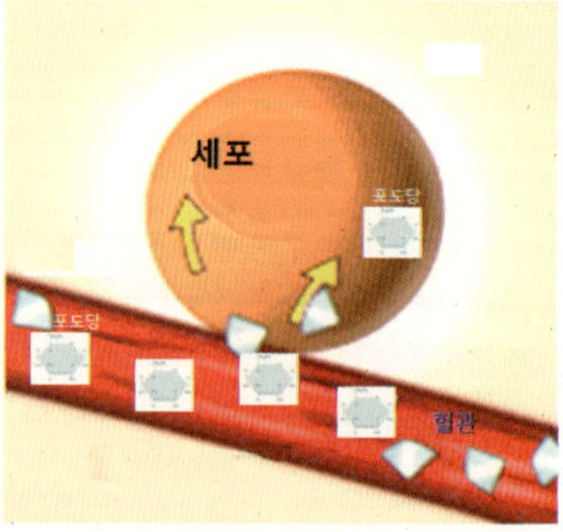

전 세계적으로 당뇨병 환자가 증가하고 있으며 우리나라에서도 발생빈도가 증가하고 있는 실정이므로 당뇨병의 예방 및 관리가 시급하다. 당뇨병은 췌장에서 충분한 양의 인슐린(insulin)을 만들 수 없거나 충분한 양의 인슐린이 나와도 세포가 이를 이용하지 못해 발생하게 된다. 인슐린은 췌장의 랑게르한스섬에서 생성되는 호르몬으로, 포도당과 지방의 상호작용을 조절하는데, 인슐린의 양이 부족하면 포도당을 이용할 수 없어 정상적인 기전이 이루어지지 않는다. 또한 인슐린의 양이 정상적이라도 수용체수가 감소되거나 인슐린에 대한 수용체의 민감도(sensitivity)가 감소된 경우에도 당뇨병을 일으킨다.

인슐린의 필요량은 환경에 의해 영향을 받는데 운동은 필요량을 감소시키고, 감염성

질환은 필요량을 증가시킨다. 당뇨병은 완치가 어렵고 합병증이 쉽게 생기므로 식사에 의한 철저한 영양관리가 중요하다.

1) 원인과 증상

당뇨병의 원인은 확실하지 않으나 비만, 과식, 유전, 스트레스, 연령증가, virus 감염, 호르몬, 약물, 임신 등을 들 수 있으며, 당대사를 조절하는 췌장의 베타세포(β-cell)의 인슐린 부족 또는 감수성 저하로 인하여, 당의 세포내 이용이 불가능하여 혈액에 쌓이고 소변으로 배설되는 대사성 질병이다. WHO의 1985년 분류를 보면 [표 12-1]과 같다.

[표 12-1] 당뇨병의 병형분류(WHO, 1985)

당뇨병(diabetes mellitus, DM)
1. 인슐린 의존형 당뇨병(insulin dependent diabetes mellitus, IDDM)
2. 인슐린비의존형 당뇨병(non-insulin dependent diabetes mellitus, NIDDM)
3. 영양불량과 관련된 당뇨병(malnutrition-related diabetes mellitus, MRDM)
4. 기타의 당뇨병형(other types)
글루코오스내당능이상(impaired glucose tolerance, IGT)
임신성 당뇨병(gestational diabetes mellitus, GDM)
기타의 당뇨병형(other types)
1. 췌장질환(pancreatic disease)
2. 내분비 질환(disease of hormonal etiology)
3. 약제 또는 화학물질에 의한 것(drug or chemical induced conditions)
4. 인슐린 또는 인슐린수용체 이상(abnormalities of insulin or its receptor)
5. 유전성질환(certain genetic syndromes)
6. 기타(miscellaneous)

(1) 제1형 당뇨 (인슐린 의존성, IDDM)의 원인

일차적인 원인이 확실치 않고 유전적 요소가 강하며 일차적인 원인으로는 췌장 기능의 장애를 들 수 있다. 유전적 요인이 있는 경우에 비만, 발육, 임신, 감염, 스트레스, 과로, 이상과식 등의 요인이 부가되면 췌장장애로 인슐린분비 장애가 나타난다. 소아당뇨는 어린 나이에 발병하며 바이러스 감염 등으로 췌장이 파괴되어 인슐린 분비가 불가능해 위독하게 된다. 일반적으로 마른 사람이면 ketoacidosis가 되기 쉽다. 치료는 인슐린을 투여하며 식사요법만으로 치료는 어려우며, 진행성 혈관장해로 합병증이 생긴다.

(2) 제 2형 당뇨 (인슐린 비의존성, NIDDM)의 원인

췌장염, 췌암 또는 췌장수술로 파괴 또는 적출는 확실한 원인으로 인슐린 작용부전이 일어나 당뇨병이 된다. 내분비성으로서는 부신기능항진이 있는 쿠싱증후군, 부신피질 스테로이드제의 투여로 인한 스테로이드 당뇨, 또는 갑상선 기능 항진증으로 당뇨병이 진행된다.

성인당뇨는 40세 이후 중년에서 잘 발병하며 유전적 소인의 사람이 잘못된 식습관이나 스트레스로 인해 발병되며 진행이 느리므로 식사요법이 큰 역할을 할 수 있다. 흔한 증상은 갈증으로 인한 다음, 다뇨이고 전신권태, 공복감 등이며, 다식, 체중감소, 신경통, 시력장해, 지각장해, 성욕감퇴, 화농되기 쉬운 것 등도 있다. 그러나 전혀 증상이 없거나 서서히 나타나기도 한다.

2) 임상검사

(1) 요당검사

소변으로의 당 배출유무로 검사한다. 소변에서 당이 나타나지 않더라도 혈당이 높은 경우가 있으므로 혈당검사를 병행하는 것이 정확하다.

(2) 혈당과 hemoglobin A_1C(glycosylated hemoglobin)검사

공복시와 식후에 혈액을 채취하여 포도당의 농도를 측정하는데 표 12-2와 같이 당뇨병을 진단한다.

[표 12-2] 혈당농도(단위 ㎎/dℓ)

	정상	내당능이상	당뇨병
공복시	80～110	120 이상	140 이상
식후 1시간	180 이하	200 이상	200 이상
식후 2시간	140 이하	140～199	200 이상

최근 미국 당뇨병학회에서는 공복시 혈당치가 126~140㎎/dl 이상이거나 임의 측정시

200㎎/dl 이상일때 당뇨병으로 진단하고 있다. 정상인의 당화헤모글로빈(hemoglobin A1C)은 4%~6%이며, 당뇨병 환자의 경우에는 이보다 높다.

(3) 포도당 부하시험

일정량의 포도당을 섭취시킨 후 혈당의 변화를 측정하는 방법으로 공복 시에 혈당을 측정한 다음 75g의 포도당을 먹인 후 2시간 후에 다시 혈당을 측정한다. 정상인의 경우에는 포도당 섭취 후 2시간 이내에 공복 시의 정상 농도로 되돌아오나 당뇨병인 경우에는 혈당이 높은 상태로 지속하게 된다.

3) 영양 대사 장애

(1) 인슐린 분비이상

인슐린은 랑게르한스섬의 베타세포에서 합성되는 peptide hormone으로서 직접 혈류에 분비되고 체내 각조직에 분배된다. 식사를 하여 혈당이 상승하면 혈액내 인슐린이 방출된다. 인슐린 방출을 자극하는 인체내 요소는 포도당과 과당, 아미노산, ACTH, Ca, K 등이며, 인슐린 방출은 당질 외에 단백질 섭취 시에도 방출되므로 과식이나 미식으로 랑게한스섬에 부하가 걸리면 당뇨병이 되기도 한다.

인슐린 분비가 부족하고 혈당이 상승되면, 당이 뇨로 배설된다. 인슐린 부족으로 근육, 지방조직 등에서 포도당 대사가 감소되고, 간에서 혈액으로 포도당 이행이 많아져 혈당이 증가되므로 혈액내의 포도당은 과잉임에도 불구하고 세포내에는 포도당 부족상태가 된다.

(2) 당질 대사 이상

당뇨병에서는 인슐린 부족으로 세포내 포도당 이용 저하와 간의 포도당의 방출이 많아져서 혈당이 높아진다. 혈당치가 180㎎% 이상이 되면 뇨로 포도당이 배설되어 당뇨증세가 나타난다. 정상 혈당치는 공복 시에 100㎎% 전후로서 식사 후 30분 내지 1시간 30분 정도에 120~165㎎%까지 상승하고 4시간 후부터는 점차 떨어진다. 혈당치는 비교적 좁은 범위 내에서 변동 조절된다. 그러나 당뇨병이 되면 식후 혈당치가 170㎎%~300㎎% 이상이 될 수 있으며, 공복 시에도 높은 혈당치를 나타낸다.

인슐린 부족으로 근육세포에 포도당 유입이 어려워 필요한 에너지의 95%까지를 유리 지방산에서 사용한다. 간에서는 일반적으로 유입된 포도당이 그 일부는 분해되어 에너지 생산에 쓰이고 나머지는 당으로 저장된다. 인슐린은 간 조직에 영향을 미치게 되어 당뇨병에서는 간 내 당대사에도 장애가 생긴다.

(3) 지방 대사 이상

인슐린 부족으로 지방조직의 중성지방이 분해되므로 유리지방산이 많이 생성되어 혈중으로 유리 된다. 지방산은 간 조직에 운반되어 산화되며 에너지원으로 되나 한계치보다 많으면 케톤체 합성이 항진되고 혈중으로 케톤체가 방출된다. 그 결과 입에서 아세톤체 냄새가 나고 소변으로 배설된다. 케토시스(ketosis)는 혈중에 아세톤, 아세톤초산 등 산의 함량이 높아진 상태를 말하며 당뇨병의 대표적 대사 장애이다. 혈액의 pH는 저하되어 acidosis(산혈증)가 된다. 산혈증이 심하면 뇌기능이 저하되고 당뇨병 혼수상태가 된다.

(4) 단백질 대사 이상

인슐린 부족으로 인한 단백질 합성 장애로 단백질 분해가 촉진되고 아미노산이 간으로 운반되어 당과 요소가 생성된다. 당뇨병은 질소균형이 (-)가 되나 단백질 공급이 충분하면 질소균형이 (-)가 되지는 않는다.

(5) 합병증

당뇨병의 급성 합병증은 고혈당 혼수나, 저혈당이 생긴다. 또한 지방질이 에너지로 소비되어 케톤(ketone)체에 의해 당뇨병성 산혈증이 된다. 당뇨병의 만성 합병증은 망막의 조그마한 혈관들이 막혀서 영양공급이 중단되는 상태인 당뇨성 망막증, 사구체의 손상으로 소변 내에 단백질이 나오는 신장질환, 더 심해지면 요독증으로 진행된다. 또한 당뇨병성 신경장애로 감각둔화, 통증, 혈압강하 등이 있으며 심장혈관계 합병증으로 협심증, 뇌졸중 등이 있다.

4) 당뇨병의 식사요법

당뇨병 관리의 목적은 정상혈당 유지, 표준체중과 혈압 유지, 지질대사 개선이며, 이를 위해서는 식사요법, 운동요법, 약물요법이 필요하다. 식사요법은 매우 중요하며 환자의 성별, 연령, 체중, 운동량, 질병상태, 합병증 등을 고려하여 총 섭취열량과 각 영양소를 배분한다.

(1) 열량

비만인 경우에는 표준체중을 유지하도록 열량을 제한하고 활동정도를 고려하여 [표 12-3]와 같이 열량을 가감한다. 비만이 아닌 경우, 1800kcal정도의 열량을 섭취한다.

[표 12-3] 체중에 따른 당뇨병의 열량권장량(Kcal)

체중정도	잠재기	중등활동	심한활동
체중초과	20-25	30	35
정　상	30	35	40
체중미달	35	40	45-50

(2) 단백질

증세가 심한 당뇨병은 섭취된 단백질이 열량으로 사용되어 단백질 결핍 현상이 일어나며, 탄수화물 섭취를 제한하므로 충분한 양의 단백질이 필요하다. 처음에는 체중 kg당 1.5g의 단백질을 공급하여, 증세가 회복되면 kg당 0.9g 또는 하루 최소한 65g의 섭취를 권장한다.

(3) 탄수화물

열량의 40~50% 정도를 탄수화물로 공급하며, 단당류보다 복합당질로 고섬유식을 한다. 단당류는 흡수가 빨라 혈당치를 급격히 상승시키는데 비해 복합당질은 가수분해되어 포도당이 혈류로 방출되는 시간이 비교적 느리기 때문이다.

Glycemic index(GI)란?

Glycemic index(GI) = 한 식품을 먹은 후 일정한 시간 내(약 2시간 후)에 혈류에 나타난 포도당의 총량/흰 빵의 형태로 같은 양의 당질을 먹은 후 같은 시간 내에 혈류에 나타난 포도당의 총량
당질식품 섭취 후 혈액의 포도당 양을 측정하여 glycemic index(GI)로 나타낸다. GI란 흰 식빵의 형태로 같은 양의 당질을 먹은 후에 혈류에 나타나는 포도당량과의 비를 나타낸다.
식품의 GI를 보면 흰빵은 100, 통밀로 만든 빵 99, 현미 96, 흰쌀 83, 흰 국수 66, 콘프레이크 119, 바나나 79, 오렌지 66, 포도 62, 사과 53, 배 47, 복숭아 40, 고구마 70, 강낭콩 54, 메주콩 20, 아이스크림 52, 전유 49, 포도당 138, 꿀 126, 설탕은 86이다.

식품의 GI는 식품 중 식이섬유 함량과 식품의 소화율, 전체 지방함량이 고려되어야 한다. 당뇨병의 혈당 조절을 위해 GI가 낮은 식품을 사용하여 식사 후에 혈당을 천천히 상승시키는 것이 중요하다. 그러나 당뇨병 환자가 GI에만 의존하는 것은 위험하다. 지방이 많은 음식은 위를 비우는 시간은 더디지만 열량이나 포화지방산, cholesterol이 높아 고지혈증이나 심장병을 유발할 가능성이 높기 때문이다. 당뇨병 환자는 지방이 낮으면서 GI가 낮은 음식을 섭취하는 것이 바람직하다.

(4) 지방

1일 지방질섭취는 약 30~50g 정도를 권장하며 열량의 약 20% 정도가 된다. 단, 비만이 있거나 동맥경화가 있으면 섭취량을 줄인다.

이러한 식사요법을 쉽게 실천할 수 있게 식품교환표를 이용하는데[그림 12-1], 필요열량이 정해지면 식품교환군에서 교환량을 택하여 3~4끼 식사 및 간식으로 균형 있는 식단을 짠다([표 12-4], [표 12-5]에서 참조). 예를 들면 2,000㎉의 처방을 받았다면 1일 허용단위수를 택하여 [표 12-4]과 같이 3끼와 간식으로 균형있게 교환수를 배분한다. 교환량에 의거 [표 12-5]과 같이 식단을 작성한다. 이렇게 하면 균형잡힌 식단으로 쉽게 식사조절을 할 수 있다.

- 식품교환표: 영양소의 성분이 비슷한 식품끼리 여섯 가지군(곡류군, 어육류군, 채소군, 지방군, 우유구, 광일군)으로 묶어, 각 식품군마다 열량, 당질, 단백질, 지방의 함유량이 동일하게 정해진 식품의 중량을 식품교환 1단위로 표시하여 같은 식품군 안에서는 서로 바꾸어 먹을 수 있도록 한 것이다. 이러한 식품교환표를 이용하면 식품을

다양하게 선택할 수 있어 영양적으로 균형잡힐 뿐만 아니라 기호에 맞는 즐거운 식사가 될 수 있다.

식품교환표

식품군		1교환단위의 예	당질 (g)	단백질 (g)	지방 (g)	열량 (kcal)
곡류군		쌀밥 70g (1/3공기), 삶은국수 90g (1/2공기), 식빵 35g (1쪽), 도토리묵 200g(1/3모), 감자 140g (중 1개), 크래커 20g (5개)	23	2	-	100
어육류군	저지방	쇠고기 40g (로스용 1장), 조기 50g (소 1토막), 멸치 15g (잔 것 1/4컵)	-	8	2	50
	중지방	달걀 55g(중 1개), 고등어 50g(소 1토막), 두부 80g(1/5모)	-	8	5	75
	고지방	닭고기 40g(닭다리 1개), 비엔나소시지 40g(5개), 치즈 30g(1.5장)	-	8	8	100
채소군		애호박 70g (중 1/3개), 오이 70g (중 1/3개), 당근 70g (대 1/3개), 시금치 70g (익혀서 1/3컵), 표고버섯 50g (대 3개)	3	2	-	20
지방군		호두 8g (중 1.5개), 땅콩 8g (8개), 잣 8g (1큰스푼), 옥수수기름 5g (1작은스푼), 마요네즈 5g (1작은스푼)	-	-	5	45
우유군	일반 우유	일반우유 200cc(1컵), 두유 200cc(1컵)	10	6	7	125
	저지방 우유	저지방우유 200cc(1컵)	10	6	2	80
과일군		수박 150g (중 1쪽), 귤 120g, 사과 80g (중 1/3개), 바나나 50g (중 1/2개), 토마토 350g (소 2개), 키위 80g (중 1개)	12	-	-	50

[그림 12-1] 당뇨병을 위한 식품교환표

(5) 식사요법의 주의점

① 세끼 식사와 간식을 규칙적으로 일정한 시기에 한다.

② 일일 필요섭취량에 익숙해지도록 습관을 들인다.

③ 음식의 간은 되도록 자극성이 없게 한다.

④ 공복감을 덜기 위해 같은 영양가의 식품이면 부피가 큰 것을 선택한다.

⑤ 외식 시에는 설탕을 많이 사용한 음식, 튀김음식 및 성분을 알 수 없는 음식은 피한다.

⑥ 어육류군(고지방)의 섭취는 가급적 제한한다.

⑦ 술, 소금, 청량음료, 설탕, 꿀은 제한한다.

⑧ 섬유소는 적절히 선택한다.

⑨ 합병증이 없는 경우는 기름, 설탕을 뺀 조미료는 별로 제한받지 않는다.

[표 12-4] 2000kcal의 끼니별 배분 예

식품군		1일허용단위수	아침	간식	점심	간식	저녁	간식
곡류군		9	2		3	0.5	3	0.5
어육류군	저지방	5	2.5		2.5			
	중지방	2					2	
채소군		6	2		2		2	
지방군		5	1.5		1.5	0.5	1	0.5
우유군		2		1				1
과일군		2				1		1

[표 12-5] 2000kcal 식단 예

구 분	식단명	주재료 및 분량
아침	밥	140g
	미역국	
	장조림	쇠고기 60g
	동태살전	동태살 50g
	김치	40g
오전간식	우유	우유 1컵
점심	밥	210g
	멸치볶음	멸치 15g
	쇠고기야채전	쇠고기 40g
		계란 1/2개
	김구이	4g
	김치	40g
오후간식	귤	120g(1개)
	감자버터구이	감자 80g
		버터 3g
저녁	밥	210g
	쇠고기국	쇠고기 20g
	갈치지짐	갈치 80g
	호박나물	40g
	김치	40g
야식	우유	우유 1컵
	사과	100g(1/2개)
	식빵(땅콩버터)	식빵 18g
		땅콩버터 4g

'대사증후군' 성인병은 한뿌리, 동시다발 한다.
'인슐린 저항성'이 당뇨 · 고혈압 유발 저혈당 음식 먹고 하루 30분 운동을

대사증후군이란 복부비만 · 당뇨 · 고밀도 콜레스테롤(HDL) · 고혈압 · 고중성지방 등 5가지 지표 중 3가지 이상이 기준치를 초과한 상태를 말한다.
과거에는 심장병 · 당뇨병 · 뇌졸중 · 고혈압 등등을 별개의 질환으로 여겼다. 그러나 최근 이들 질환은 하나가 발생하면 여러 개가 동시에 발생하는 '네트워크'를 가지고 있다는 사실이 밝혀졌다. 즉 이들은 하나의 나무에서 자란 형제로, 몸통은 '인슐린 저항성'이다.

이 경우 우리의 뇌는 인슐린이 부족해서 그렇게 됐다고 판단하고, 췌장에 인슐린 생산량을 늘리도록 지시한다. 이에 인슐린은 더욱 쏟아져 나오지만 '저항성'으로 고혈당은 개선되지 않은 채, 이제는 피 속의 인슐린 농도마저 높아진다. 이름하여 고(高)인슐린 혈증이다.
고인슐린 혈증은 ▲혈당 대사 이상을 일으켜 당뇨병을 유발하는 것은 물론 ▲지질대사 이상을 초래, 중성지방을 올리고, 몸에 좋은 고밀도 콜레스테롤(HDL)은 떨어뜨리며 ▲혈액에 나트륨 성분(염분)을 높여 고혈압을 유발하고 ▲요산을 올려 통풍을 유도하며 ▲혈액을 끈적끈적하게 하는 성분의 농도도 높인다. 이로 인해 '인슐린 저항성'이 당뇨 · 고혈압 · 뇌졸중 · 심장병 등 심혈관 질환을 일으키는 몸통이 되는 것이다. 그런 상태가 바로 대사증후군이다. '인슐린 저항성'은 공복시 혈액 내 인슐린 농도와 혈당치 검사 등으로 추정할 수 있다.

/도움말: 정인경 · 한림의대 내과 교수, 김성래 · 가톨릭의대 내과 교수, 김대중 · 아주의대 내과 교수(김철중 · 의학전문기자 doctor@chosun.com) http://www.chosun.com/w21data/html/news/200405/200405110158.html 재정리

[그림 12-2] 대사증후군 관련 질환

'알쏭달쏭' 건강수치들 무슨 뜻일까

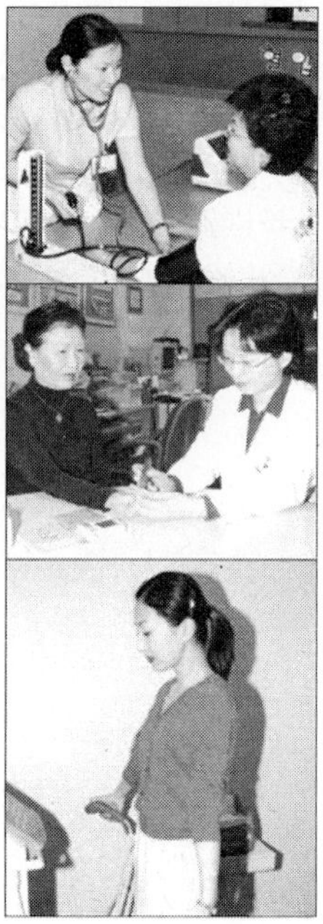

대학 시절 씨름 선수로 이름을 날린 J(42·회사원)씨는 180cm의 키에 몸무게 110㎏이 넘는 거구다. 앉은 자리에서 삼겹살 서너 근을 너끈히 먹어치우던 선수 시절의 식습관을 고치지 못해 몸무게는 줄어들 줄을 모른다. 그런데 얼마 전부터 가슴이 죄는 듯 답답함과 체증 비슷한 통증이 오기 시작했다.

최근 지각을 한데다 설상가상으로 회사 엘리베이터까지 고장나 12층까지 계단을 뛰어 오르던 J씨는 5층쯤 이르렀을 때 가슴을 움켜쥐며 주저앉고 말았다. 동료가 급히 그를 응급실로 옮겨 다행히 큰 변은 면했지만 심근경색 진단을 받고 심장에 혈액 공급을 원활히 해주는 동맥 확장술을 받았다. 지난 겨울 직장 건강검진 때 혈중 콜레스테롤 수치가 280㎎/㎗을 넘어서 치료권고를 받았는데도 증상이 없다며 이를 무시했던 것이 화근이었다.
이젠 일반인들도 혈압을 비롯해 콜레스테롤, 혈당, 비만, 간 등 건강의 지표가 되는 수치를 판독하는 방법을 알아둬야 건강을 지킬 수 있다.

- 혈압, 최저 80, 최고 120 이하를 유지하라
- 혈당 수치 공복시 110, 식후 140 넘으면 위험
- 콜레스테롤 수치, HDL은 60 이상, LDL은 150 이하로
- 체지방비율, 체질량 지수 줄여야
- 간 수치는 30보다 낮게

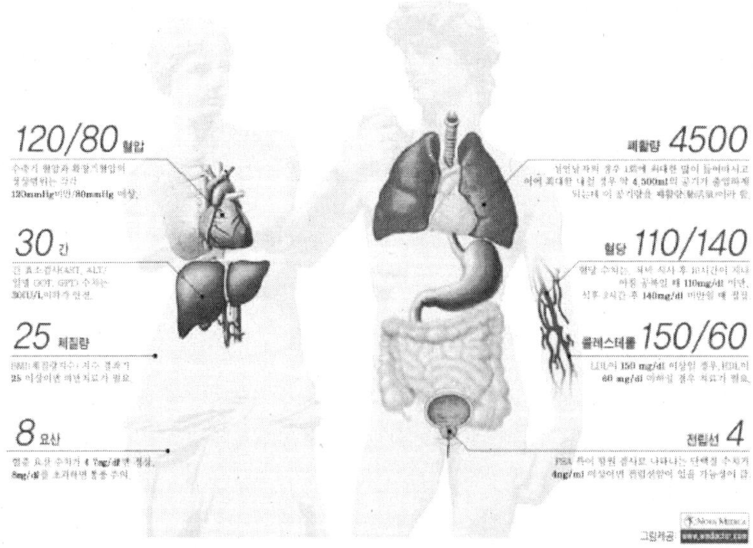

/권대익기자 dkwon@hk.co.kr 〈도움말=삼성서울병원 건강의학센터 최윤호 교수, 영동세브란스병원 내분비내과 김똘미 교수, 강남베스트클리닉 이승남 원장〉
http://nadri.hankooki.com/lpage/weekzine/200406/wz20040606215438404 30.htm 재정리

[그림 12-3] 대사증후군 진단 관련 건강수치

2. 동맥경화와 고지혈증

동맥내벽의 경화와 침착으로 내공의 협착과 폐쇄 등이 생긴 병변을 동맥경화(arteriosclerosis)라고 한다. 대동맥, 관상동맥, 뇌저동맥 같은 동맥에는 동맥벽 내막에 지방침착, 비후, 괴양혈전, 석회침착, 내공협착 등 병변을 일으키는 죽상경화(atherosclerosis)가 나타난다. 경부나 사지동맥에 있어서는 주로 중막의 석회화를 일으켜 내공협착이 나타나지 않는 중막경화(medial sclerosis)가 생긴다. 신장의 진입동맥, 망막 동맥 등 말초동맥에서는 세동맥경화(arteriosclerosis)가 생긴다.

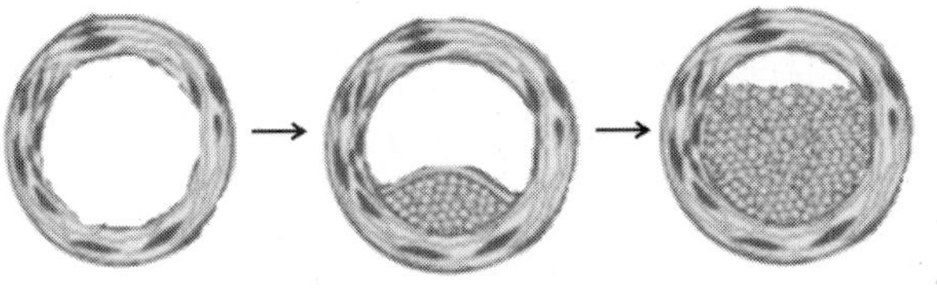

[그림 12-4] 동맥경화 병변 진행과정

고지혈증은 일반적으로 뚜렷한 증상이 없고 비만, 당뇨병, 심장병, 동맥경화증, 고혈압 등과 연관되어 지적이 되거나 어깨통증, 두통, 머리가 무거운 증세 때 발견된다. 고지혈증은 성인층 만이 아니고 발육기나 유아기, 장년기에서도 발견될 수 있고 요즈음 더욱 발병 연령이 낮아지는 경향이다. 섭취열량 과잉과 특히 탄수화물, 포화지방산이 많이 함유된 지방질, 콜레스테롤의 섭취과잉으로 혈중에 중성지방이 증가되고 LDL, VLDL 및 콜레스테롤이 증가된 상태이다.

1) 원인과 증상

확실한 원인은 잘 모르지만 동맥경화증은 콜레스테롤을 중심으로 한 지질대사 이상, 혈전형성, 스트레스, 감염, 면역 이상 등을 들 수 있으며 고지혈증, 비만, 흡연, 고혈압, 당뇨병, 유전 등이 관련되어 있다. 고혈압, 고지혈증, 스트레스, 염증 등에 의하여 동맥내피세포 손상이나 열량, 포화지방산, 콜레스테롤 등의 섭취 과잉으로 혈액에 VLDL, LDL, 중성지방, 콜레스테롤이 병적으로 증가된다.

뇌의 동맥경화증의 증상은 두통, 현기증, 귀울림, 기억력저하, 불면 등이 있고 더욱 진행되면 언어장애, 보행장애 등이 나타난다. 뇌출혈이 있으면 뇌졸중 발작을 일으키고 의식장해, 혼수, 반신불수 등 증상이 나타나고 사망율이 높다. 급성기 사망율은 비교적 적다.

관상동맥경화증은 심장의 영양을 공급하는 관상동맥의 내공이 좁아져 심근에 충분한 혈액공급이 어려워지고 심근은 산소 결핍상태가 되어 협심증이 된다. 협심증의 증상은 앞가슴이 눌리는 것 같은 압박감, 타는 듯한 감을 느낀다. 동통은 수 분간 계속되며 때로는 수십 분이 될 수도 있다. 일하고 있을 때, 계단 오를 때, 운동하고 있을 때, 음식 먹을 때, 정신적 흥분 상태에서도 발생 가능하며, 때로는 안정 상태에서도 발병한다.

심근경색은 관상동맥 협심증이 상당히 진전되어 내공이 혈전 등으로 폐쇄되었을 때 발생한다. 흔히 돌연 발병하고 앞가슴에 견디기 어려운 동통을 느끼고 호흡곤란, 부정맥, 쇼크(shock) 등이 되기 쉽고 생명이 위태롭다.

2) 임상검사

총지질, 총콜레스테롤, 인지질, 유리지방산, LDL등의 증가와 HDL, lipoprotein lipase 등의 감소가 나타난다.

3) 영양 대사 장애

[그림 12-5]의 구조를 가진 콜레스테롤은 꼭 필요한 영양소이므로 신체 내에서 합성되는데 과량을 섭취할 때 문제가 생긴다. [그림 12-6]는 혈액 속에 존재하는 지단백의 구성물질인데 LDL인 경우 콜레스테롤이 가장 많아서 큰 덩어리를 형성하여 콜레스테롤을 동맥벽에 침착시켜 동맥경화율을 높이는 반면, HDL은 콜레스테롤을 제거하는 역할로 동맥경화를 줄인다. 고지혈증으로 혈장내 lipoprotein 중 LDL, VLDL이 특히 높으면 관상동맥경화를 일으킬 수 있으며, 콜레스테롤, 중성지방이 동시에 높을 때 많이 나타난다. 우리나라에서는 중성지방이 문제가 되고 있다.

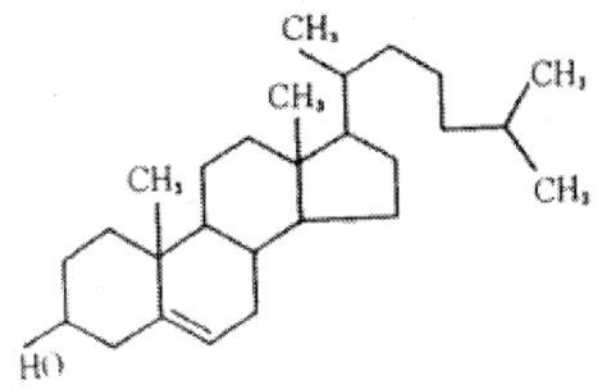

[그림 12-5] 콜레스테롤

물에는 전혀 안 녹고 식물은 만들어내지 못하나 동물들은 만들어 낸다. 세포에 없어서는 안되는 물질이면서 현대인의 사망원인의 주요 인자이기도 하다

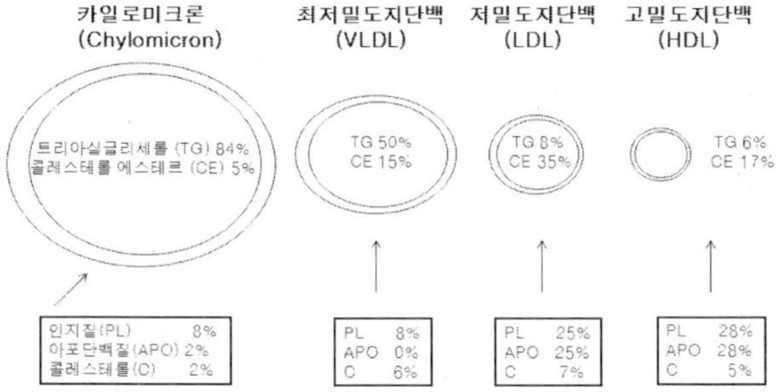

[그림12-6] 지단백 (lipoprotein) 구성성분과 종류

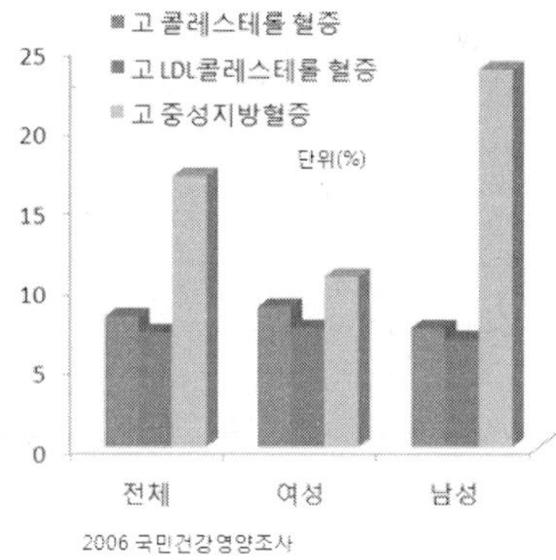

[그림12-7] 고지혈증 종류

4) 동맥경화와 고지혈증의 식사요법

정상체중을 유지하고 포화지방산, 콜레스테롤 등의 조절로 혈중 지방 성분을 조절한다. 부종의 경우 식염도 제한한다. 비만인 경우 열량을 낮추고 지방질은 P/S 비율의 적정(1.1~2.0)을 유지하며 복합 탄수화물섭취로 적정량의 섬유소도 섭취하도록 한다(1일 6~10g 정도).

알코올성 음료는 적정량 섭취하고 금연, 카페인 음료의 섭취를 줄인다. 고혈압의 경우 적절한 열량을 섭취하며 식염을 줄이고 다가불포화지방산을 섭취한다. 당뇨병의 경우, 총 열량을 조절하고 영양소 배분을 균형있게 하고 적당한 운동을 통해 합병증에 유의한다. 특히 식사의 구성에 의해 영향을 받으므로 식사요법을 잘 지킨다.

(1) 열 량

표준체중을 산출하여, 활동정도에 따라 열량을 산출한다(제4장 참조).

(2) 탄수화물

포도당, 설탕, 단음료 등과 같은 단당류와 이당류는 소화 흡수가 빠르므로 혈당이 급격히 상승하고 지방으로 쉽게 변하므로 복합탄수화물인 식품으로 선택한다. 또한 식이섬유소 중 펙틴은 혈청 콜레스테롤을 낮추는 효과가 크므로 섬유소를 충분히 섭취한다.

(3) 지방

불포화지방산이 많고 콜레스테롤 함량이 적은 식품으로 선택한다(식품 중의 콜레스테롤량은 부록6 참조).

(4) 단백질

단백질은 체중 kg당 1.0~1.5g 정도로 섭취하여 부족이 없도록 하는데 질적인 면을 고려하여 생선류, 가금류 등의 동물성 단백질 식품이나 식물성 단백질 식품의 섭취를 한다.

(5) 비타민, 무기질

충분한 양의 비타민과 무기질의 공급을 위하여 과일류, 채소류의 섭취가 필요하다.

(6) 기타

많은 알코올의 계속적인 섭취는 중성지방이 쉽게 합성되므로 활동량이 적은 경우 식사의 양과 함께 조절하여야 한다. 흡연은 HDL를 저하시키고 중성지방을 증가시킨다. 한정된 기름과 설탕 사용을 줄이고 소금도 줄여 싱겁게 조리하나 식욕이 떨어지므로 식초, 카레, 매운맛으로 조리한다. 한꺼번에 많은 양의 식사를 피하고 3끼에 균형을 맞추어 식사하도록 한다.

동맥경화 및 심혈관계 질환을 예방하는 가이드라인은 다음과 같다.

- 매일 채소와 과일을 먹는다: 심장발작 위험률 30% 감소시킴
- 규칙적인 신체운동: 중정도의 강도의 운동은 위험률 14% 감소시킴

- 금연: 현재 흡연중인 사람은 심장발작 위험도가 비흡연자보다 3배 높음
- 정상 혈중 지질수준 유지
- 정상혈압유지: 고혈압인 사람은 위험율 2배
- 당뇨개선: 위험율 2배 이상
- 복부비만을 개선: 심장발작 37% 증가
- 스트레스성 심리요인: 위험율 2.5배 증가

5) 항고지혈증 및 항동맥경화 효능을 가진 식이성분

혈중 지질수준을 낮추고 항동맥경화 활성을 나타내는 식이성분으로는 생선유 (연어, 정어리, 참치 등) 에 풍부한 오메가 3계 불포화지방산 DHA, EPA, 올리브오일의 올레인산, 달맞이꽃 종자류의 감마 리놀렌산, 게, 새우등 갑각류의 껍질에서 얻어진 키토산, 알로에의 베타-시토스테롤과 모나콜린 K, 남조류의 일종인 스피루리나, 견과류 (호두, 아몬드 등)에 많은 파이토스테롤 (phytosterol), 양파의 퀘르세틴등이 있다.

3. 심장질환

심장질환은 사망 원인 중에 큰 비중을 차지하고 있는데, 심근의 괴사, 심판막의 손상 및 폐혈관이나 전신혈관계내의 혈압증가로 인한 심장부담의 증가 등에 의해 발생한다. 동맥경화증은 심근경색이나 부정맥을 일으켜 심부전을 일으킬 수 있다. 관상 동맥경화증은 매우 위험하고 협심증이나 심근경색을 일으키거나 사망의 원인이 되기도 하다.

심장의 기능장애가 생겼을 때 심부전이라 하며 그러한 경우에는 심장은 각 조직에 충분한 혈액을 공급하지 못하게 된다. 급성은 심장의 수축력이 갑자기 저하된 것이며 쇼크, 심근경색 등에서 나타나고 만성은 심질환으로 심장에 부담이 생겨 점차로 수축력 저하가 된 것으로서, 폐, 간에 울혈현상이 나타날 수 있어 만성 울혈성 심부전증이라고 한다.

1) 원인과 증상

심장질환의 원인은 여러 가지 복합 요인을 가지고 있다. 그 중에서 식사는 중요한 요인의 하나이며 그 외에 흡연과 운동 등이 있다. 식사적 요인으로는 지방을 많이 섭취함으로써 오는 경우가 많은데, 예를 들어 심장 자체에 혈액을 공급하는 혈관(관상동맥)에 콜레스테롤이 쌓여 관상동맥경화가 생기면 심장자체에 대한 혈액의 공급이 줄어들어 허혈증(ischemia)을 일으키며, 또 산소 공급이 부족하게 되면 협심증이나 심근경색증 등이 발생하게 된다. 운동량이 평소보다 많아지면 심장은 각 부위에 보다 많은 양의 혈액을 보내주어야 하므로 심장 수축 작용도 빨라지며, 이에 따라 심장 근육 자체도 더 많은 에너지와 산소를 공급받아야 한다. 이 때 산소 공급이 불충분하게 되면 협심증이 되며, 협심증을 치료하지 않고 방치해 두면 관상동맥의 동맥피 부족현상이 심해져 심근이 괴사하는 심근경색증을 일으킨다.

맥박은 정상적일 때는 분당 70~80회지만 100회를 넘으면 빈맥, 50회 이하로 떨어지면 서맥으로 본다. 심장병이 있으면 이유 없이 갑자기 빨라지거나 느려지는 기외수축(1분간 150-200회)이 나타나면서 매우 위험한 부정맥 현상이 일어난다. 부정맥에는 가벼운 것에서부터 사망 위험성이 있는 여러 가지가 있다. 심장의 박동은 동결절이 심장으로 규칙적인 전기신호를 보내어 이루어지는데, 이 동결절이 침해당하면 전기신호에 이상이 생겨 맥박이 불규칙하게 된다.

성인에게 잘 발생되는 심장질환으로는 고혈압, 관동맥성 심장병, 부정맥 등이 있으며 흉통(가슴의 통증), 호흡곤란, 피로감, 심계항진의 증상을 나타낸다.

2) 임상검사

심장병 진단은 먼저 환자의 증상을 문진하며, 진찰과 검사를 진행해 나간다. 또 환자의 식습관, 기호, 가족관계를 파악하여 환자의 증상별로 분류하여 검사를 하게 된다. 심부전에 의하여 전신적 영향을 받게 되어 간, 신장도 영향을 받으므로 심기능 장해의 정도를 조사하고 간, 신기능검사도 한다.

(1) 심기능 검사

혈액이 일정 순환영역을 흐르는데 소요되는 순환시간을 측정하고 순환혈액량을 측정하는데 정상치는 80~90㎖/kg(체중) 정도인데 심부전에서는 증가한다. 심박출량은 중심정맥압을 측정하는데 심부전에서는 높다. 심전도 소견은 기저질환에 의한 것으로서 심부전에 특이한 변화는 없다.

(2) 간기능 검사

우심부전으로 간울혈이 생길 수 있다. 이런 상태가 장기화하면 간경변이 될 수 있다. GOT, GPT, LDH 등 혈액 효소가 높고 알부민 생산 저하로 알부민치가 낮으며, 식욕부진으로 인한 단백질 섭취부족, 장점막의 울혈로 단백질 소화흡수 장해, 단백뇨로 인해 저알부민혈증이 된다. 프로트롬빈 생산도 저하되어 프로트롬빈시간도 길어진다. 알칼린포스포타아제도 배설이 잘 되지 않아 혈중치가 약간 상승되나 황달을 일으킬 정도는 아니다. 혈청 콜레스테롤치는 약간 저하되는 경향이다.

(3) 신기능 검사

혈청 요소질소 및 크레아틴치는 신장해가 심하게 되면 상승하며 요소질소가 50㎎% 이상이 될 수 없다. 신혈류량, 사구체여과율은 저하되는데 사구체여과율이 예민하게 반응하여 상승하며 약간의 단백뇨가 있다.

(4) 전해질 검사

심부전에서는 수분과 나트륨의 체내 저류, 칼슘의 배설이 증가되므로 검사를 시행한다. 심부전에서는 수분배설이 적어 세포외액량이 증가하여 혈중 나트륨치는 큰 증가는 없고 저나트륨혈증이 될 가능성이 있다. 요중에 칼슘배설이 많을 때는 칼슘을 공급해야 한다. 혈청 칼슘치는 저단백혈증일 때 저하되고 심부전으로 인한 영향은 적다.

3) 영양 대사 장애

(1) 심부전

정상인은 심장에 걸려온 부하에 대해 심장의 예비력으로 대응할 수 있다. 즉, 심박수의 증가, 심박출량증대, 심확대, 심비대, 혈류량의 재분배 등으로 대처되며, 가장 흔히 볼 수 있는 것은 심박수의 증가와 심박출량 증가이다.

(2) 울혈

심부전이 생기면 정맥에 울혈이 나타난다. 그래서 좌심부전에서는 폐울혈이 된다. 우심부전에서는 폐 이외의 전신정맥에 울혈이 나타난다. 특히 간울혈이 많고 간종대를 일으킨다.

(3) 울혈성 심부전증

울혈성 심부전은 심장의 기초질환으로 허혈성심질환(협심증, 심근경색, 관상동맥경화증 등), 심방세동(atrial fibrillation) 등의 부정맥, 고혈압성 심질환 등과 갑상선기능 항진증, 빈혈 등의 질환을 장기간 앓고 심부담이 누적된 상태에서 감염, 임신, 분만, 과로 등이 작용하여 심부전증이 나타난다. 심부전이 되면 심장의 펌프작용이 저하되어 심박출량이 감소되면 신혈류량이 감소되어 소디움과 물의 배설감소로 체내에 저류된다. 나트륨과 물의 체내 저류로 인하여 순환 혈액량이 증가하여 정맥혈 환류가 증가한다. 증가된 정맥혈 환류를 심부전이 있어 처리 못하면 정맥압이 상승되어 심부전 증상이 나타난다.

(4) 수분, 전해질 대사이상

심부전일 때는 신혈류량이 감소하여 사구체여과율도 저하되고 요생성이 감소하여 요량이 줄고 부종이 생긴다. 울혈성 심부전에서는 공급된 나트륨은 거의 100% 체내에 저류된다. 그래서 요중 나트륨 배설이 5mEq/ L /day이하일 때 하루 8g의 소금을 섭취하면 1 l 의 수분이 저류되어 1일 체중 1kg 증가가 있을 정도로 나트륨 저류가 일어난다.

칼륨은 사구체에서 여과와 재흡수되어 배설된다. 심부전이 되면 알도스테론의 분비항진으로 나트륨 재흡수가 촉진되면 반대로 칼륨 배설이 증가하여 칼륨 결핍증이 나타난다. 또한 식욕부진, 구토, 설사 등에 의한 칼슘 섭취 감소와 상실증가가 칼슘 결핍증을 촉진시킨다.

4) 심장질환의 식사요법

심장질환의 영양관리 목적은 심장에 최소의 부담을 주면서 적당한 영양을 유지하여 부종을 제거시키는 것이다. 식사중의 나트륨과 수분을 조절하고 양질의 단백질을 보충한다. 비만일 경우는 표준체중이 되도록 서서히 조절한다.

(1) 열량

체중의 감소는 심장의 부담을 감소시키며 심장기능의 효율을 개선시킨다. 비만인 경우에는 1,000~1,200㎉의 열량으로 제한하고, 정상인 경우는 이상적인 체중보다 약간 적은 체중을 유지하는 열량을 공급한다.

(2) 단백질, 탄수화물, 지방질은 정상치로 권장한다.

(3) 무기질

① 나트륨(Na, sodium)

부종의 제거를 위해 나트륨 제한식사가 필요하다. 개인 필요에 따라 하루 250㎎에서 2,400㎎ 이상까지 계획을 세운다.

② 칼륨(K)

심부전시 이뇨제에 의하여 수분과 나트륨은 배설되고 동시에 칼륨 배설도 증가된다. 그래서 체내 전해질 균형이 깨지고 저 칼륨혈증을 유발하여 심기능이 악화된다. 이것을 보충하여 주기 위하여 가능하면 야채나 과일의 섭취를 늘린다.

4. 고혈압

한국인의 정상 혈압은 연령에 따라 차이가 있으며 경계역 고혈압과 고혈압으로 구분할 수 있다[표 12-6]. 정상혈압은 일반적으로 이완기 80mmHg, 수축기 120mmHg이다. 수축기 혈압은 심장의 수축이 혈액을 대동맥내로 밀어내는 힘에 의해 생기며, 동맥은 팽창함으로써 이 힘을 감소시킨다. 대동맥이 경화되면 팽창능력이 적어져 수축기 고혈압이 발생한다. 또한 수축기 고혈압은 운동, 갑상선기능 항진증, 또는 열이 있을 때 증가된 심박출량에 의해서도 일어난다. 이완기 혈압은 동맥내의 최소압력을 나타내고 심근이완 때 동맥이완에 의해 발생한다.

고혈압은 원인에 따라 분류하며 본태성 고혈압과 2차성 고혈압으로 구분한다. 본태성 고혈압이란 1차성 또는 원인불명의 고혈압을 말하는데, 이는 가장 흔한 고혈압 형태로서 전 고혈압의 90%에 달한다. 2차성 고혈압은 원인 질환이 명확한 것으로서 신성(급성 신염, 만성신염, 신동맥 협착), 내분비성, 심혈관성, 신경성 등이 있다.

[표 12-6] 혈압기준의 분류(WHO/ISH 1999년)

분 류	수축기(mmHg)	확장기(mmHg)
최적혈압	〈120	〈80
정상혈압	〈130	〈85
높은 정상혈압	130-139	85-89
1도 고혈압(경증)	140-159	90-99
경계형	140-149	90-94
2도 고혈압(중등증)	160-179	100-109
3도 고혈압(중증)	180-210	〉110
수축기 고혈압	140	〈90
경계형	140-149	〈90

※ 수축기와 확장기 혈압이 다른 분류에 해당하면 보다 높은 쪽의 분류를 채택한다.

1) 원인과 증상

본태성 고혈압의 확실한 원인은 알 수 없으나 유전과 환경적 인자에 의한다고 생각한다. 많은 환경적 인자들 중 역학적인 연구에 의하면 고염식사가 중요인자가 된다. 2차적인 고혈압의 원인은 신장질환, 내분비장애, 뇌장애, 대동맥협착증, 동정맥류 및 임신중독증 등이 있다. 만성 파괴성 신질환은 2차성 고혈압의 가장 흔한 원인이며, 신장 질환은 고혈압을 유발한다. 본태성 고혈압은 최저 혈압의 상승으로 발병하며 초기에는 자각증상이 거의 없고 40대 이후에 갑자기 발생 빈도가 높아진다. 점차로 최저혈압 상승이 고정화되고 세동맥경화가 진전되어 각 장기의 장애가 나타나며, 뇌장애가 가장 흔하고 어깨이상, 두통, 현기증, 귀울림, 시력장해 등을 자각하게 된다. 또한 심장장애로서 숨이 차거나, 가슴이 뛰고 호흡곤란 등 증세가 나타나고 신장 장애로는 부종, 단백뇨 등이 있다. 중증의 경우는 뇌졸증을 일으켜 반신불수나 전신마비가 될 수 있다. 심장장애도 협심증, 심근경색이 있고 심부전으로 발전한다. 신장애는 요독증으로 진행되며, 안구의 안저망막의 백반출혈 및 실명할 수도 있다.

2) 임상검사

심전도검사로 부정맥, 좌심실비대, 전도장해, 관상부전 등의 유무를 알 수 있으며 흉부 X-선 검사는 심장, 대동맥, 폐 등의 소견을 알 수 있으며 심장의 위치, 각부의 이상, 비대, 확장 등을 알 수가 있다. 안저 검사로는 망막 세동맥의 병변으로 다른 장기의 세동맥병변을 짐작할 수 있다. 뇨검사에 단백이 나타나면 중증초기이며, 고도의 단백뇨가 계속되면 저단백혈증이 유발된다.

3) 영양 대사 장애

(1) 뇌장애

뇌는 고혈압의 영향을 가장 잘 받으며 뇌출혈이 되기 쉽다. 또한 뇌혈관의 죽상병변이 진행되면 혈관내에 응혈이 생겨 뇌경색이 될 수 있다. 뇌출혈, 뇌경색 등이 갑자기 생기면 뇌졸증이라 한다. 이때 의식장애로 쓰러지는 경우가 많다.

(2) 심장장애

저항이 높아진 혈관에 혈액을 밀어내기 위하여 심장 부담이 커지고 좌심실의 비대가 일어난다. 초기에는 커진 심장은 관상동맥에서 영양을 충분히 공급받지만 병이 진행되면서 관상혈류량이 부족해 고혈압성 심질환이 된다. 또한 관상동맥경화가 진행되면 산소공급이 부족하여 허혈성 심질환, 협심증, 심근경색 등을 일으킬 수 있다.

(3) 신장장애

신세동맥에도 혈류량이 감소되고 사구체여과율도 감소되어 요량이 적어진다. 고혈압이 진행되면 신장동맥이 경화되어 대사산물인 요소 질소, 크레아틴의 배설장해로 혈중농도가 증가하고 과뇨증, 단백뇨 등이 발병하고 요독증이 된다.

4) 식사요법

식사요법은 체중조절식, 염분제한, 혈액의 칼륨 조절, 영양소의 균형을 고려해야 하며 고혈압의 저하와 동맥경화 등의 합병증을 예방한다.

(1) 염분 제한

고혈압의 예방으로 소금을 하루 10g 이하 섭취를 권장하나 현재 20~30g을 섭취하므로 저염식을 실시하며, 혈중 나트륨 함량이 감소되고 세포외액량, 순환혈액량이 감소되고 혈관벽과 말초혈관의 저항이 줄어들어 혈압이 낮아진다.

(2) 열량 제한

고혈압 발병율과 비만과는 상관관계가 크므로 비만인이 고혈압인 경우에는 표준체중으로 줄이는 것이 혈압조절에 중요하다. 비만인 경우 일반적으로 1일 체중 kg당 25~30kcal로 한다.

(3) 단백질

단백질 섭취부족으로 혈관벽이 약해지고 저알부민혈증이 있으면 뇌졸증 발생빈도가 높으므로 단백질은 1~1.5g/kg이 적당하다.

(4) 지방

지방대사 및 혈중 지방산 조성에 이상이 생겨 동맥경화증이 유발될 수 있다. 포화지방산이 많은 동물성 지방을 줄이고 식물성 기름의 다불포화지방산을 높이면 동맥경화증을 예방할 수 있다. 총 열량 중 지방은 15~20% 정도로 하고 P/S 비율이 1~2로 한다. 지방질의 적절한 섭취는 지용성비타민의 흡수를 위해 필요하다.

(5) 알코올과 담배

알코올 음료는 직접 관계는 없으나 염분과 고열량 식품의 안주섭취 등 이차적인 문제가 되어 혈압을 올릴 수 있다. 담배는 특히 순환계에 합병증이 있으면 금연한다.

5. 암과 영양

암은 세계적인 건강문제로 인식되고 있으며, 우리나라 사람에게서는 (2011년도 기준) 암으로 인한 사망률이 폐암, 간암, 위암 순으로 높다고 보고되어 있다. 부적절한 식사는 암의 발생과정을 촉진할 수 있는 반면 적절한 식사는 암의 발생을 예방할 수 있다. 남자의 경우는 암의 30~40%가, 여자의 경우는 암의 60% 정도가 식사성 요인에 영향을 받는 것으로 보고되고 있다. 각 나라마다 발생빈도가 높은 암의 종류가 서로 다른 것으로 보아 식생활양식은 암 발생과 밀접히 연관되어 있다고 할 수 있다.

성인의 몸을 구성하고 있는 세포에 항상 세포분열을 반복하는 피부, 소화관의 상피세포, 골수세포가 있고, 평상시에는 세포분열을 하지 않으나 손상을 받아 조직의 재생이 필요하게 될 때 분열하는 간세포, 신세포가 있으며 성인이 된 다음에는 분열하지 않는 신경세포, 근세포 등이 있는데 암은 이러한 통제를 벗어난 세포로 자율적으로 이상증식을 하여 종양(neoplasm)을 만들게 된다. 암에 의한 사망의 90%는 상피세포에서 유래하는 암종(carcinoma)에 기인한다. 정상적인 세포를 암세포로 바꾸는 개시인자(initiator)는 세포의 DNA에 손상을 주어 돌연변이를 일으키는 돌연변이 원성물질(mutagen)이며, 체내의 대사에 의해서 활성화된 결과 만들어진다. 따라서 발암물질이나 변이원성물질의 대사에 관여하는 효소 중의 하나를 자극하는 물질이 있으면 그것은 발암보조물질이 될 수 있다. 또한 발암의 개시인자로는 바이러스가 있다.

1) 원인과 증상

[표12-7] 암의 발생 원인

원인	발병률
1. 음식	35%
2. 흡연	30%
3. 간염 등의 감염증	10%
4. 출산과 성생활	7%
5. 직업병	4%
6. 술	3%
7. 환경오염	2%

WHO가 발표한 암의 발생하는 원인의 대부분은 [표12-7]과 같이 환경인자 (흡연, 음식물, 대기오염, 바이러스감염 등)에 의하며, 장기간 반복해서 섭취하는 음식의 영향은 크다고 생각된다. [표 12-8]는 여러 암의 증상과 영양과의 관계에 대하여 열거하였고 [표 12-9]는 섭취식품의 발암성을 표시하였다.

[표 12-8] 암의 증상과 영양과의 관계

암부위	증상	위험요인	위험 감소요인
위암	소화불량	고염식, 어패류(특히 염장류), 뜨거운 음식물	우유 및 유제품, 신선한 녹황채소, 과일
대장암	변통이상, 출혈	고지방질식, 저섬유질식, 맥주(직장암), 저콜레스테롤혈증	고섬유질식(곡류, 두류등) 양질의 단백질식품(쇠고기, 어패류, 우유, 치즈 등)
간암	피로, 식욕부진	곰팡이가 자라는 음식	양질의 단백질식품, 비타민, 미량원소가 많은 식품
폐암	기침, 호흡기질환	담배, 오염된 공기	신선한 녹황색 채소, 비타민A
식도암	목소리가 쉬고 삼키기 어려움	뜨거운 음식물, 알코올음료, 단백질, 비타민, 무기질이 적은 음식	채소, 과일, 양질의 단백질, 무기질이 많은 식품
유암	덩어리가 만져짐	고지방질식, 고열량	

[표 12-9] 섭취식품의 발암성의 출현

1. 발암성 물질의 함유(고사리)
2. 곰팡이가 자라서 생긴 독소(아플라톡신 등)
3. 보존, 착색용 식품첨가물
4. 조리법에 의해서 생긴 것(열처리, 그을음)
5. 물리적 자극에 의한 것(고온, 고농도염분, 고알코올농도)
6. 체내대사에 의해서 출현하는 발암물질(니트로사민, 이차담즙산 등)
7. 가공에 의한 암 억제물질의 소실(무기질, 비타민, 식이성섬유질 등)

2) 암의 발생과정

암 발생과정은 다단계의 복잡한 과정을 통해 진행되지만 크게 세단계로 구분된다. 즉, 정상세포는 개시(initiation), 촉진(promotion), 진행(progression) 단계를 거쳐 암세포로 변화하게 된다. 개시단계란 발암 물질 또는 자극에 의해 몇몇 정상 세포가 손상 또는 변형되는 과정이고, 촉진단계란 여러 가지 발암요인들이 함께 작용하여 변형된 세포의 증식이 계속되는 과정을 말하며, 진행 단계란 성장한 종양 덩어리에서 암세포가 떨어져 나와 다른 조직이나 기관으로 전이된 상태를 말한다 [그림12-10]. 개시인자(initiator)에는 담배, 자외선, 방사선, 활성산소, 음식 내의 화학물질 등이고, 촉진인자 (promotor)로는 담배, 염분, 활성산소, 지방, 술 등이 있다.

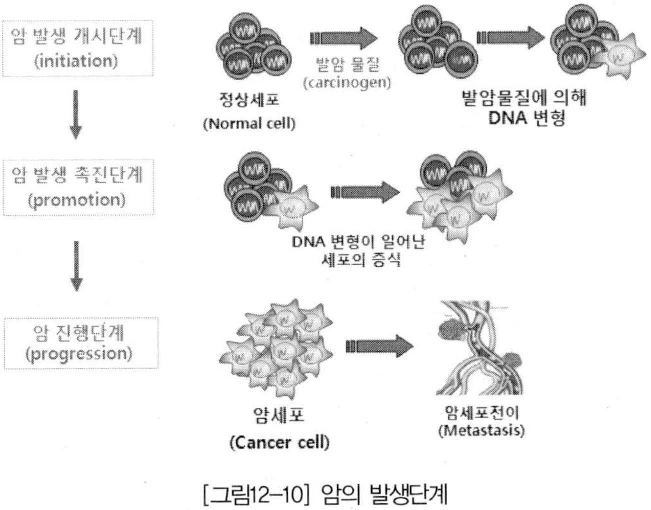

[그림12-10] 암의 발생단계

3) 임상검사

생화학적 검사로는 빈혈, 혈소판 감소증, 고칼슘혈증, 혈청 alkaline phosphatase의 증가를 조사한다. 방사선 진단으로 초음파, 컴퓨터 단층촬영(CT scanning), 흉부 X-ray, 유방 뢴트겐 조영법(mammography)등을 실시한다. 최종 결정적인 검사방법인 생검은 검사물을 채취하여 조직표본을 제작해 현미경으로 조직의 악성 여부를 검사하는 방법이다.

4) 식사요법

암환자는 화학요법, 방사선요법, 수술, 면역요법 등을 써서 치료를 받게 되므로 메스꺼움, 구토, 입맛 변화, 입안의 염증, 설사, 변비 및 흡수불량 등의 부작용이 나타나 음식 섭취가 곤란해지며, 심한 영양결핍 상태에 빠져, 병자체보다는 영양결핍으로 생명이 위험하다. 그러므로 체조직의 합성 및 재생과 대사가 항진된 상태의 영양요구량을 만족시키고 체중감소를 막을 수 있는 충분한 열량과 단백질을 공급한다. 또한 비타민과 무기질도 충분히 공급한다. 적절한 수분 공급은 감염과 열로 인한 수분손실과 치료로 파괴된 암세포의 분해물을 배설하는데 필요하나, 정맥주사나 경관유동식을 섭취할 경우는 초과될 우려가 있으므로 유의한다.

암은 예방이 중요하므로 발암물질이나 암의 진행을 촉진시키는 음식은 피해서 음식을 선택해야 하며, 암을 예방하는 식사내용은 다음과 같다.

① 편식을 하지 말고 균형있는 영양을 섭취할 것, 같은 식품을 반복해서 먹지 않는다.
② 신선한 식품을 이용한다.
③ 지나치게 많은 식사는 피한다.
④ 지나친 음주와 담배를 삼가한다.
⑤ 짠 음식과 지방질이 많은 음식의 섭취를 줄인다.
⑥ 녹황색, 생야채, 과일을 많이 섭취하면서 섬유질 식품을 많이 먹는다.
⑦ 비타민 A, 비타민 C가 많은 식품을 매일 섭취한다.
⑧ 지나치게 구운 식품이나 탄 부분은 피한다.
⑨ 곰팡이가 있는 식품이나 염장 식품의 섭취를 줄인다.

암을 감소시키기 위하여 미국의 여러 암예방을 위한 위원회에서는 다음과 같이 제시하고 있다.

① 비만을 피하고 표준체중을 유지할 것.
② 지질섭취를 제한할 것(총 열량의 30% 또는 그 이하).
③ 현미 또는 전곡류, 식이 섬유질의 섭취를 많이 할 것.
④ 과일과 채소, 특히 비타민 C와 carotene이 풍부한 식품, 채소 중에는 겨자과(함황채소로 양배추, 컬리플라워, 브로콜리 등) 식물을 많이 섭취할 것.
⑤ 염장식품, 훈제식품 및 탄 음식을 제한할 것.
⑥ 위나 소장부에 암유발을 일으키기 쉬운 주류음료를 제한할 것.

5) 항암작용을 가지는 기능성 식이성분

[표12-10] 항암 식품

파이토케미칼	급원 식품
이소티오시아네이트(isothiocyanate)	십자화과 채소(배추, 양배추, 케일, 브로콜리
다이알릴설파이드(dially sulfide)	마늘
카테친(catechin)	녹차
리모넨(D-limonene)	감귤류의 껍질
제니스테인(genistein) 다이제인(daidzein)	대두
베타 카로틴(B-carotene)	녹황색 채소
케르세틴(quercetin)	채소, 과일
커큐민(curcumin)	커리 향신료

암 예방 및 항암활성을 가지는 식이성분에는 다음과 같은 것들이 있다. 십자화과 채소(배추, 양배추, 케일, 브로콜리등)의 이소티오시아네이트 (isothiocyanate), 마늘의 다이알릴설파이드 (diallyl sulfide), 유황화합물, 엘라직산 (ellagic acid), 녹차의 카테친은, 비타민 C등은 항암효과를 나타낸다. 이들 성분류는 발암성 물질의 체내 대사과정을 촉진하거나, 발암초기과정에서 DNA의 손상을 차단하는 작용을 하거나, 나아가 암세포의 증식을 억제 또는 암세포의 사멸을 유도하는 작용을 통해 항암효과를 나타낸다.

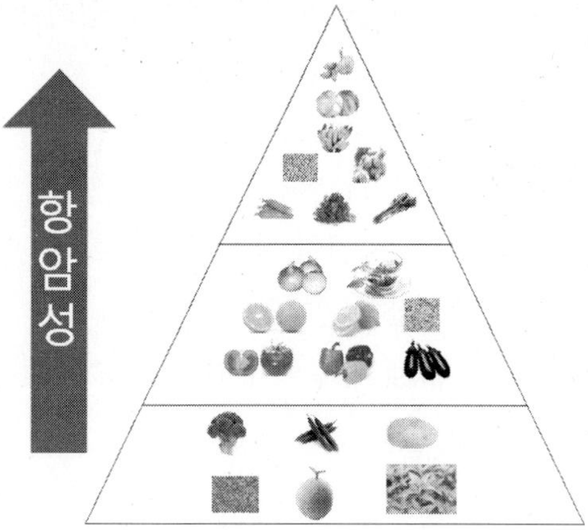

[그림12-11] 미국 국립암연구소에 의한 항암식품 피라미드

암 예방에 좋은 식품으로는 항산화 활성 성분 함량이 높은 과일과 채소, 또한, 현미, 기장, 수수, 율무, 보리, 조, 콩, 팥 등의 잡곡류, 참치, 고등어 등의 등푸른 생선, 다시마, 미역, 김, 곤피 등의 해조류, 김치, 된장, 청국장 등의 전통발효식품, 냉이, 달래, 당근, 더덕, 두릅, 돌나물, 미나리, 쑥, 쑥갓, 신선초, 브로콜리, 우엉, 깻잎 등의 채소류, 표고, 느타리, 양송이 등의 버섯류, 녹차 등을 들 수 있다. 이들 식품류의 암 예방 효능을 극대화하기 위해서는 꾸준한 운동과 소식을 하면서 평화로운 정서상태를 유지하는 것이 중요하다.

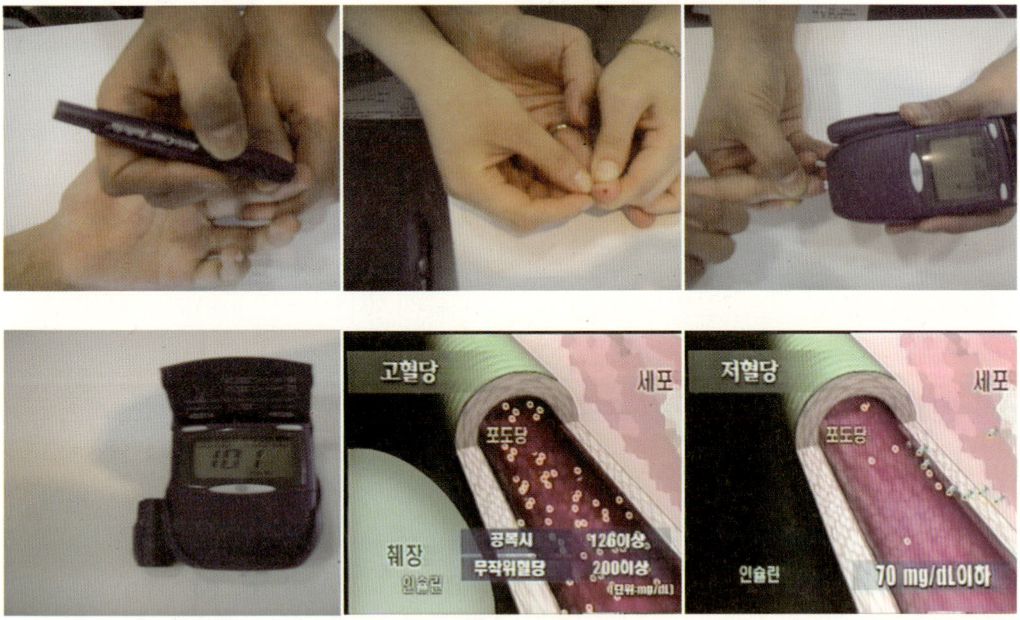

고혈당과 저혈당

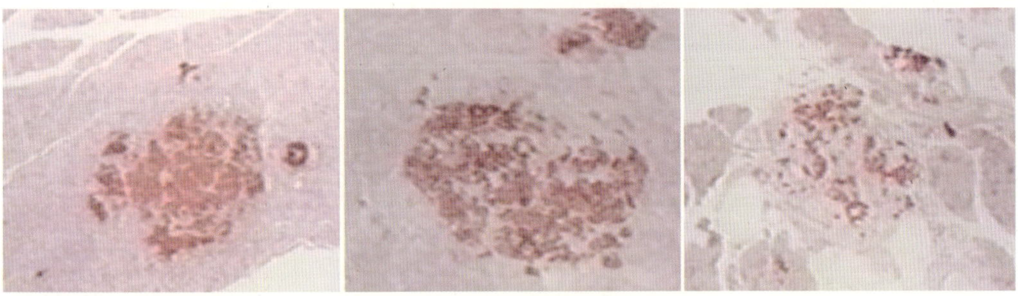

췌장의 과부하로 인해 췌장세포 파괴

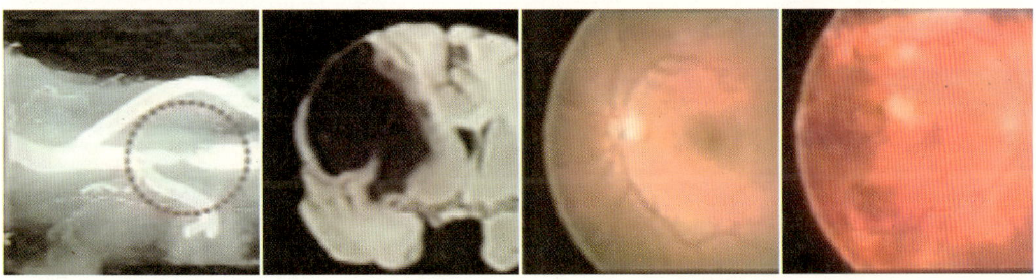

대혈관이 막히는 합병증 뇌경색 정상망막과 당뇨성 망막증

[그림 12-8] 당뇨병의 진단과 합병증, 대사증후군

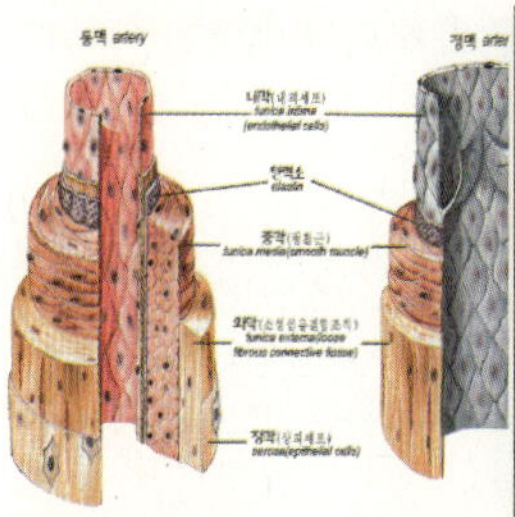
동맥과 정맥 혈관 조식

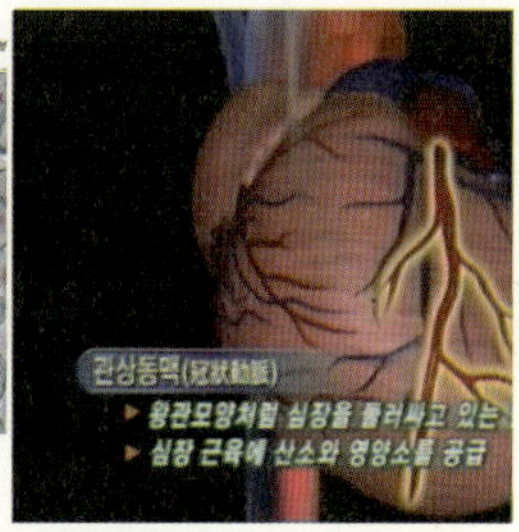

심장의 관상동맥

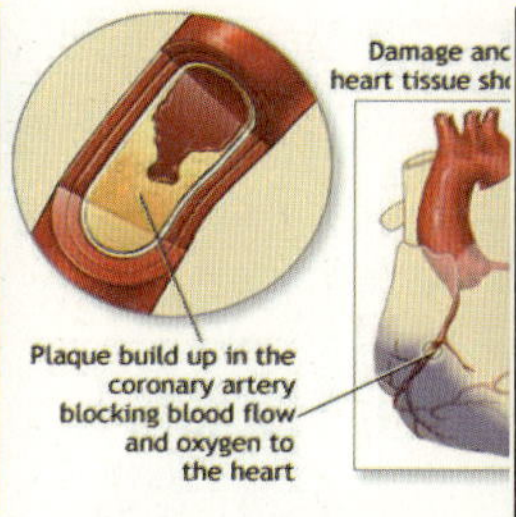

심장의 관상동맥경화와
혈액공급이 되지 않아서
나타난 심근경색

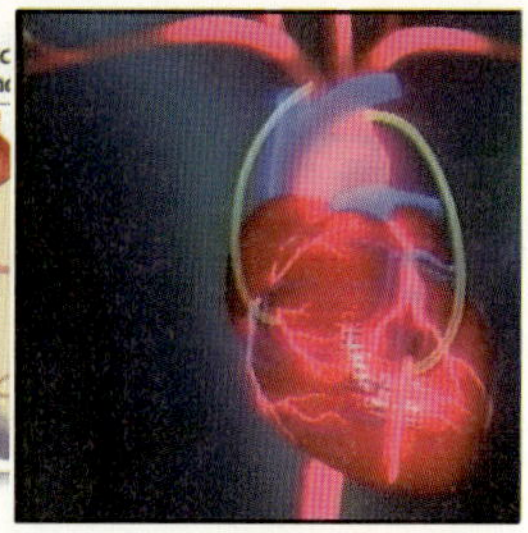
심장관상동맥 우회술

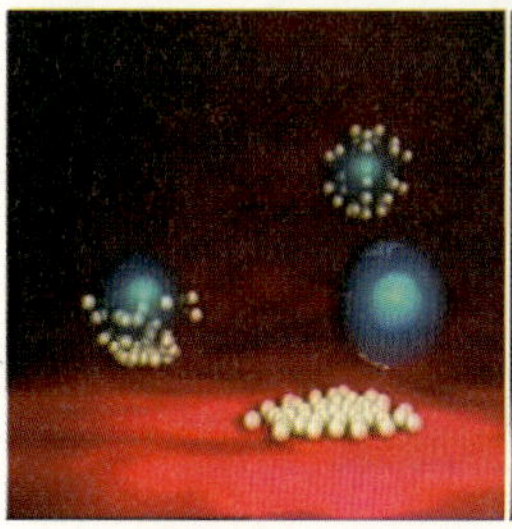
LDL은 콜레스테롤 등을
혈관벽에 떨어뜨림

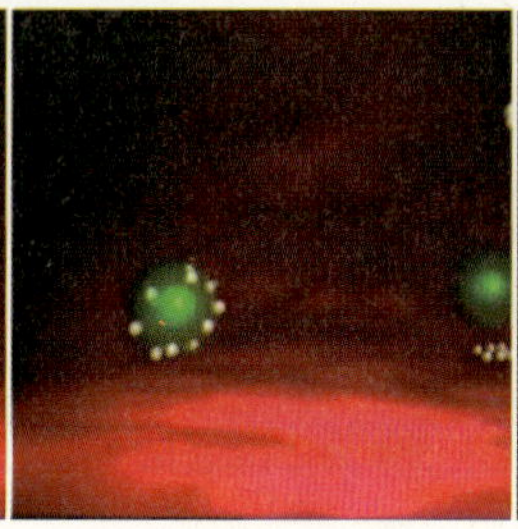
HDL은 혈관벽에 있는
콜레스테롤 등
찌꺼기들을 제거

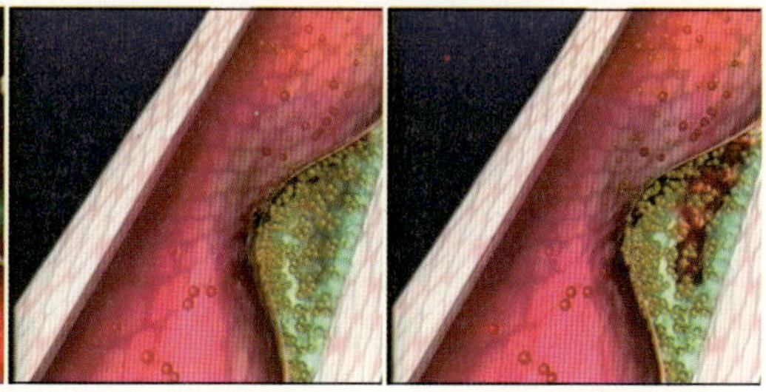
동맥혈관의 동맥경화 발생과정

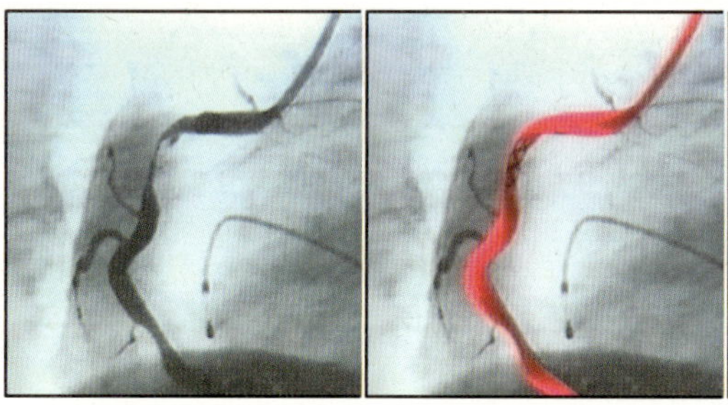
심장혈관이 좁아진 모습과 혈관 확장 시술후의 모습

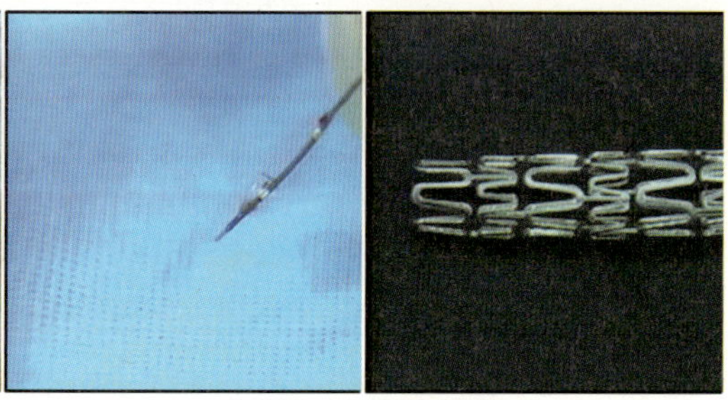
수술용 스텐트와 풍선

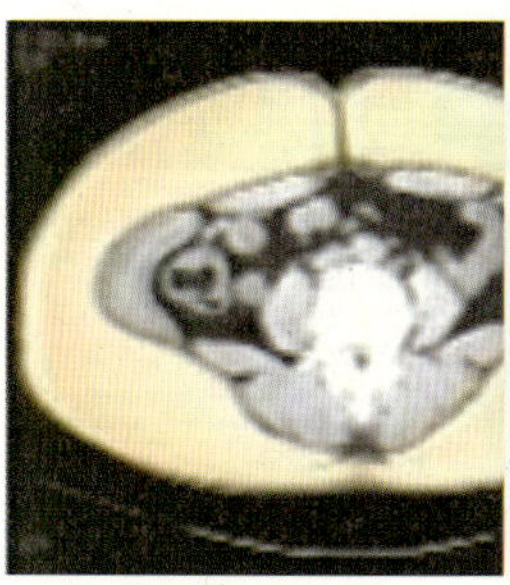
피하지방에 의한
복부비만(CT촬영)

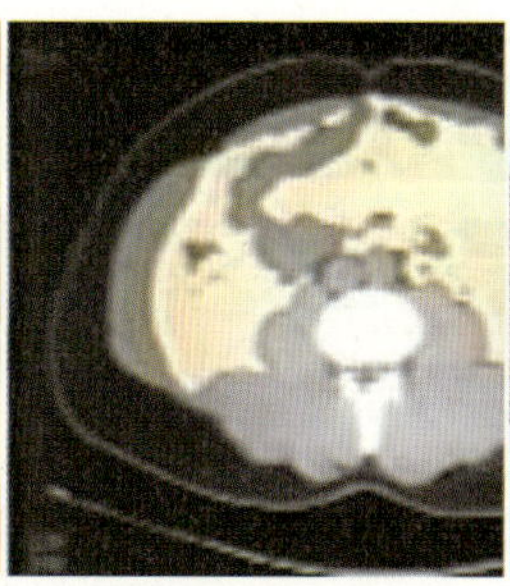
내장지방에 의한
복부비만(CT촬영)

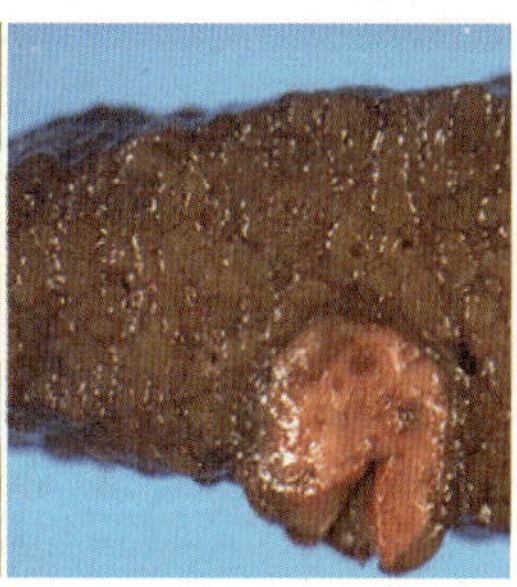
간암의 병변

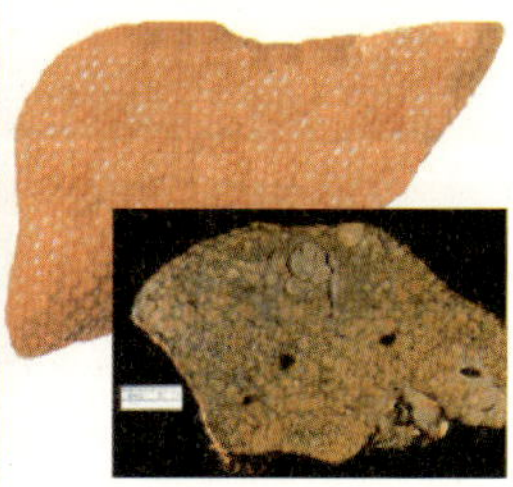
간경화

[그림 12-9] 심혈관질환과 간장질환

13장 식품안전

1. 식인성 질병/식중독
2. 식품 알레르기
3. 식품 중 자연독소 안전
4. 유해미생물로 인한 식중독
5. 식품오염물질로 인한 식품위해
6. 식품의 안전 위생확보

우리의 의식주 변화에 있어 식생활은 가장 보수적으로 변화하여 식생활의 전통성이 특히 강조되고 있고, 다소 비과학적인 식품에 관한 이론·사상도 상존하고 있으며, 지난 수십 년 동안 새로운 식품 및 가공기술의 도입과 더불어 조리의 간편화 추세로 현대인의 식생활은 다양한 화학물질에 노출을 피할 수 없게 되었다. 이 장에서는 식품에 들어가는 다양한 화학물질을 이해하고, 식품으로 인한 건강 위해요소를 파악하여 식품위생과 안전에 만전을 기하여 건강한 식탁안전을 확보하기 위한 사항들에 대해 알아본다.

1. 식인성 질병/식중독

[표 13-1] 식인성 질병의 종류

종 류	특 징	비고 및 예
알레르기	면역반응 - 일부 사람에서만 발생 - 소량으로 발생 - 식품의 생리적인 효과와는 무관	사전 폭로가 필수
유해반응	임상적 이상반응	
아나필락시스	알레르기성 과민반응	IgE 관여, 치명적
불내증	이상생리반응(면역, 특이체질성, 대사적, 약리적)	셀리악병(지방변증)
독성(중독)	면역기전 관여 안함	세균성, 화학적 식중독
특이체질	면역기전 관여 안함, 일부 사람에서만 발생(효소 등 결손)	잠두중독증, 유당불내증
아나필락시스성반응	면역기전 관여 안함, 알레르기와 비슷	고등어식중독(Scombroid), 아황산염 중독
약리작용	약리작용	티라민 + MAO 저해제
대사성 식품반응	과량 섭취 혹은 오용	사이카신, 비타민 A 중독, 갑상선종유발물질(Goitrogens)

식품 알레르겐, 자연독소, 식품오염물질 및 세균, 바이러스, 기생충이 함유된 식품을 섭취함으로써 일어나는 알레르기, 식중독, 기생충질환, 특이체질, 대사성 식품반응 등을 총칭하여 식인성 질병(food-borne illness) 또는 식중독(food poisoning)이라고 한다[표 13-1], [표13-2]. 식품은 영양소만 함유하고 있는 것이 아니고 영양적으로 필요하지 않은 물질은 물론 심지어는 맹독성물질, 발암물질도 함유하고 있다[그림 13-1]. 따라서 천연식품이라고 무조건적으로 안전하고 좋은 식품이라고는 할 수 없다. 또한 식품은 각종 영양소가 풍부하므로 세균, 곰팡이 등 다양한 미생물들의 좋은 번식처가 된다. 특히 수분 함량이 높은 식품이 미생물이 생장하기 좋은 조건인 온도가 적절하면 미생물의 생장은 기하급수적으로 증가한다. 그리고 식품을 재배, 보관, 가공 및 조리 과정에서 농약, 식품첨가물, 공해물질, 가공부산물 등 다양한 유해물질로 오염이 될 수 있다.

[표 13-2] 원인별 식중독

구 분	분 류	원인물질(균)	감염원	원인식품
1. 자연독소에 의한 식중독	식물성식중독	감자, 시안배당체(죽순, 매실, 은행), 피마자, 독초(옻, 고사리 등)		
	동물성식중독	복어, 독꼬치, 기름치, 조개독 등		
	진균류식중독	독버섯, 곰팡이독(아플라톡신, 오크라톡신, 제랄레논 등)		
2. 미생물에 의한 식중독	감염형 세균	병원성대장균	동물의 장	햄, 소시지
		살모넬라균	가축, 쥐	계란, 식육
		장염비브리오	어패류	회, 초밥
		캄필로박터	닭, 가축	육류 생식
		세균성이질	분변	손씻기
	독소형세균	포도상구균	화농	곡류, 도시락
		보툴리눔균	토양	통조림
	감염독소형세균 (복합형)	세레우스균	환경	설사형: 향신료 사용 식품 구토형: 쌀밥, 볶음밥
		웰치균	토양	고단백식품
	바이러스 식중독	노로바이러스	물	음용수, 음식물
		로타바이러스	분변, 물	음용수, 음식물
3. 식품오염물질에 의한 식중독	잔류농약	농약(유기인계-, 유기염소계-살충제, 제초제, 살균제)		
	잔류동물용의약품	항생제, 성장촉진호르몬제		
	식품첨가물	보존료(방부제), 살균료, 표백제 등		
	가공·조리 생성물	니트로사민, 3-MCPD, 메탄올, 다환방향족탄화수소(벤조피렌), 헤테로사이클릭아민류, 아크릴아마이드, 에틸카바메이트(우레탄), 과산화물		
	포장용기	포름알데히드, 페놀, 납, 내분비교란물질(DEHP, 비스페놀A) 등		
	환경오염물질	수은, 납, 카드뮴, 비소, 다이옥신, PCBs, 방사능물질 등		
4. 식품이물	위생곤충, 기생충, 쥐, 기타 이물 등			

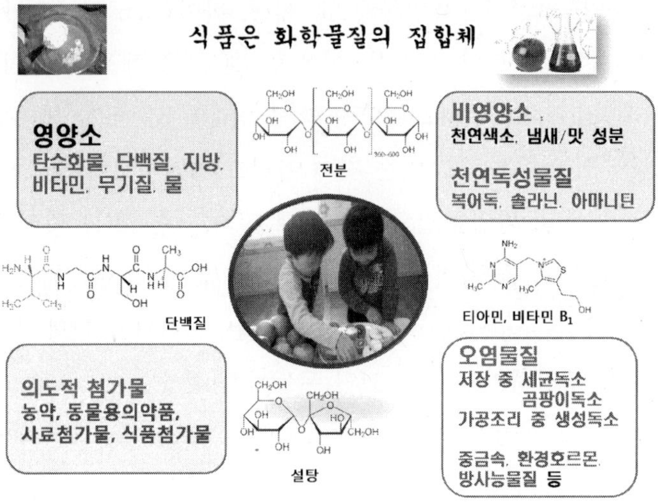

[그림 13-1] 식품의 영양소 이외의 혼입물.

2. 식품 알레르기 (food allergy)

알레르기는 매우 흔한 질병이어서 전 인구의 약 10~20%가 알레르기로 고생하고 있다고 추정되고 있다. 알레르기란 이물질이 체내로 들어오면 이들로부터 신체를 보호하려는 면역반응이 일어나는데, 이러한 면역반응이 지나쳐서 과민반응(hypersensitivity)을 유발하는 것을 이른다. 알레르기 질환의 특징은 알레르기를 유발하는 물질인 알레르겐(allergen)에 재차 반복 폭로될 때 과민반응을 일으키게 된다는 점이다.

식품 알레르겐은 식품독성물질에 의한 식중독과는 다르다. 일반적으로 식품독성물질은 식품 중의 불필요한 성분으로 그것을 섭취하는 사람 모두에게서 유해작용을 나타낸다. 또한 그러한 유해작용은 일반적으로 섭취한 독성물질의 양에 비례해서 나타나는 것이 통례이다. 그러나, 식품 알레르겐은 정상 식품 성분으로 일부의 사람에서만 알레르기를 일으킨다. 알레르기 반응의 강도는 섭취한 알레르겐의 양과는 상관이 없고 섭취한 사람의 알레르겐에 대한 과민성에 비례한다. 따라서 알레르기 체질인 사람은 매우 적은 양으로도 격렬한 증상을 나타내지만, 감수성이 작은 사람은 다량 섭취하여도 증상이 미약하고, 정상인(비 알레르기성)은 똑같은 식품을 섭취해도 아무런 유해작용이 나타나지 않는다.

대부분의 식품이 알레르기를 일으키지만, 지방, 순수한 당, 염 등은 알레르기를 일으키지 않고, 곡류, 우유, 계란, 어류, 갑각류, 토마토, 딸기, 견과류, 초콜릿 등이 일반적인 알레르기 유발식품이다. 알레르겐의 정확한 성상에 대해서는 잘 알려져 있지 않지만 대부분 단백질인 경우가 많다.

1) 임상적 장해

(1) 일반적인 증상

알레르기 증상은 다양하여 거의 모든 신체조직이 "감작기관(感作器官)"이 될 수 있다.기관에 따라 증상이 다르게 나타나는데[표 13-3], 가장 영향을 많이 받는 기관은 피부와 호흡기로 알레르기 장애의 90%를 차지한다.

이러한 알레르기성 장애로 환자에서 행동 이상이 나타나기도 한다. 따라서 의사나 환자로 하여금 기질성 질환(氣質性疾患)으로 오인하게 만들며, 원인불명의 불쾌감을 초래한다. 유아나 어린이의 경우 특정 음식을 기피하거나 복통을 호소하는 일이 있는데, 그 음식에 대한 혐오감으로 또는 괜한 고집으로 오해되기도 한다. 이러한 오해로 인하여 가정불화까지 일어날 수 있으며, 아이의 행동양식으로 굳어지기도 하는데, 이러한 모든 것이 알레르기 증상을 복잡하게 만들고, 의사나 부모로 하여금 알레르기를 간과하게 만든다.

[표 13-3] 식품 알레르겐에 기인하는 일반적인 장애

감 작 기 관	증상 또는 질병
피부	
표층	습진
심부	두드러기(蕁麻疹; 심마진)
점 막	혈관성 부종(눈, 입술, 혀, 목)
호흡기	
코	알레르기성 비염(고초열), 부비강염
기관지	천식
폐포	알레르기성 폐렴
소화기	급성 및 만성 장애와 비슷한 증상 (복통, 구토, 설사 등)
중추신경계	편두통, 경련
특수감각기관	결막염, 시각장해, 귀울림과 현기증
골격	급성 및 만성 관절 종창,
비뇨생식계	방광염증 - 단백뇨
정신·행동	흥분성, 권태, 피로, 행동양식 변화

(2) 알레르기에 영향을 미치는 인자

알레르겐과의 접촉은 섭취로 일어나는 것이 가장 빈번하지만, 단순접촉, 흡입, 주입 등으로 일어나기도 한다. 태아도 임신 초기에 IgE를 만든다는 것이 밝혀졌으며, 계란 알부민과 같이 분자량이 작은 단백질은 알레르기 결정기(決定基)가 변화되지 않은 채 소화흡수되어 산모의 모유를 통해 신생아에게로 전이되기도 한다. 따라서, 유아는 자신이 이전에 섭취한 적이 없는 그리고 현재의 식사와 무관한 식품에 대해서도 알레르기반응을 나타낼 수 있다.

폭로되는 방식에 따라 증상이나 영향 받는 기관 및 장기가 반드시 정해지는 것은 아니다. 예를 들면, 밀은 섭취해도 피부발진이나 만성호흡기 증상 특히 비충혈 등을 일으키기도 한다. 그렇지만, 일반적으로 알레르겐을 단순접촉 시에는 피부발진이 자주 일어나고, 흡입 시에는 코와 기관지 증상을 자주 일으킨다. 섭취나 주입 시에는 국소반응은 잘 안 일으키고, 전신증상을 일으켜 쇼크 뿐 아니라 심한 두드러기와 점막의 팽윤 등을 일으킨다.

발현시기, 심각성, 지속시간 등은 증상마다 다르게 나타난다. 수 분 내에 일어날 수도 있는데 이때는 일반적으로 증상이 격렬하다. 이 경우 즉각 치료하지 않으면 치명적인 결과를 초래할 수도 있다. 매일 섭취하는 식품(우유나 곡류)으로 경미한 알레르기 증상을 일으키는 경우에는 쉽게 진단되지 않으므로 웬만큼 경험이 풍부한 의사들도 간과하기 쉽다.

경미한 알레르기인 경우에 있어서는 다른 여러 가지 요인들이 중요해질 수 있다. 즉, 원인식품을 다량 섭취하는 경우에는 명확한 증상을 나타내지만, 소량 섭취한 경우에는 영향이 미미하여 병의 원인에 대해 착오를 불러일으킬 수 있다. 또한 여러 가지 알레르기 유발 식품을 동시에 섭취하는 경우에는 하나에서는 보이지 않던 증상들이 나타나기도 한다. 계절성 알레르기를 가진 경우에는 계절식품이 증상을 일으키기도 한다. 예를 들면, 꽃가루 알레르기 계절인 여름에는 경미한 알레르기성 여름식품들이 증상을 일으키는데, 다른 계절에서는 증상을 나타내지 않는다.

장관 자체의 상태도 식품이 알레르기 반응을 일으키는데 큰 영향을 미친다. 소화효소가 부족할 때에는 식품 알레르겐은 거의 변화되지 않고 흡수될 수 있다. 즉, 유아에게 이유식으로 곡류나 계란을 너무 일찍부터 먹일 때 알레르기를 일으키는데, 성인에서는 알레르기를 일으키지 않는다. 양파, 무, 양념 등의 자극성 식품을 동시에 섭취할 경우 알레르기 반응이 더 강화되거나 촉진되며, 증상이 더 연장되기도 한다.

2) 알레르기의 종류

알레르기는 다음과 같이 크게 4가지로 분류한다.

- 즉시형 과민증(immediate hypersensitivity)
  I형: 아나필락시 반응(anaphylactic reaction)
  II형: 세포독성 과민증(cytotoxic hypersensitivity)
  III형: 면역-복합체 반응(immune complex reaction)

- 지연형 과민증(delayed-type hypersensitivity)
  IV형 : 세포 매개 면역반응(cell mediated immunity(CMI) reaction)

이중 I형부터 III형까지는 항원과 항체가 상호작용 하여 일어나는 것으로 알레르겐에 폭로된 후 수 분 내지 수 시간 내에 일어나므로 즉시형 과민증이라고 한다. IV형은 T세포에 의해 일어나는데 항체에 의해 일어나는 즉시형 과민증보다 느리게(1~3일) 나타나므로 지연형 과민증이라고 한다.

식품으로 일어나는 가장 일반적인 알레르기는 즉시형 과민증 I형과 지연형 과민증(IV형)이나. 면역 - 복합체 반응(III형)의 예는 농부폐증, 버섯재배자폐증 등 폐장애가 가장 대표적이다.

II형과 III형에는 보체가 관여하는데, I형과 IV형에는 보체가 관여하지 않는다. B세포는 항체 생산과 I형 반응에, T세포는 IV형과 관계가 깊다.

3) 알레르기와 항체

항체에는 IgG, IgM, IgA, IgD, IgE가 있는데, IgE가 “리아진(reagin) 혈청”으로 가장 빈번히 확인되고 있고, 즉시형 과민증과 밀접한 관계가 있다. IgE는 열에 불안정하며, 비알레르기성 사람과 영장류의 피부를 수동적으로 감작시킬 수 있다는 점이다. 바로 이 피부감작능이 식품 알레르겐을 찾아내는데 이용된다. 리아진 항체는 혈청에서도 발견되고 조직에서도 발견되기 때문에 알레르겐을 주입하여 리아진 항체의 존재를 확인할 수 있다.

또한, 알레르기를 일으킨 사람의 혈청을 비알레르기성 사람이나 영장류 피부에 전이시킴으로써도 확인할 수도 있다. 즉, 혈청을 주사하고 24 - 48시간 후에 주사 부위에 알레르겐을 주입하면 그 부위에서 즉시형 구진(丘疹)과 발적반응(發赤反應)이 일어난다. 그러나, 리아진 역가(IgE)가 항상 환자의 고통 정도와 일치하는 것은 아니며, 수동적인 전이실험에서 피부반응이 있는 사람의 혈청 중에 반드시 리아진이 존재하는 것은 아니다.

알레르기 유발식품의 섭취를 장기간 중지하면 리아진 역가가 감소될 뿐 아니라 증상자체도 저하되어 그 식품을 아무런 장애 없이 먹을 수 있게 된다. 이 경우 식품알레르기를 극복하게 된 것이다. 이러한 현상은 유아 때 우유에 알레르기성이었던 어린이들에게서 많이 발견되는데, 그들은 학령기가 되면 그 식품을 극복할 수 있다. 한편, 일부 식품은 다시 빈번히 접촉하게 되면 증상이 다시 되살아나 피부반응을 양성으로 만들기도 한다. 이것은 특히 계란 감작성에서 잘 나타난다.

즉시형 과민증(I형)의 기전 순서는 알레르겐이 표적세포(주로 비만세포)에 고정되어 있는 리아진 항체에 도달하여 반응함으로써 시작된다. 알레르겐이 세포벽에 결합되어 있는 두 개의 IgE 항체를 다리 걸침으로써, 효소계가 비만세포 안에서 활성화되어 과립을 방출하는데 이 과립에서 "매개인자(mediator)"가 방출된다. 매개인자들은 주로 혈관확장 아민류이거나 폴리펩티드류인데, 히스타민이 가장 중요하다. 그밖에 서반응성 물질(Slow-reactive substance; SRS-A), 호산구 주화인자 (eosinophil chemotactic factor ; ECRF), 키닌(kinin), 헤파린(heparin) 등이 있다.

그 밖의 체액성 항체들은 알레르기 반응에서는 별로 중요하지 않다. 세포성 항체는 지연형 과민증(IV형)과 관계가 있다. 세포성 항체들은 혈청에서 유리형으로 존재하지 않고 T세포에 연관되어 발견된다.

식품 취급자들에게서 피부염과 같은 피부장애, 유기성 먼지의 흡입으로 인한 과민성 폐질환 등이 나타난다. 대표적인 예는 옻, 금속류, 화장품, 탈취제 등과 접촉한 후 일어나는 접촉성 피부염이다.

4) 식품 알레르겐

모든 식품은 단백질, 탄수화물 등 고분자로 구성되어 있으므로 모든 식품이 알레르기를 유발한다고 할 수 있으며, 우리의 주식인 쌀도 사람에 따라 경미한 알레르기를 일으킨다. 알레르기를 잘 일으키는 대표적인 식품은 다음과 같다.

① 우유

② 난류 : 계란, 오리알, 메추리알 등

③ 어류 : 청어, 꽁치, 가자미, 대구

④ 갑각어패류 : 게, 랍스터, 새우

⑤ 견과류 : 아몬드, 호두, 피칸

⑥ 땅콩

⑦ 밀

⑧ 콩류

5) 식품알레르기의 치료

식품 알레르기를 치료하는 방법으로는 원인이 되는 식품을 확인하여 그 식품을 회피하는 회피요법과 대증요법이 있다.

(1) 회피요법

회피요법이란 특정한 알레르겐을 확인하여 그 알레르겐 식품을 완전히 회피하는 방법이다. 현재로서는 이 식품회피요법이 가장 효과적인 치료법이다.

여러 가지 많은 알레르겐 중에서 원인 식품을 찾아낸다는 것은 대단히 어려운 것이다. 우선 식사일기를 쓰게 하여 먹은 음식과 증상과의 인과관계를 조사하고, 의심스러운 식품을 당분간 먹지 않아 증상이 없어지는가를 보는 제거시험을 한다. 만일에 증상이 없어지면 그 식품을 다시 한번 시험 삼아 먹어 증상이 나타나는지를 확인하는 유발시험을 한다. 이밖에도 알레르겐을 주사한다든지, 또는 피부에 붙여서 일정시간 후에 생기는 피부의 반응에 따라서 판정하는 피부반응검사와 면역학적 진단법도 알레르겐의 확인에 사용된다.

일반적으로는 의심스런 식품 알레르겐은 몇 가지로 한정되는 경우가 많은데, 대표적인 식품으로는 우유, 계란, 대두 등이다. 그러나 이들 식품은 다양한 식사 및 가공식품에 사용되고 있으므로 기피식품의 수가 대단히 많아진다. 식품회피요법은 환자에게 불편과 정신적 스트레스를 주게 되므로, 몇 개월간 회피요법을 시행한 후에 다시 유발시험을

해서 알레르기 증상이 나타나지 않으면 더 이상 그 식품을 회피하지 않아도 좋다. 그러나 재발을 막기 위해서는 원인 식품을 지속적으로 섭취하지 않는 것이 대단히 중요하다.

(2) 대증요법

원인 음식물이 확인되지 않거나 확인되었더라도 현실적으로 회피하기가 어려운 경우에는 증상을 일시적으로 가라앉히기 위해서 대증요법을 시행한다. 대증요법은 증상에 따라서 사용하는 약제가 다른데, 가장 흔히 사용하는 약제는 항히스타민제이다. 그 이유는 알레르기 반응이 일어날 때 세포에서 나온 히스타민이 주로 작용해서 두드러기, 가려움증 등 여러 가지 알레르기 증상을 일으키기 때문이며, 히스타민의 작용을 차단하기 위하여 항히스타민제를 사용한다. 항히스타민제는 장기적으로 투여하더라도 특별한 부작용은 없으나, 투여 중에 가장 문제가 되는 것은 졸음이다. 따라서 자동차 운전, 밤새워 공부하는 수험생, 위험한 기계를 다루는 기술자들도 항히스타민제를 복용할 때에는 주의를 요한다.

알레르기성 질환에서 또 한 가지 특효약으로 사용되는 약으로 부신피질호르몬제가 있다. 부신피질호르몬제로서 흔히 사용되는 약제로는 프레드니솔론이나 덱사메타손이 있는데 여러 가지 알레르기성 질환에서 증상을 가라앉히는데 특효를 보인다. 그러나 이 약제는 장기적으로 사용하였을 경우 비만, 고혈압, 당뇨병, 백내장, 녹내장, 골다공증 등 무서운 합병증을 일으키므로 신중히 사용하여야 한다.

3. 식품 중 자연독소 안전

우리가 취하는 모든 식품은 모두가 생물에서 기인하는데, 모든 생물은 천적으로부터 자신을 보호하는 능력을 가지고 있으며, 특히 고착성인 식물은 상대적으로 자신을 보호하려는 물질을 다양하게 생산한다. 이러한 물질은 우리에게 독성을 발휘할 수 있어 식품안전에 위해가 될 수 있다.

1) 식물성 자연독소

우리가 섭취하는 식물성 식품으로는 크게 곡류, 콩류, 견과류와 엽경채류 및 근경류라고 볼 수 있다. 이들에는 독성물질, 발암물질, 최기형물질, 알레르기 유발물질 등 다양한 유해물질이 함유되어 있다.

(1) 감자

신선한 감자에는 유독성 알칼로이드인 솔라닌이 0.005~0.01% 함유되어 있지만, 발아부위와 일광에 노출되어 생기는 녹색 부위는 0.2~0.4%를 함유한다. 솔라닌의 중독증상은 복통, 설사, 구토 등의 위장장해와 현기증, 기면 등을 일으키고, 심한 경우에는 사망에 이르기도 한다.

(2) 시안배당체(청산배당체)

식물에는 다양한 시안배당체들이 존재하는데 약 20여종 이상이 알려져 있다. 시안배당체는 자체는 무해하지만, 자가효소에 의해 가수분해 되면 맹독성의 시안산(청산)이 생성된다. 우리 식생활에서 청산배당체를 다량 함유하고 있는 것으로는 죽순, 청매(매실), 은행알, 살구씨 등이 있다. 최근에 오스트레일리아에서 중국에서 수입한 죽순을 먹고 사망하는 사례도 발생하였다.

(3) 피마자

피마자는 아주까리의 씨를 지칭하는데, 피마자는 일상식품으로는 섭취하지 않지만, 일부에서 피마자유를 식용으로 섭취하는 경우도 있고, 민간에서 화상, 옴, 변비 등의 치료에 사용하는 경우가 있다. 피마자에는 리신(ricin, 맹독성 단백질), 리시닌(ricinine, 맹독성 알칼로이드), 알레르기 유발물질이 함유되어 있다. 중독증상은 피마자유나 피마자박을 섭취할 때 일어나는데, 구토, 복통, 설사와 알레르기를 일으킨다.

(4) 기타

옻나무의 수액인 옻에는 우루시올(urushiol)을 함유한다. 망고의 껍질에도 들어 있다.

우루시올은 접촉 시 피부 알레르기를 유발할 뿐 아니라 소화관의 상피세포에도 알레르기를 유발하여, 위통, 구토, 메스꺼움, 설사 를 일으키고, 알레르기 감작성이 큰 사람은 사망에까지 이를 수 있다. 자신이 먹어도 괜찮다고 옻닭, 옻순 등의 옻 식품을 함께 먹자고 권유할 일은 결코 아니다.

고사리는 우리 밥상 특히 봄철 나물로 널리 사용되고 있는 식재료이다. 그러나 고사리는 각별한 주의사항이 필요한 식품으로, 특히 어린이, 임산부에게는 주의가 필요한 대표적인 식품 중 하나이다. 고사리에는 돌연변이를 일으키는 물질인 프타킬로사이드(ptaquiloside)가 함유되어 있고, 이 물질은 태반을 통해 태아에게도 전달되어 악영향을 미칠 수 있다. 고사리를 먹은 가축이 장관출혈로 사망하는 사고가 있어 축산업에서는 기피식물이다. 또한 고사리에는 비타민 B_1을 파괴하는 효소인 티아민분해효소와 청산배당체인 프루나신도 함유하고 있어 점차 기피하여야 할 식품 중 하나라고 할 수 있다.

2) 동물성 자연독소, 패류독소

(1) 복어

복어독 테트로도톡신(tetrodotoxin)은 반수치사량(LD50, 경구)이 180㎍/kg인 맹독성물질로 먹을 것이 부족하고 식품지식이 무지했던 1980년대까지도 중독사고가 빈발하였었다. 복어독은 강력한 신경독성물질로 섭취 후 20분~3시간에 입술, 혀, 손끝의 마비가 일어난 후 구토, 복통 증상과 함께 안면과 사지의 지각마비, 언어장해, 혈압강하, 호흡곤란에 이어 사망에 까지 이른다. 복어독은 열에 안정하여 100℃에서 4시간 가열하여도 파괴되지 않으며, 민간에서 회자되는 '식초를 넣으면 해독된다'는 말은 전혀 근거없는 이야기이다. 현재 우리나라에서는 복어요리 전문자격증 소지자만 조리할 수 있으므로 복어 중독사고는 거의 일어나지 않지만, 복어는 절대로 자가조리를 해서는 안된다.

(2) 기타 유독어

일본에서 판매가 금지되어 유독어는 기름치, 그레이트바라쿠다, 에스콜라, 돗돔이다. 기름치는 왁스(고급지방산의 에스테르)를 다량 함유하고 있어, 섭취하면 설사, 구역질, 피부알레르기를 일으킨다. 일본에서는 식용으로서 유통을 금지한다. 2007년 식품의약품안전처에서는 기름치 및 에스콜라의 판매를 금지하여 소비자 안전을 강화하였다. 일부 참치횟집에서 기름치를 '하얀 참치'로 속여 파는 경우가 있다. 돗돔의 간에는 비타민 A가 풍부하여 비타민 A 중독증을 일으킨다. 1일 비타민 A 필요량은 4,000 - 5,000 단위인데, 한번에 10만 단위 이상을 섭취하면 과잉증이 유발된다. 특히 돗돔의 간에는 1 g 당 10만~20만 단위의 비타민 A가 함유되어 있어 5 - 10g만 먹어도 중독 증세가 일어날 수 있다. 중독증으로는 식후 1~2 시간에 두통, 안저통이 일어나고, 구토, 발열이 일어나며, 1~5일에 안면 피부가 일어나고, 20~30일에는 전신에 미치게 된다.

(3) 조개류의 독소

조개류는 유독 플랑크톤을 섭취하여 체내에 독을 축적하는데, 외관, 맛, 냄새로는 구별하기 어렵고, 독성물질은 열에 안정하여 가열조리에 의해 파괴되지 않는다. 국립수산과학원은 날씨가 더워지기 시작하는 4월경부터 적조가 발생하고 마비성 패류독소가 허용기준치(80㎍/100g)를 초과, 검출되면 진주담치, 홍합 등 패류의 채취와 섭취를 금지하지만, 불법채취한 조개류들이 타 지방에서 몰래 판매되는 경우가 있으므로 소비자들은 믿을만한 곳에서 구매하여야 한다.

① 마비성 조개독

검은조개(진주담치), 섭조개(홍합), 대합조개 등에서 일어나는데, 독소는 삭시토신, 고니오톡신, 프로토고니오톡신 등이다.

② 설사성 조개독

가리비, 모시조개, 바지락 등에서 일어나는데, 독소는 오카다산, 디노피시스톡신 등이다.

③ 기억상실성 조개독

홍합 등에서 일어나는데, 독소는 도모산(domoic acid)이다.

④ 신경독성 조개독

굴에서 일어나는데, 브레브톡신(brevetoxin)이다.

⑤ 테트라민

관물매물고둥, 조각매물고둥 등 고둥에서 일어나는데, 가을에 동해안에서 빈발하며, 중독증상은 섭취 후 두통, 멀미, 사지마비, 시각장애가 일어난다.

3) 진균독소

진균(fungi)에는 곰팡이, 효모, 버섯 등이 속하는데, 식품안전에 위해성이 큰 것은 곰팡이독소와 독버섯이다. 곰팡이독소는 200종이 넘으며 그 중 널리 알려진 것으로는 아플라톡신, 오크라톡신, 시트리닌, 파툴린, 트리코테신, 제랄레논, 맥각 등이 대표적이다. 현재 우리나라의 식품규격의 잠정허용기준치는 아플라톡신 B_1으로 10μg/kg이고, 사료에서는 50μg/kg이다.

우리나라에서 중독이 자주 일어나는 독버섯으로는 독우산광대버섯, 알광대버섯, 개나리광대버섯, 마귀광대버섯, 노란다발, 외대버섯, 붉은싸리버섯, 나팔버섯, 무당버섯, 절구버섯아재비 등이 있다. 자연식품인 독버섯에 대한 식품 규격은 아직 없다.

4. 유해미생물로 인한 식중독

식품은 영양소를 함유하므로 각종 유해미생물들의 좋은 번식처가 된다. 특히 수분 함량이 높은 식품에는 미생물이 생장하기 좋은 조건인 온도가 적절하면 미생물의 생장은 기하급수적으로 증가한다. 예로써 20분마다 분열하는 세균은 최적의 조건에서 200분이면 2^{10} = 1,024배, 400분이면 2^{20} = 1,000,000배까지 증가할 수 있다.

1) 원인별 식중독 발생건수

2009년부터 2011년까지 3년간 원인별 식중독 발생 현황 [표 13-4]을 살펴보면 원인을 파악하지 못한 원인불명 건수가 전체대비 42.4%로 가장 많다. 원인을 아는 식중독원인은 단연 세균성 식중독이 거의 대부분을 차지하고 있다.

[표 13-4] 2009~2011 원인별 식중독 발생 현황

구 분		2009		2010		2011	
		건수	환자수	건수	환자수	건수	환자수
세균	병원성대장균	37	1,671	28	1,926	32	2,109
	살모넬라	17	477	27	677	24	1065
	장염비브리오	12	106	18	223	9	133
	캄필로박터 제주니	7	405	15	380	13	329
	황색포도상구균	12	864	19	372	10	323
	클로스트리디움 퍼프린젠스	5	527	5	171	7	324
	바실러스 세레우스	–	–	14	401	6	98
	세균성 이질	–	–	–	–	2	20
바이러스	노로바이러스	32	568	31	1,994	31	1,524
		–	–	2	8	3	21
자연독		6	126	6	33	4	27
화학물질		–	–	1	3	–	–
원인불명(불검출)		100	1,255	105	1,030	108	1,132
계		228	5,999	271	7,218	249	7,105

원인균별 식중독은 세균성과 바이러스성이 주를 이루는데, 전국적으로 병원성대장균, 살모넬라, 황색포도상구균 등의 세균으로 인한 식중독 발생건수가 39.7%, 노로바이러스 등의 바이러스로 인한 식중독 발생건수가 15.8%에 달했다. 일반인들이 우려하는 농약, 식품첨가물 등에 의한 급성 사고는 거의 발생하지 않지만, 매스컴 등에 의한 과장된 홍보효과로 오히려 암 발생 등 만성적인 영향을 더 우려하고 있다.

2) 시설별 식중독 환자 발생

2008년~2010년 시설별 식중독 환자 발생[표 13-5]을 살펴보면, 집단급식소가 건수에 비해 환자 수에서는 단연 앞서고 있으며, 또한 집단급식소 중에서는 학교, 그리고 특히 직영의 경우가 가장 많아, 영양교사들의 식품안전 및 위생에 대한 노력이 절실히 요구된다.

[표 13-5] 시설별 식중독 환자 발생

(단위: 명)

연도	음식점	집단급식소				가정	기타	합계
		학교		기업체	소계			
		직영	위탁					
2008	2,392	2,533	450	633	3,616	176	1,108	7,487
2009	1,132	1,496	1,220	719	3,435	89	664	5,999
2010	1,704	2,770	620	799	4,189	11	774	7,218
계	5.228	6,799	2,290	2,151	11,240	276	2,546	20,704

3) 세균성 식중독 예방

식중독 예방을 위한 식품의 구입, 보존, 조리과정, 식사, 남은 음식처리 등 각 단계별로 중점사항은 다음과 같다.

(1) 식품의 구입 시

① 식육, 어패류, 야채 등은 신선한 것으로 구입하고, 축산물은 '축산물위해요소중점관리(HACCP) 인증제품을 구입하도록 한다.

② 가공식품은 유통기한, 보존방법 등 표시사항을 확인하고 구입한다.

(2) 식품의 보존

① 냉장 혹은 냉동이 필요한 식품은 즉시 냉장고나 냉동고에 넣는다.

② 냉장고와 냉동고에는 지나치게 많이 넣지 않도록 하며, 2/3 정도만 넣는다.

(3) 조리 준비

① 손을 잘 씻는다.

② 식육 및 어패류의 즙액이 과일이나 야채 등 날 것으로 먹는 음식물 및 조리가 끝난 식품에 묻지 않도록 한다.

③ 칼과 도마는 고기용, 생선용, 야채용을 각각 갖추고 사용하면 더욱 안전하다. 칼과 도마의 세척은 세제를 사용하고 뜨거운 물로 씻은 후 사용한다.

④ 냉동식품 등의 해동은 냉장고 내에서 한다. 물을 사용하여 해동하는 경우에는 밀폐된 용기(혹은 랩에 싸서)에 넣어 흐르는 물로 해동한다.

⑤ 조리에 쓸 만큼만 해동하고 해동되고 나면 곧바로 조리한다. 일단 해동한 식품은 가급적 다시 냉동시키지 않는다.

(4) 조리

① 조리 전에는 반드시 손을 씻는다.

② 가열하여 조리하는 식품은 충분히 가열한다. 적어도 중심부의 온도가 75℃에서 1분간 이상 되도록 가열한다.

(5) 식사

① 식탁에 앉기 전에 손을 씻도록 한다.

(6) 남은 음식

① 남은 음식은 빨리 변질되지 않도록 얕은 용기에 나눠 담아 보존한다.

② 조금이라도 이상하다고 생각되면 먹지 말고 버린다.

5. 식품오염물질로 인한 식품위해

식품을 재배, 보관, 가공 및 조리 과정에서 농약, 식품첨가물, 공해물질, 조리가공생성물 등 다양한 유해물질로 오염이 되는데, 식품 본래의 물질과 대비하여 이들 물질을 식품오염물질이라고 총칭한다. 이들은 예전 식료품의 자가생산·소비시대에서 대량생산·유통시대를 맞이하여 다양하고 새로운 화학물질이 사용되며 각종 용어도 생소하여, 일반인들이 위의 자연독소 및 미생물에 의한 식중독에 비해 다소 막연한 경계심을 가지고 있다. 한 조사에 의하면 서울 소재 백화점에서 여성 소비자 1백40명을 대상으로 조사한 결과, 응답자의 80% 이상이 농약, 항생물질에 대해 우려를 표시했다고 하며, 미국 식품유통연구소의 조사 결과에 따르면 미국인들도 잔류농약, 항생물질, 호르몬제, 방사선 조사식품, 식품첨가물, 착색료 순서로 우려를 나타냈다. 그러나 위의 자연독소 및 미생물에 의한 식중독에 비해 생산-유통-소비단계별 제어가 용이하고, 행정기관에서도 엄격한 인허가와 감시를 하고 있는 분야이므로 일반인들의 우려는 다소 과장된 면이 있는 부분이기도 하다.

1) 농약오염

(1) 농약(pesticide)이란

농작물의 재배·저장 중 발생하는 병·해충·잡초를 방제하는 데 사용하는 화학농약 및 생물농약, 농작물의 생리기능을 증진·억제하는 데 사용되는 생장조정제, 약효를 증진시키는 보조제 등을 총칭하는 말이다. 작용효과에 따라 해충방제용 살충제, 식물진균병 방제를 위한 살균제, 식물세균병 방제를 위한 살세균제, 응애방제용 살비제, 선충을 죽이는 살선충제, 잡초를 죽이는 제초제, 농작물의 수확시기를 조절하는 생장조정제, 해충을 유인하여 박멸하는 유인제, 해충이 싫어하는 자극을 주어 농작물을 보호하는 기피제, 농약을 살포할 때 해충의 몸에 잘 묻도록 하는 전착제로 나눈다. 넓은 의미로는 쥐를 죽이는 살서제(쥐약), 파리, 모기, 바퀴를 박멸하는 약제 등도 농약에 포함시킨다.

(2) 성분별 농약의 분류/예

① 유기인계 : 다이아지논, 말라치온, 페니트로치온, 톨클로포스메칠

② 유기염소계 : 디디티(DDT), 클로로탈로닐, 클로르피리포스, 티오벤카브

③ 카바메이트계: 카바릴, 캡탄, 클로르프로팜, 펜메디팜, 지람

④ 벤즈이미다졸계 : 카벤다짐

⑤ 유기금속제 : 초산페닐수은(PMA), 인화 알루미늄(AlP)

(3) 농약의 식품 중 농약잔류허용기준

국내에서 사용되는 농약은 반드시 품목등록을 마쳐야 사용될 수 있다. 2010년 국내 등록 농약원제는 427종(수입 396종, 국내합성 31종)이다. 식품공전에는 <식품의 농약잔류허용기준>이 설정되어 있는데, 2012.10월 현재 농약별로 농산물의 잔류농약기준 431종, 축산물의 잔류농약허용기준 83종, 인삼의 농약잔류허용기준 67종, 식품별로는 농산물

143종, 축산물 18종, 인삼 3종, 콩나물에 대해 농약잔류허용기준이 고시되고 있다. 예를 들면, "콩나물(숙주나물 포함)에는 카벤다짐, 티아벤다졸, 치람, 캡탄이 검출되어서는 아니 된다" 라고 하고 있다. 2010~2012년 판매업소별 부적합 현황을 살펴보면 도매시장이 3년간 총 1,043건(77%)으로 가장 많았고, 대형할인점 145건(11%), 전통재래시장 52건(4%) 순이었다. 품목별로는 채소류가 3년간 1,311건으로 전체의 97%를 차지했고, 인삼 24건, 과실류 6건, 한약재 6건, 곡류 3건 순이었다. 채소류는 대부분 날로 먹기 때문에 농약의 오염은 국민들이 매우 우려하는 사항인데, 농약으로부터 안전하기 위해서는 반드시 흐르는 물에 씻어 먹을 것을 권장하고 있다.

(4) 친환경농산물 인증제도

농약에 대한 국민의 우려가 커짐에 따라 소비자에게 보다 안전한 친환경농산물을 제공하기 위해 전문인증기관이 엄격한 기준으로 선별·검사하여 정부가 그 안전성을 인증해주는 '친환경농산물 인증제도[표 13-6]를 시행하고 있다. 친환경농산물은 다음 표와 같이 유기농산물, 무농약농산물, 저농약농산물로 구분하고 있으며, 국민들이 알기 쉽게 그림으로 표시하여 농산물 및 축산물에 부착하여 판매하므로, 식품을 구입할 때에는 꼭 마크를 확인하여야 한다.

[표 13-6] 친환경농산물 인증제도

종류	기준
유기농산물	유기합성농약과 화학비료를 일체 사용하지 않고 재배 (전환기간 : 다년생 작물은 3년, 그 외 작물은 2년) 유기축산물은 유기축산물 인증기준에 맞게 재배 · 생산된 "유기사료"를 급여하면서 인증기준을 지켜 생산한 축산물
무농약농산물	유기합성농약은 일체 사용하지 않고, 화학비료는 권장 시비량의 1/3 이내 사용 무항생제축산물은 항생 · 항균제 등이 첨가되지 않은 "일반사료"를 급여하면서 인증 기준을 지켜 생산한 축산물
저농약농산물	화학비료는 권장시비량의 1/2 이내 사용하고, 농약 살포횟수는 "농약안전사용기준"의 1/2 이하, 사용 시기는 안전사용기준 시기의 2배수 적용 - 제초제는 사용하지 않아야 함 - 잔류농약 : 식품의약품안전청장이 고시한 "농산물의 농약잔류 허용기준"의 1/2 이하

주) 1. 천연 · 자연 · 무공해 · 저공해 · 내추럴(Natural) 등 소비자에게 혼동을 초래할 수 있는 강조 표시를 하지 아니할 것
2. 토양이 아닌 시설 또는 배지에서 재배한 농산물은 양액재배농산물 또는 수경재배농산물로 별도 표시 할 것
3. 유기로 전환중인 경우 표지문자의 뒤에 전환기를 표시 할 것

2) 동물용 의약품 및 사료첨가제 오염

가축의 질병예방 및 치료, 성장 촉진 등 생산성을 높이는 목적으로 항생제, 호르몬제, 영양강화제 등 동물용의약품이 사용된다. 농림수산식품부의 동물용 의약품 등 취급규칙에 따르면, '동물용의약품'이라 함은 동물용으로만 사용함을 목적으로 하는 의약품을 말하며, 양봉용·양잠용·수산용 및 애완용(관상어를 포함한다. 이하 같다) 의약품을 포함 한다. 라고 하고 있다. 또한 '사료첨가제'라 함은 비타민제·프로비타민제·항생물질·항균제·항산화제·항곰팡이제·효소제·생균제·아미노산제 및 광물질 등 사료에 첨가하여 질병의 예방, 결핍물의 보충, 사료효율의 증진 및 성장촉진 등을 목적으로 사용하는 동물용의약품 또는 동물용의약외품을 말한다.

[표 13-7] 식품 중 검출되어서는 아니 되는 동물용의약품

번호	검출되어서는 아니 되는 물질
1	니트로푸란(푸라졸리돈(Furazolidone), 푸랄타돈(Furaltadone), 니트로푸라존(Nitrofurazone), 니트로푸란토인(Nitrofurantoine), 니트로빈(Nitrovin) 등) 제제 및 대사물질
2	클로람페니콜(Chloramphenicol)
3	말라카이트 그린(Malachite Green) 및 대사물질
4	디에틸스틸베스트롤(Diehtylstilbestrol, DES)
5	디메트라다졸(Dimetridazole)
6	클렌부테롤(Clenbuterol)
7	반코마이신(Vancomycin)
8	클로르프로마진
9	티오우라실(Thiouracil)
10	콜치신(Colchicine)
11	피리메타민(Pyrimethamine)
12	메드록시프로게스타론 아세테이트(Medroxyprogesterone acetate, MPA)

동물용의약품은 무분별하게 과용 또는 남용되면 축·수산물에 잔류하게 되고 장기간 노출될 경우 인체에 유해할 수 있기 때문에 관리가 필요한 물질이다. 국내 동물용의약품의 관리는 국립수의과학 검역원에서 국내 사용되는 동물용의약품의 허가를 담당하고 있으며, 식품의약품안전청은 해당 동물용의약품의 잔류자료, 일일섭취허용량, 식품섭취량

및 국민평균체중 등을 참작하여 위해평가를 실시하고 각각에 대해 잔류허용기준을 고시하고 있다. 현재 우리나라에는 식품 중 잔류하여서는 아니 되는 물질로 12종이 설정되어 있다[표 13-7]. 또한 2012년 9월 국내의 동물용의약품에 대한 잔류허용기준은 겐타마이신, 나이카바진, 네오마이신 등 124개가 고시되어 있다. 그러나 2010년 1월 식약청에 의하면 닭고기 2건에서 엔로플록사신(시프로플록사신과의 합으로) 1.4 및 2.9ppm(기준 0.1ppm), 넙치 1건에서 아목시실린이 0.33 ppm(기준 0.05 ppm) 검출되는 등 오남용이 이어지고 있어 식품안전에 유의해야 한다.

3) 식품첨가물오염

(1) 식품첨가물의 정의

[표 13-8] 식품첨가물(화학적 합성품)의 기능별 분류

2012.1

기능	명칭	허용품목수
식품의 변질 · 변패를 방지하는 첨가물	보존료	10
	살균료	8
	산화방지제	11
관능을 만족시키는 첨가물	조미료	19
	감미료	13
	산미료	15
	착색료	26
	착향료	59
	발색제	4
	표백제	6
식품의 품질개량 · 유지에 사용되는 첨가물	품질개량제	11
	밀가루개량제	8
	호료	18
	유화제	12
	이형제	1
	피막제	2
식품제조에 필요한 첨가물	추출제	4
	용제	2
	식품제조용 첨가제	54
	소포제	1
영양강화에 사용되는 첨가물	강화제	116
기타	팽창제	11
	껌기초제	4
계		415

식품첨가물(food additives)은 식품을 제조·가공 또는 보존할 때 원재료 이외의 것으로, 기구기계가 아닌 것을 말하며, 식품 위생법상에서는 다음과 같이 정의하고 있다(법 제2조 제2항). “식품첨가물이라 함은 식품을 제조·가공 또는 보존함에 있어 식품에 첨가·혼화·침윤의 방법으로 사용되는 물질을 말한다”. 식품첨가물에는 화학적 합성품과 천연물이 있으며, 식품의약품안전처장이 지정한 것 외에는 사용할 수 없다(positive list 방식). 식품첨가물은 그 기능이 중복되는 경우가 있지만 23개 부류로 분류할 수 있다[표 13-8]. 2012년 1월 식품첨가물 품목수는 화학적 합성품 415종, 천연첨가물 211종, 혼합제제 7종, 착향료 362종 등 총 993종이 지정되어 있다.

(2) 식품첨가물의 안전성

우리나라에서는 식품첨가물의 안전성 자료(급성독성, 아만성독성, 만성독성, 최기형성, 발암성 등), 사용 효과, 외국의 사용 예 등을 식품의약품안전처에 제출하고 식품위생심의위원회를 거쳐 지정·고시된 것만을 사용할 수 있다. 따라서 지정된 식품첨가물을 사용기준에 맞추어 사용된 식품은 안전하다고 할 수 있다. 그러나 일부 식품첨가물은 그 자체가 독성 및 알레르기성이 있고, 불순물도 함유하고 있다. 예를 들면, 표백제인 아황산나트륨은 일부 천식 환자에서 천식의 발작을 일으키거나 전신 쇼크를 유발할 수 있다. 또한 식용색소 황색 4호도 어린이에서 알레르기를 일으킨다고 알려져 있다. 식품첨가물은 아니지만 식품 중의 포르말린도 알레르기를 유발한다고 알려져 있다. 식품첨가물의 안전 사용을 위해서는 식품 생산자는 반드시 허가된 식품첨가물을 가급적 최소한으로 사용하여야 하고, 소비자는 구매 식품 중의 식품첨가물의 사용 여부를 반드시 확인하여야 한다.

(3) 유의하여야 할 식품첨가물

식품첨가물 사용에 있어 사용 여부에 특히 세간의 관심이 큰 것은 표백제, 보존료(방부제), 살균료, 발색제 등이다. 표백제, 보존료, 살균료는 그 자체가 미생물을 살균하거나 소독하는데 사용하는 것으로 인체에도 유해할 수 있다는 문제가 있으며, 생산 및 유통기간을 연장하려는 방편으로 사용기준을 초과하는 경우가 많다. 발색제는 육류 등의 색이 산화되어 변색하는 것을 방지하려는 목적으로 첨가하는 것으로 아질산염, 질산염이 주로 사용되는데, 햄, 소시지의 색을 나타내게 된다. 아질산나트륨은 LD50=85mg/kg(쥐, 경구)로 급성독성도 매우 크며, 메트헤모글로빈혈증 등의 아만성독성도 알려져 있고, 만성독성으로는 식품 중의 2급 아민류와 반응하여 발암물질인 N-니트로사민(N-nitrosamine)을 생성할 수 있어 그 사용 여부에 논란이 끊이지 않고 있다.

4) 가공조리 생성물 오염

(1) 저장 · 유통 중에 생성되는 유해물질

최근 알코올 발효 중에 에틸카바메이트(ethylcarbamate) 생성이 논란이 되고 있는데, 에틸카바메이트는 국제암기구에서 잠재적 발암가능성이 있는 물질인 group 2B로 분류하고 있는 물질이다. 식품 중의 불포화지방산은 산소와의 접촉, 일광, 가열에 의해 산패가 일어나 인체에 유해한 과산화물을 생성한다. 과산화물은 생체 내 효소의 작용을 저해하고, 노화물질로 알려진 리포푸신을 형성하며, 동맥경화와 암을 유발한다.

- **생각하기:** 많은 사람들이 식물성기름에는 불포화지방산이 많아서 건강에 유익하다고 생각한다. 그러나 산패가 잘 일어나므로 공기와의 접촉을 피하고 불투명 용기에 담아 저온에서 보관하는 것이 바람직하며, 가급적 신속히 소비하여야 한다. 또한 튀김용으로 사용할 때는 산패가 더 잘 일어날 수 있으므로, 반복 사용을 가급적 피하고, 튀김용 기름으로는 포화지방산이 많은 식물성 기름(코코넛기름, 팜유)이나 동물성 기름이 더 좋다고 할 수 있다.

(2) 가공조리 생성물

식품 조리 시 가열처리 과정에서 식품 중의 탄수화물, 단백질, 지방 등이 열분해되어 다양한 건강 유해물질을 생성한다. 대표적인 것으로는 다환방향족탄화수소(PAHs, polycyclic aromatic hydrocarbons), 헤테로사이클릭아민류(heterocyclic amines), 아크릴아마이드 등이다. 조리과정에서의 위해요인을 제거하는 방법은 위생적인 조리방법이다. 조리에 사용되는 기구의 위생은 물론 각종 영양소 및 오염물의 특성, 조리시간, 잔반의 보관 등에 관한 지식을 갖추어야 한다.

6. 식품의 안전 위생 확보

식품의 위생안전을 확보하기 위하여 다양한 법률이 제정되어 있다. 우리나라의 식품위생안전에 관한 법률로는 「식품위생법」법을 위시하여 「식품안전기본법」, 「건강기능식품에 관한 법률」, 「어린이 식생활안전관리 특별법」, 「국민건강증진법」등 약 30종이 있다. 식품의 위생안전을 다루는 중앙행정기관으로는 농림수산식품부 · 보건복지부 · 환경부 · 농촌진흥청 및 식품의약품안전처 · 한국소비자원 · 국립농산물품질관리원 · 국립수의과학검역원 등이 있고, 시도에는 위생과와 위생계, 보건환경연구원 등이 있다. 그러나 식품위생안전에 만전을 기하기 위해서는 법률과 행정조치만으로는 불가능하며, 부정·불량식품에 대한 국민들의 지속적인 관심이 중요하다. 부정·불량식품의 제조, 유통, 판매 등을 발견하였을 시에는 식품의약품안전청 식품안전소비자신고센터(http://www.kfda.go.kr/cfscr/index.kfda)에 신고하거나 국번 없이 1399로 신고하여 우리 식생활 안전을 확보할 수 있도록 노력하여야 한다.

식품으로 인한 식중독을 예방하고 건강한 식생활을 유지하려면, 안전하고 위생적인 식품을 섭취하여야 한다. 그러기 위해서는 개개인이 최소한의 식품위생 및 안전에 관한 지식을 가져야 하며, 식품으로 인한 위해요소를 충분히 인지하고, 식품 구입 시에는 식품의 라벨을 확인 하는 습관을 들여야 하며, 식품보관 및 조리 시에 필요한 적절한 안전 조치를 하여야 한다.

부록

부록 1

한국소아발육표준치(1998년)

남								연 령 군	여							
체중(kg)		신장(cm)		두위(cm)		흉위(cm)			체중(kg)		신장(cm)		두위(cm)		흉위(cm)	
M	SD	M	SD	M	SD	M	SD		M	SD	M	SD	M	SD	M	SD
3.40	0.5	50.8	2.6	34.6	1.7	33.4	1.9	출 생 시	3.30	0.5	50.1	2.5	34.1	1.6	33.1	1.9
4.56	0.6	55.2	2.6	37.3	1.5	36.7	2.2	1(1~2)개월	4.36	0.6	54.2	2.6	36.6	1.5	36.1	2.3
5.82	0.8	59.0	3.1	39.2	1.6	39.7	2.5	2(2~3)개월	5.49	0.7	58.0	2.8	38.5	1.5	38.9	2.4
6.81	0.8	62.5	2.7	40.7	1.5	41.7	2.2	3(3~4)개월	6.32	0.7	61.1	2.6	39.9	1.5	40.6	2.2
7.56	0.9	65.2	2.6	41.9	1.4	42.7	2.3	4(4~5)개월	7.09	0.8	63.8	2.4	41.0	1.3	41.7	2.2
7.93	0.9	66.8	2.8	42.8	1.6	43.4	2.2	5(5~6)개월	7.51	0.8	65.7	2.7	41.9	1.5	42.5	2.1
8.52	0.9	69.0	2.5	43.7	1.3	44.1	2.1	6(6~7)개월	7.95	0.8	67.5	2.4	42.6	1.3	43.1	2.1
8.74	1.0	70.4	2.7	44.1	1.4	44.7	2.3	7(7~8)개월	8.25	0.9	69.1	2.9	43.2	1.4	43.7	2.2
9.03	0.9	71.9	2.5	44.7	1.4	45.3	2.2	8(8~9)개월	8.48	0.9	70.5	2.5	43.8	1.6	44.3	2.1
9.42	1.0	73.5	2.4	45.2	1.6	45.9	2.0	9(9~10)개월	8.85	0.9	72.2	2.5	44.4	1.5	44.8	2.0
9.68	0.9	74.6	2.3	45.7	1.6	46.4	2.1	10(10~11)개월	9.24	0.9	73.5	2.5	44.7	1.4	45.4	1.9
9.77	1.3	76.5	3.6	46.1	1.6	47.0	2.2	11(11~12)개월	9.28	1.2	75.6	3.9	45.4	1.6	45.9	2.2
10.42	1.2	77.8	3.1	46.4	1.5	47.4	2.2	12(12~15)개월	10.01	1.2	76.9	3.5	45.6	1.6	46.6	2.3
11.00	1.2	80.1	3.2	47.1	1.6	48.0	2.2	15(15~18)개월	10.52	1.3	79.2	3.3	46.2	1.6	47.2	2.3
11.72	1.4	82.6	3.5	47.7	1.7	48.7	2.4	18(18~21)개월	11.23	1.3	81.8	3.3	46.8	1.6	47.5	2.3
12.30	1.5	85.1	3.5	47.9	1.6	49.4	2.3	21(21~24)개월	12.03	1.4	84.4	3.2	47.2	1.6	48.6	2.2
12.94	1.8	87.7	4.3	48.4	1.68	50.0	2.5	2(2~2.5)년	12.51	1.5	87.0	4.1	47.7	1.7	49.1	2.5
14.08	1.7	92.2	3.8	49.4	1.6	51.2	2.2	2.5(2.5~3)년	13.35	1.6	90.9	3.7	48.4	1.6	49.9	2.3
15.08	1.9	95.7	4.4	49.6	1.7	51.9	2.5	3(3~3.5)년	14.16	1.8	94.2	4.4	48.7	1.6	50.5	2.4
15.94	1.9	99.8	4.3	50.0	1.7	52.3	2.5	3.5(3.5~4)년	15.37	1.8	98.7	4.1	49.1	1.4	51.4	2.5
16.99	2.1	103.5	4.6	50.4	1.7	53.3	2.8	4(4~4.5)년	16.43	2.1	102.1	4.5	49.6	1.6	52.3	2.6
17.98	2.3	106.6	4.4	50.87	1.7	54.2	2.8	4.5(4.5~5)년	17.31	2.1	105.4	4.3	49.9	1.7	52.8	2.8
18.98	2.4	109.6	4.7	50.8	1.7	55.0	3.2	5(5~5.5)년	18.43	2.2	108.6	4.7	50.0	1.7	53.7	3.0
20.15	2.6	112.9	4.5	51.0	1.6	55.9	3.3	5.5(5.5~6)년	19.74	2.5	112.1	4.4	50.3	1.6	54.8	3.2
21.41	3.1	115.8	4.8	51.3	1.5	57.0	3.4	6(6~6.5)년	20.68	2.8	114.7	4.7	50.5	1.6	56.5	3.4
22.57	3.6	118.5	4.9	51.4	1.5	57.7	3.7	6.5(6.5~7)년	21.96	3.2	117.5	4.7	50.8	1.6	56.1	3.7
24.72	4.3	122.4	5.7	51.7	1.5	59.2	4.4	7(7~7.5)년	23.55	3.8	121.1	6.1	51.1	1.6	57.6	4.1
27.69	5.4	127.5	6.1	52.1	1.5	61.3	5.1	8(8~9)년	26.16	4.9	126.0	6.1	51.5	1.6	59.6	5.0
30.98	6.4	132.9	6.0	52.5	1.5	64.2	6.0	9(9~10)년	29.97	6.1	132.2	6.4	51.8	1.5	63.4	5.9
34.47	7.5	137.8	6.4	52.9	1.6	66.7	6.6	10(10~11)년	33.59	7.0	137.7	7.0	52.3	1.6	65.2	6.3
38.62	8.6	143.5	7.1	53.3	1.7	69.7	7.4	11(11~12)년	37.79	8.3	144.2	7.6	53.0	1.7	68.2	7.4
42.84	9.4	149.3	7.8	53.6	1.7	71.9	7.3	12(12~13)년	43.14	8.6	150.9	7.2	53.4	1.6	72.0	7.8
47.20	9.9	155.3	8.4	54.0	1.6	74.6	7.5	13(13~14)년	47.01	8.3	156.0	6.1	53.6	1.5	75.1	7.8
53.87	10.3	162.7	7.1	54.6	1.6	77.9	7.4	14(14~15)년	50.66	8.0	157.8	5.5	53.8	1.5	77.2	8.0
58.49	10.4	167.8	5.5	55.0	1.7	80.6	7.4	15(15~16)년	52.53	7.8	159.0	5.2	54.3	1.5	78.5	7.9
61.79	9.5	171.1	5.8	55.4	1.6	82.9	6.7	16(16~17)년	54.35	7.7	160.0	5.2	54.4	1.4	78.8	7.6
63.20	9.8	172.2	5.9	55.8	1.6	84.5	6.8	17(17~18)년	54.64	7.2	160.4	5.2	54.6	1.4	79.5	7.2
63.77	9.1	172.5	6.0	56.2	1.8	86.3	6.6	18(18~19)년	54.65	6.7	160.5	5.2	54.7	1.5	80.0	6.4
66.04	8.8	173.2	5.7	56.8	1.7	88.0	6.2	19(19~20)년	54.94	6.2	160.1	5.0	54.8	1.5	81.5	5.8
66.55	8.5	173.4	5.7	56.8	1.6	88.2	6.4	20(20~21)년	55.74	5.4	160.4	5.0	55.1	1.7	81.7	5.6

* M : 평균 ** SD : 표준편차

부록 2

외식음식과 영양정보

(식품의약품안전처 http://www.mfds.go.kr/nutrition/index.do)

003 닭꼬치(70g)	007 양념 장어구이(150g)	011 떡만둣국(700g)	012 만둣국(700g)

013 선짓국(800g)	014 소고기 육개장(700g)	015 소머리 국밥(800g)	016 순대국(800g)

017 어묵국(600g)	018 콩나물 해장국(700g)	019 갓김치(50g)	022 나박김치(100g)

023 배추김치(50g)	024 백김치(50g)	025 열무김치(50g)	027 오이소박이(50g)

028 총각김치(50g)	029 파김치(50g)	030 가래떡(100g)	031 꿀떡(100g)

032 모듬찰떡(100g)	033 무지개떡(100g)	034 백설기(100g)	035 시루떡(100g)

036 약식(100g)	037 인절미(100g)	038 절편(100g)	039 증편(100g)

040 찹쌀떡(100g)	041 고기만두(250g)	042 군만두(250g)	043 김치만두(250g)

045 물만두(120g)	045 간자장(650g)	049 막국수(550g)	051 물냉면(800g)

052 비빔국수(550g)	053 비빔냉면(550g)	058 열무냉면(800g)	060 우동(일식)(700g)

061 우동(중식)(1000g)	063 자장면(650g)	066 짬뽕(1000g)	067 쫄면(450g)

068 콩국수(800g)	071 해물칼국수(900g)	074 회냉면(550g)	075 골뱅이무침(100g)

078 마늘쫑무침(30g)	079 무말랭이무침(30g)	080 양장피(250g)	081 육회(150g)

085 고추장불고기 삼각김밥(100g)	086 김밥(200g)	087 김치김밥(250g)	088 김치볶음밥(500g)

092 볶음밥(400g)	093 불고기덮밥(500g)	094 비빔밥(500g)	096 새우볶음밥(400g)

099 샐러드김밥(250g)	100 생선초밥(광어)(300g)	101 생선초밥(모듬)(300g)	102 소고기김밥(250g)

104 숯불갈비 삼각김밥(100g)	105 알밥(400g)	108 오므라이스(450g)	109 오징어덮밥(500g)

110 유부초밥(250g)	112 자장밥(500g)	113 잡채밥(650g)	114 잡탕밥(750g)

117 제육덮밥(500g)	119 참치김밥(250g)	120 참치덮밥(500g)	121 참치마요네즈 삼각김밥(100g)

124 카레라이스(500g)	129 회덮밥(500g)	130 건새우 볶음(20g)	131 고추잡채(200g)

133 난자완스(200g)	134 돼지고기 볶음(200g)	139 떡볶이(200g)	140 마파두부(200g)

141 멸치풋고추 볶음(20g)	143 오징어채 볶음(20g)	145 잔멸치 볶음(20g)	146 팔보채(300g)

145 꽈배기(65g)	146 마늘빵(70g)	149 모닝빵(70g)	150 버터크림빵(60g)

153 찹쌀도우넛(70g)	154 채소 고로케(100g)	158 페이스트리빵(70g)	159 햄치즈 샌드위치(200g)
		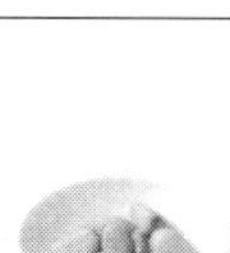	
161 고추장아찌(30g)	162 깻잎장아찌(30g)	163 마늘장아찌(30g)	165 무짱아찌(30g)

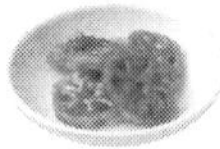			
176 연근조림(30g)	185 콩조림(20g)	186 게살죽(800g)	187 깨죽(800g)

188 소고기 버섯죽(800g)	190 전복죽(800g)	192 팥죽(600g)	193 호박죽(600g)

194 김치찌개(400g)	195 동태찌개(800g)	196 된장찌개(400g)	198 순두부찌개(400g)

199 청국장찌개(400g)	203 순대국(800g)	203 족발(150g)	208 갈비탕(600g)

210 곰탕(700g)	212 꼬리곰탕(700g)	213 내장탕(700g)	216 도가니탕(800g)

217 삼계탕(1000g)	219 알탕(700g)	223 추어탕(700g)	224 김말이 튀김(100g)

225 깐풍기(200g)	228 라조기(200g)	230 새우튀김(100g)	233 오징어 튀김(100g)
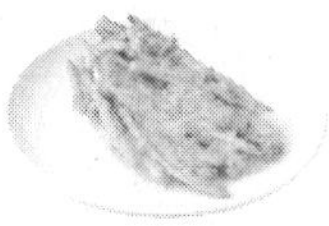			
234 채소 튀김(100g)	237 탕수육(200g)		

(자료출처: 식품의약품 안전청, 2012)

외식음식 영양정보

번호	식품명	분류	중량 g	열량 kcal	탄수화물 g	당류 g	단백질 g	지방 g	포화지방 g	트랜스지방 g	콜레스테롤 mg	나트륨 mg
003	닭꼬치	구이류	70	177	13.3	3.2	11.6	8.6	2.3	0	31.44	286.91
007	양념 장어구이	구이류	150	433	8.8	4.2	30.8	30.6	7.1	0.3	215.24	704.64
011	떡만둣국	국류	700	625	110.7	0.2	20.1	11.3	3.4	0.1	122.42	1980.19
012	만둣국	국류	700	434	47.8	3	21.4	17.4	4.2	0.1	94.52	2367.99
013	선짓국	국류	800	337	11	0.1	51.1	9.9	2	0.1	294.04	2518.99
014	소고기 육개장	국류	700	340	20.8	0.5	21.9	18.8	7.3	0.8	142.71	2853.09
015	소머리 국밥	국류	800	632	17.5	0	76	28.7	9.7	0.6	241.92	823.26
016	순대국	국류	800	540	17.3	0	43.5	33	11	0.2	246	1504.04
017	어묵국	국류	600	251	34.2	2.1	18.3	4.5	1.6	0	24.74	2064.71
018	콩나물 해장국	국류	700	223	12.1	0.1	24	8.8	1.5	0	125.03	1950.91
019	갓김치	김치류	50	26	3.4	0.9	1.7	0.7	0.1	0	2.19	439.21
022	나박김치	김치류	100	14	1.6	0.1	0.6	0.5	0	0	0.43	498.44
023	배추김치	김치류	50	19	2.9	0.8	1.2	0.3	0.1	0	1.13	312.08
024	백김치	김치류	50	21	4.2	0.1	0.5	0.3	0	0	0.01	249.07
025	열무김치	김치류	50	17	2.4	0.6	1.1	0.3	0.1	0	1.81	310.35
027	오이소박이	김치류	50	17	2.5	0.1	0.8	0.5	0	0	0.88	266
028	총각김치	김치류	50	19	2.8	0.8	1.2	0.3	0.1	0	0.9	337.76
029	파김치	김치류	50	30	4.5	1.1	1.5	0.6	0.1	0	2.17	408.05
030	가래떡	떡류	100	208	47.5	0	3.8	0.3	0.2	0	0	256.96
031	꿀떡	떡류	100	218	48.9	2.6	3.8	0.8	0.2	0	0.43	250.9
032	모듬찰떡	떡류	100	223	47.4	4.6	5.7	1.2	0.3	0	0	237.09
033	무지개떡	떡류	100	229	53	9	3.5	0.3	0.2	0	0	276.82
034	백설기	떡류	100	228	52.5	7.2	3.6	0.4	0.1	0	0	288.6
035	시루떡	떡류	100	217	47.5	3.2	5.5	0.6	0.2	0	0	277.91
036	약식	떡류	100	244	52.3	9.7	3.7	2.2	0.6	0	0	289.33

번호	식품명	분류	중량 g	열량 kcal	탄수화물 g	당류 g	단백질 g	지방 g	포화 지방 g	트랜스 지방 g	콜레스 테롤 mg	나트륨 mg
051	물냉면	면류	800	552	112.9	23.2	15.8	4.1	1.2	0	41.78	2618.21
052	비빔국수	면류	550	618	109.9	23.6	18.8	11.5	2	0.1	26.09	1854.91
053	비빔냉면	면류	550	623	122.4	27	19.5	6.1	1.9	0.1	75.15	1663.87
058	열무냉면	면류	800	525	97.5	27.1	20.8	5.8	1.4	0	67.78	3152.37
060	우동(일식)	면류	700	422	74.2	2.5	13.4	7.9	1.5	0	25.98	2390.32
061	우동(중식)	면류	1000	648	85.4	1.1	29.5	21	3.4	0	208.42	3395.86
063	자장면	면류	650	797	133.6	7.8	19.8	20.3	8.5	0.2	10.76	2391.58
066	짬뽕	면류	1000	688	100.6	3.4	28.2	19.2	13	0.2	109.43	4000.09
067	쫄면	면류	450	602	109.6	24.2	18.4	10	1.9	0.1	55.33	1346.42
068	콩국수	면류	800	667	112	4.7	31	10.5	4.3	0	31.25	944.59
071	해물칼국수	면류	900	628	123.9	3.8	22.8	4.6	1.3	0	26.7	2355.07
074	회냉면	면류	550	630	112	24.4	17.8	7.9	1.9	0.1	78.63	1517.81
075	골뱅이무침	무침류	100	109	15.7	10.5	7.1	2	0.3	0	38.35	525.52
078	마늘쫑무침	무침류	30	40	8.5	4.6	0.8	0.2	0.1	0	0.28	415.03
079	무말랭이무침	무침류	30	41	8.5	3.7	1	0.3	0	0	0.04	384.61
080	양장피	기타	250	230	19.4	1.7	16.4	9.6	1.9	0.1	146.18	853.36
081	육회	기타	150	230	14.1	1.5	22.4	9.3	2.9	0.2	79.09	447.81
085	고추장불기 삼각김밥	밥류	100	165	34.1	0.2	3.7	1.6	0.5	0	3.51	342.92
086	김밥	밥류	200	318	57.6	0.5	7.3	6.5	2.8	0.1	40.49	833.29
087	김치김밥	밥류	250	345	60.7	1.9	10.9	6.5	1.6	0	74.17	1145.54
088	김치볶음밥	밥류	500	755	120	4.3	23.1	20.3	7.1	0.2	152.55	1791.99
092	볶음밥	밥류	400	773	112.7	0.9	18.8	27.5	12.6	0.3	161.18	1203.19
093	불고기덮밥	밥류	500	669	102.4	4.4	28.6	16.2	4.6	0.4	66.5	1499.14
094	비빔밥	밥류	500	707	114.8	25.7	19.9	18.60	3.8	0.1	111.13	1337.11
096	새우볶음밥	밥류	400	700	112..9	1.2	17.9	19.7	4	0.1	149.36	1395.06

번호	식품명	분류	중량 g	열량 kcal	탄수화물 g	당류 g	단백질 g	지방 g	포화지방 g	트랜스지방 g	콜레스테롤 mg	나트륨 mg
099	샐러드김밥	밥류	250	406	61.5	3.4	9.6	13.5	2.6	0.1	84.58	911.18
100	생선초밥(광어)	밥류	300	454	77.5	7.7	27.1	3.9	1.1	0	46.74	808.75
101	생선초밥(모듬)	밥류	300	462	76.4	8.6	25.4	6.1	1.5	0	70.87	968.94
102	소고기김밥	밥류	250	401	62.5	0.8	16	9.6	2.5	0.1	93.09	1061.19
104	숯불갈비 삼각김밥	밥류	100	161	32.5	0.2	4	1.7	0.5	0	4.04	358.36
105	알밥	밥류	400	619	116.8	0.9	14.6	10.3	2.5	0.1	84.39	1339.31
108	오므라이스	밥류	450	730	112.5	10.3	21.5	21.6	5.6	0.1	206.32	1483.37
109	오징어덮밥	밥류	500	680	107.3	5.7	31.5	13.9	2.3	0.1	280.59	1622.91
110	유부초밥	밥류	250	446	82.3	10.7	12.5	7.5	1.5	0	2.47	1046.17
112	자장밥	밥류	500	742	120.1	5.4	15.2	22.3	8.6	0.2	26.43	1560.38
113	잡채밥	밥류	650	885	159.5	2.8	19.5	18.8	9.7	0.3	22.21	1908.24
114	잡탕밥	밥류	750	777	104.9	0.5	44.1	20.1	4.1	0.1	329.85	2109.52
117	제육덮밥	밥류	500	782	115.5	7.3	30.1	22.2	5.7	0.2	83.77	1538.06
119	참치김밥	밥류	250	418	61.2	0.3	14.5	12.8	2.7	0.1	46.69	864.56
119	참치덮밥	밥류	500	679	102.9	3	29.2	16.7	3.4	0.1	115.79	1618.74
121	참치마요네즈 삼각김밥	밥류	100	172	32	0	3.9	3.2	0.6	0	4.41	282.1
124	카레라이스	밥류	500	672	126	5	13.5	12.7	3.7	0.1	6.99	1089.16
129	회덮밥	밥류	500	683	103.3	10.9	30.2	16.1	2.9	0.1	88.65	744.27
130	건새우볶음	볶음류	20	66	5.7	2.6	4.7	2.7	0.4	0	33.45	196.24
131	고추잡채	기타	200	257	26.2	2.1	11	12	2.1	0.1	39.26	828.55
133	난자완스	기타	200	346	19.1	0.5	21.6	20.3	4.6	0.2	76.76	703.23
134	돼지고기볶음	볶음류	200	351	18.2	8.2	23	20.7	5.1	0.2	57.87	1051.76
136	떡볶이	볶음류	200	304	60.5	6.8	7.6	3.5	0.8	0	7.49	853.08
138	마파두부	기타	200	228	10.7	0.3	15.3	13.8	2.8	0.1	24.58	691.4
139	멸치풋고추 볶음	볶음류	20	52	3.4	1.4	4.7	2.2	0.4	0	36.6	275.54

번호	식품명	분류	중량 g	열량 kcal	탄수화물 g	당류 g	단백질 g	지방 g	포화지방 g	트랜스 지방 g	콜레스 테롤 mg	나트륨 mg
140	오징어채 볶음	볶음류	20	55	8.3	2.3	3.7	0.8	0.2	0	33.22	232.26
141	잔멸치 볶음	볶음류	20	68	5.2	2.6	6.2	2.5	0.5	0	49.37	379.29
143	팔보채	기타	300	241	11.3	0.1	25.4	10.4	1.7	0	224.95	1129.3
145	꽈배기	빵류	65	262	30.7	7	5.1	13.2	4.5	0.1	12.36	279.94
146	마늘빵	빵류	70	297	40.2	5.2	6.8	12	7.7	0.2	8.94	390.45
149	모닝빵	빵류	70	232	36.4	5.5	6.9	6.5	3.2	0.1	24.05	276.07
150	버터크림빵	빵류	60	230	27.7	7.2	4.9	11	8.4	0.3	17.81	191.18
153	찹쌀도우넛	빵류	70	207	40	12.1	3.5	3.7	2	0	1.16	242.99
154	채소고로케	빵류	100	301	31.2	3.4	7.1	16.4	3.6	0.1	41.89	403.33
158	페이스트리빵	빵류	70	320	32.5	5.7	6	18.4	12.1	0.6	16.95	295.79
159	햄치즈 샌드위치	빵류	200	437	49.7	6.1	14.8	19.8	6.8	0.2	52.52	901.08
161	고추장아찌	장아찌류	30	22	3.9	2.4	0.8	0.3	0	0	0.09	773.52
162	깻잎장아찌	장아찌류	30	35	6.9	2.9	1	0.4	0	0	0.44	546.72
163	마늘장아찌	장아찌류	30	17	3	1.3	0.9	0.2	0	0	0.02	487.97
165	무짱아찌	장아찌류	30	24	5	2.9	0.4	0.2	0	0	0.04	879.81
176	연근조림	조림류	30	78	18.1	7.1	0.6	0.4	0.1	0	0.19	200.37
185	콩조림	조림류	20	54	7.8	2.4	3.9	0.8	0.2	0	0	213.38
186	게살죽	죽류	800	565	107.3	0.2	17.9	7.1	2.1	0.1	50.16	1453.82
187	깨죽	죽류	800	515	79.3	3.6	13.7	15.9	2.8	0	0	1160.19
188	소고기 버섯죽	죽류	800	578	109	0.3	18.7	7.5	2.7	0.1	26.08	1261.8
190	전복죽	죽류	800	591	114.3	0.2	12.6	9.3	1.6	0.1	28.47	1309.47
192	팥죽	죽류	600	498	97.8	1.7	18.4	3.7	0.5	0	0	1026.43
193	호박죽	죽류	600	443	89.4	16.7	7.1	6.3	1.1	0	1.72	929.2
194	김치찌개	찌개류	400	243	11.9	3	15.1	15	2.8	0	25.18	1962.14
195	동태찌개	찌개류	800	368	10.4	2.6	46.2	15.7	2.3	0.3	315.41	2575.62

번호	식품명	분류	중량 g	열량 kcal	탄수화물 g	당류 g	단백질 g	지방 g	포화 지방 g	트랜스 지방 g	콜레스테롤 mg	나트륨 mg
196	된장찌개	찌개류	400	145	13.5	1.8	11.5	5	0.8	0	11.81	2021.01
198	순두부찌개	찌개류	400	200	7.6	1.3	14.4	12.4	1.8	0.1	80.93	1350.98
199	청국장찌개	찌개류	400	272	10.4	1	22.4	15.6	2.3	0	3.83	1794.84
203	순대국	찜류	300	542	58.4	3.5	19.6	25.6	7.3	0.1	19.22	1019.19
205	족발	찜류	150	394	5.5	0.3	39	24	7	0.1	74.87	542.57
208	갈비탕	탕류	600	237	7.6	0	27.4	10.8	2.9	0.2	112.25	1717.54
210	곰탕	탕류	700	580	7.3	0	70.1	30	8	0.7	197.94	822.77
212	꼬리곰탕	탕류	700	766	4.6	0	102.3	37.6	9.8	1	251.92	765.74
213	내장탕	탕류	700	547	13.6	1.2	54.8	30.4	8.4	0.5	460.59	2336.88
216	도가니탕	탕류	800	573	4.5	0	100.9	16.8	4.7	0.4	163.79	598.16
217	삼계탕	탕류	1000	918	40.9	0	115.3	32.5	10.8	0.3	471.7	1310.98
219	알탕	탕류	700	426	11.5	0	66.7	12.6	2.2	0.2	1009.52	2642.17
223	추어탕	탕류	700	341	20.3	0	24.6	18	1.5	0.1	106.19	2046.47
224	김말이 튀김	튀김류	100	251	32.1	0.5	2.4	12.5	1.7	0.1	1.42	392.94
225	깐풍기	기타	200	589	37.8	10	26.1	37	8.1	0.2	138.85	657.13
228	라조기	기타	200	339	26.2	0.2	20.7	23.5	5.1	0.2	90.58	648.52
230	새우튀김	튀김류	100	301	26.3	0.1	9	17.8	3	0.2	60.23	555.81
233	오징어 튀김	튀김류	100	308	24.3	0	11.9	18.1	2.9	0.2	101.92	360
234	채소 튀김	튀김류	100	321	37.6	2.9	3.6	17.3	3.2	0.2	1.87	278.99
237	탕수육	기타	200	457	51.8	17.1	17.5	19.9	4.9	0.2	44.01	442.98

부록 3

영양섭취 상태조사를 위한 간이법(문수재 등, 1994)

1. 아침(점심, 저녁)에 고기, 생선, 두류 및 그 제품(두부) 등을 얼마나 먹습니까?

	0 안먹는다	0.5 약간 섭취	1.0 보통 섭취	2.0 충분히 섭취
아 침				
점 심				
저 녁				

* 보통 섭취는 생선 중간 크기 1토막, 육류 로스용 3~4점, 닭다리 1토막

2. 하루에 달걀을 얼마나 드십니까?

0 □ 안 먹는다	0.5 □ 가끔 섭취	1.0 □ 1개 정도	2.0 □ 2개 이상

* 달걀 1개 : 50g.
삶은 달걀인지 또는 프라이 달걀인지 명시하시오.
삶은 것 □. 프라이 □(프라이의 경우 15항에 1점을 가산하시오)

3. 우유는 하루에 얼마나 드십니까?

0 □ 안 먹는다	0.5 □ 가끔 마심	1.0 □ 매일 1컵	2.0 □ 2컵 이상

* 우유 1병은 200㎖(2컵 이상일 때 1점씩 가산)

4. 유제품으로 매일 먹는 것이 있습니까?

0	1.0/1통 통(100g/1통)
□ 안 마신다	1.0/1장 또는 30g 정도

* 장 : 얇게 썬 것(sliced)

1 육류	2 육류	3 채소류	4 과일류	5 곡류·감자·고구마	6 설탕류	7 유지류

5. 아침(점심, 저녁)에 주로 나물이나 야채를 얼마나 드십니까?

	0 안먹는다	0.5 약간 섭취	1.0 보통 섭취	2.0 충분히 섭취
아 침				
점 심				
저 녁				

* 보통 섭취 : 시금치, 콩나물, 숙주 등 익힌 채소 1/3컵. 당근 중간 크기 5cm 길이 1토막, 고추 중간 것 7~8개

6. 김치류는 어느 정도 드십니까?

	0 안먹는다	0.5 약간 섭취	1.0 보통 섭취	2.0 충분히 섭취
아 침				
점 심				
저 녁				

* 보통 섭취 : 1보시기 정도

7. 주식으로 무엇을 얼마나 드십니까?

		밥 한공기 가볍게	식 빵	국수 국수 삶은 것
아 침	0 안먹는다	4.0/공기 공기	1.0/매 매	2.0/반대접 그릇
점 심		공기	매	그릇
저 녁		공기	매	그릇

8. (빵 드시는 분만) 빵을 드실 때 무엇을 바르십니까?

	0 안 바른다	0.5 엷게 바른다	1.0 많이 바른다
버터, 마가린			
쨈, 꿀			

9. 하루에 감자, 고구마 조림이나 삶은 것을 얼마나 드십니까?

0 □ 거의 안 먹음	0.5 □ 보통 먹음	1.0 □ 자주 먹음

* 감자 중간 크기 1개, 고구마 중간 크기 1/2개

1	2	3	4	5	6	7
육류	육류	채소류	과일류	곡류·감자·고구마	설탕류	유지류

10. 조리할 때 설탕, 꿀 등을 얼마나 넣습니까?

0	0.5	1.0
□ 거의 사용 안함	□ 약간 사용	□ 번히 사용

11. 커피나 홍차에 설탕은 얼마나 넣으십니까?

0	0.2	0.3	0.5
□ 안 넣는다	□ 작은 찻술 1	□ 작은 찻술 2	□ 작은 찻술 3이상

(1점씩 가산)

12. 콜라나 기타 탄산음료를 얼마나 드십니까?

0	0.5	1.0	1.0/잔
□ 안 마심	□ 가끔 마심	□ 하루 1잔 정도	□ 하루 2잔 이상 (잔)

13. 마요네즈 드레싱, 튀긴 것, 볶은 것 등 기름을 사용한 음식을 하루에 얼마나 먹습니까?

0	0.5	1.0	2.0
□ 거의 안 먹음	□ 가끔 먹음	□ 하루 1번	□ 하루 2회 이상

(1점씩 가산)

14. 하루에 과일은 얼마나 드십니까?

0	0.5	1.0	2.0
□ 안 먹는다	□ 가끔 섭취	□ 1개 정도	□ 2개 이상

* 보통 섭취 : 사과 중간 크기 1개, 배 중간 크기 1/2개, 귤 큰 것 1개, 토마토 1개, 수박 1쪽, 딸기 중간 크기 20알, 참외 중간 크기 1개(2개 이상일 때 1점씩 가산)

15. 기타 빵이나 과자를 얼마나 드십니까?

0	0.5	1.0
□ 거의 안 먹음	□ 가끔 먹음	□ 매일 먹음

총 계

1	2	3	4	5	6	7
육류	육류	채소류	과일류	곡류·감자·고구마	설탕류	유지류

간이법 조사지 평가방법

■ 각 항에 대한 점수가 나오면 다음 표의 총계 점수 난에 점수를 기입하십시오.

■ 아래의 표 간이 조사법에 의한 영양소 환산계수를 점수로 곱하여 주면 영양소 섭취량이 산출됩니다.

Subject #____________ 체중________ 연령________

이름__________________ 신장________

식품군 영양소	육류 (1)	우유 (2)	채소류 (3)	과일류 (4)	곡류 (5)	당류 (6)	유지류 (7)	알코올 (8)	Total	Energy	Total Energy
총계점수											
단백질(g)										×4kcal	
지 질(g)										×9kcal	
당 질(g)										×4kcal	
철 분(mg)											
인(mg)											
칼슘(mg)											
Vit A(IU)											
Thiamin (mg)											
Riboflavin (mg)											
Niacin (mg)											
Ascorbic acid(mg)											

총열량____________

■ 간이 조사법에 의한 영양소 환산계수

식품군 / 영양소	육 류	우 유	채소류	과일류	곡 류	당 류	유지류
단백질(g)	9	5	3	1	2	0	0
지 질(g)	3	3	1	0.7	1	0	9
당 질(g)	3	8	7	19	17	20	0
철 분(㎎)	1.80	0.20	1.88	1.00	0.25	0	0
인(㎎)	110	95	65	30	27	0	0
칼 슘(㎎)	50	110	75	27	8	0	0
Vitamin A(IU)	200	120	3,000	350	0	0	0
Thiamin(㎎)	0.10	0.04	0.11	0.07	0.02	0	0
Riboflavin(㎎)	0.12	0.14	0.18	0.05	0.03	0	0
Niacin(㎎)	2.34	0.16	1.22	0.80	0.35	0	0
Ascorbic acid(㎎)	0	2	33	35	0	0	0

■ 영양소 섭취와 에너지 섭취에 대한 요약표

	열량 (㎉)	단백질 (g)	칼 슘 (㎎)	철 (㎎)	비타민 A (RE)	티아민 (㎎)	리보플라빈	나이아신 (㎎)	아스코르빈산 (㎎)
영양소 섭취량									
영양권장량									
권장량에 대한 비율	남자:2,500 여자:2,000	75 60	700 700	12 18	700 700	1.3 1.0	1.6 1.2	17 13	55 55
열량소비량									

■ 열량구성비

(1) 섭취량	(2) ㎉/g	(3) ㎉/급원영양소	(4) 총열량섭취에 대한 비율
단백질 g	×4	= ㎉/단백질	%
지 질 g	×9	= ㎉/지 질	+%
당 질 g	×4	= ㎉/당 질	+%
알코올 g	×7	= ㎉/알코올	+%
	Total :	㎉*	100 %

* 총 합계는 1일 열량섭취량과 동일함.

참고문헌

국립농산물품질관리원/친환경농산물 종류별 표시방법 http://www.enviagro.go.kr/portal/certi/certifi_sign.jsp

국민건강영양조사 홈페이지(http://knhanes.cdc.go.kr/

권기한 외 6인, 건강을 위한 식품과 영양, 백산출판산, 2010

권종숙, 김경민, 김혜경, 장유경, 조여운, 한성림, 임상영양학, 신광출판사, 2013

권종숙, 김경민, 김혜경, 장유경, 조여원, 한성림, 사례와 함께 하는 임상영양학, 신광출판사, 2012

김선효, 이경애, 이현숙, 김미현, 김지명, 이옥희, 식생활과 건강 Eating & Health, 파워북, 2013

김숙희외, 『고급영양학』, 라이프사이언스, 2006.

김옥경, 박인숙, 방우석, 범봉수, 임용숙, 장재선, 채기수, 하상철, New 식품위생학, 지구문화사, 2011.

김옥구, 김옥경, 박인숙, 범봉수, 서종권, 송형익, 어금희, 여생규, 이극로, 이명헌, 장상근, 홍승희, New 식품위생관계법규, 지구문화사, 2012.

김정진, 생리학, 고문사, 1986.

김혜경,송재철, 신완철,유리나,최석영, 홍순명, 건강과 영양, UUP, 2007

농림수산검역검사본부 http://medi.qia.go.kr/homep/index.jsp

농촌진흥청·농업과학기술원·농촌생활연구소. 소비자가 알기 쉬운 식품영양가표, 농촌진흥청, 2002

농촌진흥청·농촌자원개발연구소, 식품성분표 I & II 제 7개정판, 농촌진흥청, 2006

대한당뇨병학회, 전문가가 추천하는 당뇨병 이해와 관리, 2016

모수미 외 7인, 식사요법, 교문사, 2006

문수재 역, 영양생태학(세계인의 식생활과 영양, 신광출판사, 1989

문수재, 김혜경, 홍순명, 이경혜, 이명희, 이영미, 이경자, 안경미, 이민준, 김정연, 김정현, 알기쉬운 영양학(개정판), 수학사, 2008

미국 FDA 영양표시제도 : FDA, Food and Drug Adminstration (https://www.fda.gov/Food/GuidanceRegulation /GuidanceDocumentsRegulatoryInformation/LabelingNutrition/ucm385663.htm#dates

박건영, 영양과 질병예방, 유한문화사, 2006

박건영, 질병영양학, 유한문화사, 2010

박태선, 김은경, 현대인의 생활영양, 교문사, 2001

백은주, 이수환, 한희철, 우현구, 기본적인 인체생리학, (주)라이프사이언스, 2013

백희영, 김초일, 문현경, 윤진숙, 정효지, 심재은, 정현주. 2008 한국 성인을 위한 식생활 목표와 식생활 지침. 한국영양학회 41(8):887-899, 2008

보건복지가족부, 질병관리본부. 2007 국민건강통계- 국민건강영양조사 제4기 1차년도, 2009

보건복지부, 한국보건산업진흥원. 2001년도 국민건강·영양조사 -영양조사 부문-, 2002
보건복지부. 한국식사의 만성질환 발병요인 파악과 영양감시체계를 통한 만성질환 예방 연구, 국민건강·영양조사 음식데이터 이용, 1998
보건복지부. 한국인의 식생활목표, 2003
보건복지부, 한국영양학회, 2015 한국인 영양소 섭취기준. 2015
서정희, 홍순명, 건강한 식생활을 위한 나트륨줄이기 정책, UUP, 2013
송재철, 양한철, 식품첨가물학, 세문사, 1992
식사요법, 모수미 외 7인, 교문사, 2004
식약처 식품안전정보서비스 식품나라 (http://fse.foodnara.go.kr)
식약처 홈페이지(http://kfda.go.kr) : 식품공전, 농약잔류허용기준, 식품첨가물공전
식품의약품안전처 식품안전소비자신고센터(http://www.kfda.go.kr/cfscr/index.kfda)
식품의약품안전처, 외식 영양성분 자료집(http://www.kfda.go.kr/nutrition/index/do), 2012
식품의약품안전처, 영양표시정보(https://www.mfds.go.kr/nutrition/content/view.do?contentKey=22&menuKey=143
양한길, 비타민학(최신), 세문사, 1994
유리나, 강지혜, 비만성 염증/대사질환 제어를 위한 기능성 식품성분의 활용 가능성, 대한비만학회지, 2012
유리나, 비만과 염증, 비만학회지, 2007
유리나, 염증가설에 근거한 비만성 질환제어, 식품영양과학회지, 2005
이양자, 고급영양학, 신광출판사, 2012
이연숙 외 3인, 생애주기영양학, 교문사, 2011
이연숙, 구재옥, 임현숙, 강영희, 권종숙, 이해하기 쉬운 인체생리학, 파워북, 2009
이형주, 장해동, 이기원, 이홍진, 강남주, 기능성 식품학, 수학사, 2011
장한별·이화영·한영희·송지혜·김기남·현태선,대학생의 식품 및 영양소 섭취 변화- 1999년과 2009년의 비교 -대한지역사회영양학회지 16(3) : 324~336, 2011
질병관리본부, 한국보건산업진흥원. 국민건강영양조사 제3기2005, 심층분석: 영양부문. 2007
질병관리본부. 식품 추정량 자료, 2009
최명애, 유지수 외 12인, 핵심 인체구조와 기능, 계축문화사, 2011
최석영, 식품오염, 울산대학교 출판부, 1994
최혜미, 21세기 영양학 원리, (주) 교문사, 2011
하영득, 이삼빈, 식품독성학, 도서출판 효일, 2005
한국동물용의약품판매협회 http://www.kapma.or.kr
한국보건산업진흥원. 식품참고량 및 1회 분량 설정연구, 2004
한국소비자원 http://www.kca.go.kr/

한국식품공업협회·한국식품연구소, 식품섭취 실태조사를 위한 식품 및 음식의 눈대중량, 1988
한국영양학회, 한국인의 영양섭취기준, 2010
한국콩연구회, 한국콩연구회소식, 1993
홍순명, 비만 영양관리와 소프트웨어 활용, NutriGen, 2013
홍순명, 소프트웨어 활용 영양판정 및 실습, UUP, 2012
홍순명, 영양치료를 위한 영양상태판정 및 영양상담, 내하출판사, 2005
홍의옥 외 1인, 현대인의 식생활과 건강, 건국대학교 출판부, 2013 영양학, 교문사, 2003
Circulating levels of MCP-1 and IL-8 are elevated in human obese subjects and associated with obesity-related
DeBruyne, Pinna, Whitney, Nutrition & Diet Therapy, Cengagr Learning, 2008
Griffiths, M, Introduction to Human Physiology, New York, Macmillan Publishing Co, Inc, 1983
insulin resistance and hepatic steatosis in obese mice fed a high-fat diet, Obesity' 2010
Kang JH, Goto T, Han IS, Kawada T, Kim YM, Yu R, Dietary capsaicin reduces obesity-induced
Kidmenu(http://kidmenu.kfda.go.kr):어린이 건강메뉴 DB 구축과 Web컨텐츠 개발, 식품의약품안정처
Kim CS, Park HS, Kawada T, Kim JH, Lim D, Hubbard NE, Kwon BS, Erickson KL, Yu R,
Klaassen, C. D., Casarett & Doull's Toxicology, The Basic Science of Poisons, 7th ed., McGraw-Hill Companies, Inc., 2008
L. Kathleen M, Krause's Food, Nutrition & Dict Thcrapy 11th, 2004
Liener, I. E., Toxic Constituents of Plant Foodstuffs, Academic press, 1980
Marieb, E. N., Human Anatomy and Physiology, The Benjamin/Cummings Publishing Company, Inc., 1992
MenuGen(http://www.koreanfood.rda.go.kr/index.aspx) : 메뉴젠, 식단작성 프로그램, 농진청
Murray, R. K, Granner, D. K, Mayes, P. A, and Rodwell, V. W, Hapers Biochmistry, 21st ed. Appleton & Lange, chap 53 (1988).
NutriEval(http://nutrieval.kfda.go.kr) : 뉴트리이벨(식단작성 및 영양평가 프로그램,식품의약품안전처
NutriMenuLabel((http://nutrition.ulsan.ac.kr/nutrilabel) : 메뉴라벨링 프로그램, 뉴트리젠
NutriSonic(http://nutrition.ulsan.ac.kr/nutrisonic) : 식단작성과 영양분석 및 e-식품교환량 산출프로그램, uup
NutriWeb((http://nutrition.ulsan.ac.kr/nutriWeb) :식단영양평가 및 영양상담 프로그램, 뉴트리젠
Rolfes, Pinn, Whitney, Understanding normal and Clinical nutrition, 7th ed., Thomson, Wadsworth, 2006
Ruth A. Roth, Nutrition & Diet Therapy, 9th ed., thomson, wadsworth, 2007
Ruth A.Roth, Carolynn E. Townsend, Nutrition & Diet Therapy 8th edition. 2003
Watson, R. R., Nutrition, Disease Resistance, and Immune Function, Marcel Dekker, Inc., 1984
Yu R et al., Inflammatory Components of Adipose Tissue as Target for Treatment of Metabolic Syndrome